全国高职高专规划教材

环境生态学

（第二版）

主　编　顾卫兵

副主编　李　元　王国祥

主　审　李　元

中国环境出版集团·北京

图书在版编目（CIP）数据

环境生态学/顾卫兵主编. —2 版. —北京：中国环境
出版集团，2014.2（2024.2 重印）
ISBN 978-7-5111-1423-5

Ⅰ. ①环… Ⅱ. ①顾… Ⅲ. ①环境生态学—高等
职业教育—教材 Ⅳ. ①X171

中国版本图书馆 CIP 数据核字（2014）第 013528 号

出 版 人 武德凯
责任编辑 黄晓燕 李兰兰
封面设计 宋 瑞

出版发行 中国环境出版集团
 （100062 北京市东城区广渠门内大街 16 号）
 网 址：http://www.cesp.com.cn
 电子邮箱：bjgl@cesp.com.cn
 联系电话：010-67112765（编辑管理部）
 010-67112735（第一分社）
 发行热线：010-67125803，010-67113405（传真）
印 刷 北京中科印刷有限公司
经 销 各地新华书店
版 次 2007 年 8 月第 1 版 2014 年 2 月第 2 版
印 次 2024 年 2 月第 4 次印刷
开 本 787×960 1/16
印 张 14.75
字 数 294 千字
定 价 33.00 元

编 审 人 员

主　编　顾卫兵
　　　　南通农业职业技术学院

副主编　李　元
　　　　云南农业大学

　　　　王国祥
　　　　南京师范大学地理科学院

主　审　李　元
　　　　云南农业大学

参　编　花海蓉
　　　　南通农业职业技术学院

　　　　简敏菲
　　　　江西师范大学

　　　　丁淑杰
　　　　邢台职业技术学院

　　　　武秀琴
　　　　郑州经济管理干部学院

　　　　杨　勇
　　　　广东省环境保护职业技术学院

前言

环境生态学是运用生态学原理,阐明人类对环境的影响以及如何通过生态途径解决环境问题的科学。随着环境科学的发展,人们对环境问题的认识越来越深刻,环境生态学在环境保护中的作用也愈显重要。

环境生态学是高职高专环境监测与治理类专业的一门专业基础课程,其任务是使学生掌握生态学的基本原理,能运用生态学基本知识保护和合理利用自然资源、治理污染、恢复和重建生态环境,以满足人类可持续发展的需要。

本教材在编写过程中,以培养环境保护类技术技能人才为目标,突出应用能力培养,重点介绍环境生态学的基本知识、基本原理和基本方法。与已有的本科教材相比较,少了过多的理论探讨和复杂模型的介绍,但更加突出教材的实用性,注重理论联系实际。另外,为了便于教师教、学生学,在每章的开头都提出了知识目标和能力目标要求,结尾附有复习与思考题,部分章节还设置了"实验实习"项目,可供教学时参考。

本教材自 2007 年 8 月初次印刷出版以来,在全国有关院校得到了较为广泛的应用,读者总体反映良好,2011 年该教材被评为江苏省高等学校精品教材。我们根据部分院校读者和老师的意见,结合最新出台的相关法律法规对原教材进行了修订,对部分表述不准确、不完整的内容和陈旧的知识进行了修改。参加本教材编写的人员有:南通农业职业技术学院顾卫兵、花海蓉,云南农业大学李元,南京师范大学王国祥,江西师范大学简敏菲,邢台职业技术学院丁淑杰,郑州经济管理干部学院武秀琴,广东省环境保护职业技术学校杨勇,主审为云南农业大学李元教授。

在本书的编写和修订过程中，得到了原教育部高等学校高职高专环境与气象类专业教学指导委员会有关专家的指导，也得到了中国环境出版社有关编辑的大力支持和帮助。特别需要指出的是，在本教材修订过程中，南通农业职业技术学院陈前、张跃群、乔启成、郑兴国等老师参与并做了大量工作。另外，本书参考了大量的文献资料，引用了许多书刊的图、表、定义等。在此对有关专家、作者、人员一并表示诚挚的谢意。由于时间仓促，水平所限，不妥之处在所难免，恳请读者提出宝贵意见。

顾卫兵

2014 年 1 月 28 日

目录

第一章 绪 论

【知识目标】

本章要求熟悉环境生态学的产生、研究内容与方法及环境生态学的发展趋势。理解环境生态学产生的历史背景，掌握环境生态学的概念，了解环境生态学与生态学、环境科学之间的关系。

【能力目标】

通过对本章的学习，学生能理解环境生态学的概念，为该课程的学习奠定基础。

第一节 环境生态学的产生

一、环境生态学的概念

环境生态学（Environmental Ecology）是研究人为干扰的环境条件下，生物与环境之间相互关系的科学。其主要目的是探索生态系统内在的变化机理与规律，寻求受损生态系统恢复、重建和保护对策。即运用生态学理论，阐明人与环境间的相互作用及解决环境问题的生态途径的科学。环境生态学的产生，始于人类对环境的干扰而引起的生态破坏和环境污染这两大环境问题。环境生态学研究这两个环境问题与生物之间的相互关系、相互适应及相互作用。森林砍伐是严重的生态破坏，森林砍伐后，动物丧失了生存环境，其栖息、生长、繁殖等受到影响，种群数量降低。农药的不合理使用对农田环境造成污染，杀死了害虫天敌，降低了农产品的质量，甚至会损害人体健康。在人类干扰自然的过程中，既有生态破坏问题，也有环境污染问题，而生态系统是这个"效应链"的各种问题转化和放大的载体。开展环境生态学的研究、保护、恢复和重建生态系统，对保持生态平衡具有重要意义。

环境生态学不同于以研究生物与其生存环境之间相互关系为主的经典生态学；也不同于只研究污染物在生态系统中的行为规律和危害的污染生态学或以研究社会生态系统结构、功能、演化机制以及人与周围自然、社会环境相互作用的社会生态学。随着人类可利用资源的减少，资源的可持续利用及人类的可持续发展已成为环境生态学的新内容和新目标。

二、环境生态学的产生及现状

环境生态学的产生，始于环境问题的出现和日益严重化。环境问题（Environmental Problem）是指人类在利用自然和改造自然的过程中，对自然环境破坏和污染所产生的危害人类生存的各种负反馈效应，包括生态破坏和环境污染。生态破坏指不合理开发和利用资源造成的对自然环境的破坏，如森林破坏。环境污染则是指人类排放的污染物对环境的危害，如农药污染。由人类活动引起的环境问题，称为第二环境问题，或次生环境问题（Secondary Environmental Problem）。此外由于自然力的原因，也会导致环境问题，称为第一环境问题，或原生环境问题（First Environmental Problem），如火山、海啸、地震、台风等引起的环境问题。这些环境问题通常被称为自然灾害。

纵观人类发展的历史，环境问题随着人类社会的出现而出现，随着人类社会的发展而发展。环境变化是渐变的，环境质量的变化也是渐变的。随着人类从渔猎农业、游牧农业、烧垦农业、非机械化的固定农业发展到工业化农业，环境问题就变得日益突出，并对人类产生了严重的危害，典型的就是世界八大公害事件（表1-1）。目前，全球环境问题主要是指温室效应（Greenhouse Effect）、臭氧层破坏（Ozonosphere Depletion）、酸雨（Acid Rain）、森林破坏、水资源危机、土地资源减少、人口增加、物种灭绝、海洋污染、垃圾成灾。

在世界八大公害事件之后，人们开始思考和探索利用生态学理论来分析人类干扰的环境条件与生物之间的关系。美国生物学家卡逊（Carson，1962）的《寂静的春天》一书的问世，是环境生态学诞生的标志。卡逊在书中详尽地论述了生机勃勃的春天"寂静"的主要原因，以大量的事实指出是农药污染导致动物死亡，产生了春天一片"寂静"的现象，阐述了人与自然环境的正确关系。她指出问题的症结："不是敌人的活动使这个受害的世界的生命无法复生，而是人们自己使自己受害。"该书引起了人类社会对农药的争论以及对环境问题的关注，标志着人类社会对环境问题的觉醒。

1972年，联合国人类环境会议在瑞典斯德哥尔摩召开，来自世界113个国家和地区的代表共同讨论人类环境问题，通过了《人类环境宣言》，这是人类第一次将环境问题纳入世界各国政府和国际政治的议事议程。会议呼吁人类在决定世界各地的行动时，必须更加审慎地考虑是否会对环境造成无法挽回的影响。会议将环境问题由环境污染扩展到包括生态破坏，以此唤起人类对环境生态的反思和关注。

表 1-1　世界八大公害事件

名称	污染物	发生地	发生时间	公害成因	死亡人数及症状
马斯河谷烟雾事件	烟尘、SO$_2$	比利时马斯河谷	1930年12月	山谷中重型工厂多，工业污染物积聚，逆温天气	几千人发病，60人死亡，咳嗽、呼吸短促、流泪、喉痛、恶心、呕吐、胸口窒闷
多诺拉烟雾事件	烟尘、SO$_2$	美国多诺拉	1948年10月	工厂多，遇雾天，逆温天气	4天内约6 000人患病，17人死亡，咳嗽、喉痛、胸闷、呕吐、腹泻
伦敦烟雾事件	烟尘、SO$_2$	英国伦敦	1952年12月	居民燃煤烟取暖，煤中含硫量高，排出粉尘量大，逆温天气	5天内4 000人死亡，历年共发生12起，死亡近万人，胸闷、咳嗽、喉痛、呕吐
洛杉矶光化学烟雾事件	光化学烟雾	美国洛杉矶	1943年5月	汽车400多万辆，每天耗汽油2 400万L，每天超过1 000 t碳氢化合物进入大气。三面环山，空气水平流动缓慢	大多数居民患病，65岁以上老人死亡400人，刺激眼、喉、鼻，引起眼病、喉头炎
水俣病事件	甲基汞	日本九州南部熊本县水俣镇	1953年	氮肥生产中，采用氯化汞和硫酸汞做催化剂，含甲基汞废水废渣排入水体	病者180多人，死亡50多人，口齿不清，步态不稳，面部痴呆，耳聋眼瞎，全身麻木，最后精神失常
富山事件（痛痛病）	镉	日本富士县	1931年至1972年3月	炼锌厂未经处理净化的含镉废水排入河流中	患者超过280人，死亡34人，开始关节痛，然后神经痛和全身骨痛，最后骨骼软化萎缩，自然骨折，饮食不进，在衰弱疼痛中死去
四日事件	烟尘、SO$_2$、重金属粉尘	日本四日市	1955年以来	工厂排出大量SO$_2$和烟尘，并含有钴、锰、钛等重金属粉尘	患者500多人，有36人在气喘病折磨中死去，支气管炎，支气管哮喘，肺气肿
米糠油事件	多氯联苯	日本九州爱知县等23个府县	1968年	米糠油生产中，用做热载体的多氯联苯，因管理不善进入米糠油中	病患者5 000多人，死亡16人，实际受害者超过10 000人，常出汗，眼皮肿，全身起红疙瘩，重者呕吐恶心，肝功能下降，肌肉痛，咳嗽不止，甚至死亡

（朱鲁生等，环境科学概论，2005）

1987年，福尔德曼（B. Freedman）出版了第一本《环境生态学》的教科书，其主要内容包括空气污染、有毒元素、酸化、森林衰减、油污染、淡水富营养化和杀虫剂等。书名的副标题为"污染和其他压力对生态系统结构和功能的影响"。该书的出版对环境生态学的发展起了积极的推动作用。

20世纪80年代，联合国本着必须研究自然的、社会的、生态的、经济的以及利用自然资源过程的基本关系，确保全球发展的宗旨，于1983年3月成立了以挪威首相布伦特兰夫人（G. H. Brundtland）任主席的世界环境与发展委员会

（WCED）。经过 3 年多的深入研究和充分论证，该委员会于 1987 年向联合国提交了题为《我们共同的未来》的研究报告。系统研究了人类面临的重大经济问题、社会问题和环境问题，以"可持续发展"为基本纲领，提出了一系列政策目标和行动建议。报告把环境与发展这两个紧密相关的问题作为一个整体来讨论，认为资源环境是人类可持续发展的基础，实现了人类有关环境与发展思想的重要飞跃。事实上，这就是用生态学理论来分析和解决环境问题，是对环境生态学学科的推动和深化。

1992 年联合国环境与发展大会的召开及大会所达成的共识，标志着国际社会对环境与发展问题认识的深化。大会一致通过的《里约宣言》的 27 条原则，成为国际环境与发展合作、在全球范围内推动可持续发展的指导方针。大会所通过的《21 世纪议程》成为在世界范围内实现可持续发展、开展国际环境与发展合作的框架文件。大会正式确立可持续发展是当代人类发展的主题，标志着全球开始探索协调环境与发展的途径，以及人类可持续发展的理论与方法。在此背景下，环境生态学得到了快速发展。在区域生态环境破坏的历史分析、区域生态环境质量评价、生态系统稳定性维护、受损生态系统恢复与重建等领域开始了大量的工作。

第二节　环境生态学的研究内容与研究方法

一、环境生态学的研究内容

维护生物圈的正常功能，改善人类生存环境，并使两者间得到协调发展，这是环境生态学的根本目的。运用环境生态学理论，保护和合理利用自然资源，治理环境污染，恢复和重建被破坏的生态系统，满足人类生存发展需要，是环境生态学研究的核心内容。根据学科的定义，除涉及经典生态学的研究内容之外，其研究内容主要包括以下几个方面：

（一）人为干扰下生态系统内在变化机理和规律

自然生态系统受到人为的外界干扰后，将会产生一系列的反应和变化。研究人为干扰对生态系统的生态作用、系统对干扰的生态效应及其机理和规律是十分重要的。包括各种污染物在各类生态系统中的行为、变化规律和危害方式，以及生态破坏导致生态系统变化的机理及规律。

（二）生态系统受损程度的判断及生态修复

人类干扰会损害生态系统，生态系统受损程度的判断是研究生态学的重要任务之一。而生态学判断所需的大量信息就是来自生态监测。生态监测就是利用生态系统生物群落各组分对干扰效应的应答来分析环境变化的效应程度和范围，包括人为干扰下的种群动态、群落演替过程和生态系统动态。科学的判断对于受损生态系统的恢复和重建、保护和利用是十分关键的。

（三）生态系统的保护和利用

各类生态系统在生物圈中执行着不同的功能，生态系统被破坏后，生态效应亦不同。环境生态学要研究各类生态系统对人类干扰的效应，这些效应对区域生态环境和社会发展的影响，以及各类生态系统的保护和利用对策，对受损生态系统的恢复和重建。

（四）解决环境问题的生态对策

生态学是解决人类面临的环境问题的理论基础。采用生态学方法治理环境污染和解决生态破坏问题，尤其在区域环境的综合整治方面是行之有效的。以环境生态学理论为基础，改善和恢复受损的环境，包括各种废物的处理处置和资源化，以及受损生态系统的恢复和重建。

（五）全球环境生态问题的研究

全球环境生态问题是指在全球范围内出现的环境质量问题，这些问题都是超越国界的国际性的生态环境问题，主要有温室效应与气候变暖、臭氧层破坏与紫外辐射、酸雨等，这些变化对生物具有显著的影响。全球《21世纪议程》深刻地反映了环境与发展领域的全球共识和最高级别的政治承诺，提供了全球推进可持续发展的行动准则。全世界联合起来，建立促进可持续发展全球伙伴关系，只有这样才能实现可持续发展的长远目标。

（六）生态规划

从生态学的观点出发对自然环境、社会和经济进行全面规划是环境生态学的重要内容之一。生态规划要求在利用资源和环境时，保证在对自然生态体系的平衡不产生重大改变、自然环境不遭受破坏的情况下，对天然资源利用和地域利用进行合理的规划。在生态规划中必须体现并运用生态平衡思想和环境生态学理论。

二、环境生态学的研究方法

环境生态学发展到现阶段，其研究方法主要包括以下几方面：

（一）宏观研究与微观研究相结合

随着现代科学技术的发展，环境生态学的研究方法具有宏观与微观相结合的特点。如微观方面的分子生态学、细胞生态学，宏观方面的群落生态学和生态系统生态学。环境生态学的研究层次已囊括了分子、细胞、个体、种群、群落，直至生态系统和生物圈。

（二）从野外调查到定量研究

生态学早期的研究多数是生物生活史记载和博物学行为定性描述的野外调查。1920 年以后，由于物理学、化学、数学和生理学的发展与相互渗透，产生了实验生态学，开始了定量研究。环境生态学的定量研究包括野外长期定位的定量分析和实验室的模拟试验。

（三）多学科交叉的综合研究

环境生态学是生态学与环境科学的交叉学科，并与其他自然科学和社会科学相互渗透。因此必须对环境生态学进行多学科交叉的综合研究。除此之外，还要求发展国际协作。例如，基于全球性的人口、粮食、能源、资源和环境五大问题对人类的威胁，联合国教科文组织于 1970 年设立了人与生物圈计划。

（四）系统分析方法和数学模型的应用

由于生态系统结构与功能的复杂性，一般的研究方法，如直观描述、调查分析、数理统计、单向试验等已不能满足环境生态学研究的需要。运用系统理论，采用系统分析方法是研究环境生态系统的有效途径。近 20 年来，电子计算机的迅速发展与应用，解决了以往的系统分析的困难，从而促进了生态系统建模与环境生态学的发展。

（五）新技术的应用

环境生态学的研究方法是以相关的新技术为基础的。在环境生态学研究中已广泛使用野外自动电子仪器（测定光合作用、呼吸作用、蒸腾作用及微环境等）、同位素示踪（分析生物进化、物质循环和全球变化等）、遥感与地理信息系统（测定时空变化与定位监测）、生态建模等技术，为环境生态学的发展奠定了实验技术基础。

第三节　环境生态学与相邻学科的关系

一、环境生态学与生态学的关系

（一）生态学的产生与发展

生态学（Ecology）一词最早由德国的海克尔（Haeckel）于 1866 年在他所著《有机体普通形态学原理》一书中提出，他认为生态学是研究生物与环境相互关系的科学，这是对生态学一词最早的一个定义。也就是说，生态学探索了有机体与其环境之间相互作用的规律及其机理，是研究生物的生存条件以及生物与其环境之间相互关系的科学。生态学的理论基础是进化论物种起源的"自然选择"和"最适者生存"两项基本原则。

生态学揭示了在地球进化的过程中，物种形成从无到有、从简单到复杂、从低级到高级、从贫乏到丰富的自然规律，成为研究有机体与环境之间的相互关系以及研究生态系统中物质能量的转化、循环、再生产等动态平衡过程中的基础。

中国生态学观点始于春秋时代。例如，《周礼·地管篇》记载"以土会其法，辩五地之物生"。《淮南子》云"草木未落，斧斤不入山林"。《氾胜之书》载有"得时之和，适地之宜，田虽薄恶，收可亩十石"。在公元 6 世纪贾思勰所著的《齐民要术》中论述了生态学观点"顺天时，量地利，则用力少而成功多，任性返道，劳而无获"。以上记载了我国传统农业早在一两千年前在发展农林牧渔中应用了生态学观点，而且得到世界各国著名学者的重视。

国外的生态学萌芽于公元前 370—285 年，当时古希腊亚里士多德（Aristotle）的学生提奥夫拉斯塔（Theophrastus）随亚历山大（Alexander）远征，记述了从欧洲到印度洋沿途看到各地的植物和气候土壤的关系。1895 年丹麦哥本哈根大学的瓦尔明（E.Warming）的《以植物生态地理为基础的植物分布学》（后改名为《植物生态学》）和 1898 年德国的辛柏尔（Schimper）的《以生理学为基础的植物地理分布》两本专著的问世，标志着生态学这门学科正式诞生。继德国的海克尔之后，著名的美国生态学家 Odum E.（1956）把生态学重新定义为"研究生态系统结构和功能的科学"。到 19 世纪后期，生态学与其他学科交叉，产生了许多分支学科，其中包括环境生态学。

（二）环境生态学与生态学的关系

环境生态学是生态学学科体系的组成部分，是依据生态学理论和方法研究环境问题而产生的新兴分支学科。因此，在诸多的相关学科中，环境生态学与生态学的联系最为密切，生态学是环境生态学的理论基础。环境生态学偏重研究生物与人为干扰的环境条件之间的关系。随着科学技术的进步和大规模的生产活动，人类干预生物与环境的过程，不论是从规模上还是速度上都远远超过自然过程。环境生态学重视研究人类活动影响下的生物与环境的关系，以求避免环境对人类和生活造成的不利影响，并向着有利于人类的方向发展变化。

环境生态学与生态学的发展和环境问题的形成是密不可分的。环境生态学注重从整体和系统的角度，研究在人为干扰下，生态系统结构和功能的变化规律，以及因此而对人类的影响，并寻求因人类活动影响而受损的生态系统恢复、重建和保护的生态学对策。其任务的重点在于运用生态学的原理，阐明人类活动对环境的影响，以及解决环境问题的生态学途径，保护、恢复和重建各类生态系统，以满足人类生存与发展需要。

环境生态学与人类生态学、资源生态学和污染生态学息息相关。它们在研究范畴上有很多交叉之处，它们之间存在着相辅相成和相互促进的关系。人类生态学研究人类生态系统，以及人类与自然生态环境之间的相互作用与相互关系。而这些正是环境生态学研究的出发点和立足点。资源生态学和污染生态学的研究和发展，可为环境生态学提供丰富的素材，促进其发展，同时环境生态学的效应机制研究亦可丰富前两者的理论基础。

二、环境生态学与环境科学的关系

（一）环境科学

环境科学（Environmental Science）是 20 世纪 50 年代以后，由于环境问题的出现而诞生和发展的新兴学科。环境科学的产生既是社会的需要，也是 70 年代后自然科学、技术科学、社会科学相互渗透并向广度和深度发展的一个重要标志。

环境科学的研究内容可概括为：研究人类社会经济行为引起的环境污染和生态破坏；研究生态环境系统在人类干扰下的变化机理及其规律；确定环境质量及环境恶化的程度；研究保护和改善环境的理论和方法，研究环境规划与管理的理论与方法。所有这些决定了环境科学的两个明显特征，即整体性和综合性。同时，也决定了环境科学是一门融自然科学、社会科学和技术科学于一体的交叉学科，并具有许多分支学科，如环境生态、环境监测与评价、环境工程、环境治理与修复、环境化学、环境生物学、环境地学、环境经济学、环境物理学以及环境规划与管理等。

（二）环境生态学与环境科学的关系

环境生态学是环境科学的分支学科之一。同时，环境科学在研究人类环境质量，保护自然环境和改善受损环境的过程中，都是以生态学基础为理论，以生态平衡为原则和目标的。因此，环境生态学理论丰富和发展了环境科学的理论基础。

环境生态学一方面关注环境背景下生态系统自身发生、演化和发展的动态变化以及受扰后生态系统的治理与修复，另一方面致力于自然—社会—经济复合生态系统的规划、管理与调控研究。在环境科学体系中，环境生态学与环境监测与评价、环境工程、环境治理与修复，以及环境规划与管理的关系尤为密切。环境化学、环境生物学和环境物理学，是环境生态学中关于人为干扰效应及机制分析的基础和科学依据。而生态监测能反映监测结果的长期性和系统性，弥补物理和化学监测的不足，完善环境监测的内容和效果。环境生态学还可为环境工程、环境治理与修复和环境规划与管理提供理论依据，提高污染治理的生态效果，提高环境决策的科学性，提高环境保护的效益。

第四节　环境生态学的发展趋势

环境生态学的发展方兴未艾，进入 21 世纪后，世界环境问题既有历史的延续，也有新的变化和发展。依据目前国内外的研究方向和未来的趋势，今后一段时间内环境生态学将主要在以下几个方面开展工作：

一、人为干扰对生态系统的影响程度的判定

生态系统受到干扰的方式和强度不同，受到的危害和产生的生态效应也不同。建立判断和评价人为干扰对生态系统影响的指标体系，对于判定生态系统是否受到人为干扰的损害、确定受损程度、判定受损生态系统的结构和功能变化的共同特征，都十分必要。受害生态系统特征判定或生态学诊断的标准与方法将是今后的研究重点之一。

二、人为干扰与生态演替的相互关系的研究

生态演替理论是受损生态系统恢复与重建的重要理论基础之一。在人为干扰的环境条件下，生态演替可能会发生变化，生态演替的模式及机制，以及人为干扰与生态演替的相互关系探讨，将是未来环境生态学研究的主要内容。通过研究人为干扰与生态演替的相互关系，可以预测各种人为干扰的生态演替的方向和程度，并将指导退化生态系统的恢复和重建。

三、退化生态系统的恢复与重建

退化生态系统的恢复与重建是将环境生态学理论应用于生态环境建设的一个重

要方面。如何使退化的生态系统在自然及人类的共同作用下尽快地根据人类的需要或愿望得以恢复、重建，是值得探讨的理论和实践问题。生态恢复应包括生态保护、生态支持和生态安全三个方面，并要求综合考虑生态因素、经济因素和社会因素。由于生态系统的复杂性，生态系统恢复的机理还不清楚，退化生态系统恢复与重建的技术尚不成熟。因此，它将成为环境生态学中最具实践性的研究领域。

四、生态规划与区域生态环境建设

生态规划（Ecological Planning）要体现生态学原理，实现社会、经济和环境协调发展，实行可持续发展战略。生态规划是区域生态环境建设的重要基础和实施依据。生态环境建设可按区域进行，如生态省、生态市、生态乡。区域生态环境建设是根据生态规划，解决人类当前面临的生态环境问题，建设更适合人类生存和发展的生态环境的合理模式。海南省是我国第一个明确提出以建设生态省为生态建设目标的省份（刘鲁君等，2004）。建设生态省的根本目标是可持续发展，在搞好生态环境建设的同时，积极发展生态产业，促进区域经济的发展。

五、生物安全研究

随着基因工程等现代生物技术的兴起和迅速发展，生物安全问题逐渐成为全球普遍关注的热点。所谓生物安全，是指生物个体或生态系统不受侵害和破坏的状态。生态安全取决于人与生物之间、不同的生物之间的平衡状况。生境破坏、生物入侵和转基因生物都会威胁到生物安全。生物入侵和转基因生物将是生物安全研究的重点。

六、生态风险预测

生物圈的各个层次，如种群、群落和生态系统受到外界胁迫，其当前或未来的健康状况、生产力、遗传结构、经济价值及美学价值降低的状况，称为生态风险。随着技术的进步，如生物入侵、转基因生物等，都会给自然和人类带来生态风险。生态风险的评价可预测可能产生的生态效应，估计这些负面效应发生的概率、影响的程度，为降低生态风险、保障生物安全提供科学依据。

复习与思考题

1. 什么是环境生态学？
2. 简述环境生态学与生态学、环境科学的关系。
3. 环境问题是如何产生的？
4. 简述环境生态学的发展趋势。

第二章 生物与环境

【知识目标】

本章要求熟悉环境的概念及类型；理解生态因子的分类及生态因子作用的一般特征；掌握生态因子作用的一般规律；了解主要生态因子的作用及生物适应性。

【能力目标】

通过对本章的学习，学生能应用所学的知识分析各生态因子对生物的生存及繁殖的作用，了解不同生物对生态因子的适应性。

第一节 环境与生态因子

一、环境的概念及其类型

（一）环境的含义

环境（Environment）是一个相对的概念，必须相对于某一中心或主体才有意义，不同的主体相应有不同的环境范畴。一般是指某一特定生物体或生物群体以外的空间及直接、间接影响该生物体或生物群体生存的一切事物的总和。在生物科学中，环境是指生物的栖息地，包括物理、化学和生物环境。在环境科学中，环境主体是人类，环境指的是人类的生存环境，指围绕着人类的空间以及其中可以直接或间接影响人类生活和发展的各种因素，在生态学中指以生物为主体的环境，主要是自然环境，包括主体生物周围的非生物因素和生物因素。

环境有大小之别，在不同的研究领域，对于环境范畴的划分是有差异的，大到可以是整个宇宙，小至可以是基本粒子。例如，对太阳系中的地球而言，整个太阳系就是地球生存和运动的环境；对栖息于地球表面的动植物而言，整个地球表面就是它们生存和发展的环境；对某个具体生物群落而言，环境指的是所在地段上影响该群落发生和发展的全部无机因素（光、热、水、大气、土壤等）和有机因素（动物、植物、微生物及人类）的总和。此外，世界各国的一些环境保护法规中，还常常把环境中应该保护的要素或对象界定为环境。

（二）环境的类型

环境是一个非常复杂的体系，至今未形成统一的分类系统。一般按环境主体、环境性质、环境的范围和大小等进行分类（图 2-1）。

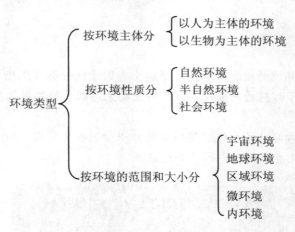

图 2-1　环境的类型

（1）按环境的主体分。一类是以人为主的环境，即人类以外的其他生命物质和非生命物质都被视为环境要素；另一类是以生物为主体，生物体以外的所有自然条件称为环境。

（2）按环境的性质分。分成自然环境、半自然环境（被人类破坏后的自然环境）和社会环境三类。

（3）按环境的范围和大小分：

① 宇宙环境（Space Environment）也称为空间环境，是指大气层以外的宇宙空间。它由广阔的宇宙空间和存在其中的各种天体及弥漫物质组成，它对地球环境具有深刻的影响。太阳是地球的主要光源和热源，为地球生物有机体带来了生机，推动了生物圈的正常运转。太阳辐射能是地球上能量的源泉，它的变化影响着地球环境。如太阳黑子出现的数量同地球上的降雨量有明显的相关关系。

② 地球环境（Global Environment），是指大气圈（主要是对流层）、水圈、土壤圈、岩石圈和生物圈，又称为全球环境或地理环境（Geographical Environment）。地球环境与人类及生物的关系尤其密切，特别是生物圈中的生物通过物质循环、能量转换和信息传递作用，把地球上各个圈层的关系密切地联系在一起，并形成了总的人类生存的生态圈。

③ 区域环境（Regional Environment），是指占有某一特定地域空间的自然环境，它是由地球表面的不同地区的五个自然圈层相互配合而形成的。不同地区，由于其

组合不同，从而产生了很大差异，形成各不相同的区域环境特点，分布着不同的生物群落。

④ 微环境（Micro-environment），是指区域环境中，由于某一个（或几个）圈层的细微变化而导致的环境差异所形成的小环境。如生物群落的镶嵌性就是微环境作用的结果。

⑤ 内环境（Inner Environment），是指生物体内组织或细胞间的环境。对生物体的生长和发育具有直接的影响。如叶片内部，直接和叶肉细胞接触的气腔、气室、通气系统，都是形成内环境的场所，对植物有直接的影响，且不能为外环境所代替。

二、生态因子及其分类

（一）生态因子的概念

生态因子（Ecological Factor）是指环境中对生物生长、发育、生殖、行为和分布有着直接或间接影响的环境要素。如温度、湿度、食物、氧气、二氧化碳和其他相关生物等。生态因子是生物存在所不可缺少的环境条件，也称生物的生存条件。所有生态因子构成生物的生态环境（Ecological Environment）。具体的生物个体和生物群体生活地段上的生态环境称为生境（Habitat），其中，包括生物本身对环境的影响。

生态因子和环境因子是既有联系，又有区别的两个概念。生态因子也可认为是环境因子中对生物起作用的因子，而环境因子则是指生物体以外的所有环境要素。

（二）分类

生态因子的数量很多，为了研究和叙述方便，依其性质归纳为五类：

（1）气候因子（Climatic Factor）　如光、温度、湿度、降水、风、气压和雷电等。

（2）土壤因子（Edaphic Factor）　土壤是岩石风化后在生物参与下所形成的生命与非生命的复合体。土壤因子包括土壤结构、土壤有机和无机营养、土壤理化性质及土壤微生物等。

（3）地形因子（Topographic Factor）　包括各种地面特征，如地面的起伏、坡度和阴坡、阳坡、海拔等。

（4）生物因子（Biotic Factor）　包括生物（同种生物或异种生物）之间的各种相互关系，如捕食、寄生、竞争和互惠共生等和种群内部社会结构、社会等级等。

（5）人为因子（Anthropogenic Factor）　主要指人类对生物和环境的各种作用。人类的活动对自然界和其他生物的影响已越来越大和越来越带有全球性，分布在地球各地的生物都直接或间接受到人类活动的巨大影响。人为因子应该是生物因子的一种，将其分离出来是为了强调人的作用的特殊性和重要性。

第二节　生物与环境关系的基本原理

一、生态因子作用的基本特征

概括起来，生态因子作用具有以下基本特征：

（1）综合性　环境中各种因子不是孤立存在的，而是相互联系、相互影响、相互促进、相互制约的，任何一个因子的变化都会在不同程度上引起其他因子的变化及其反作用。例如，光强度的变化必然会引起大气和土壤温度与湿度的改变，这就是生态因子的综合作用。

（2）主次不等值性　诸多因子对生物所起的作用是不完全相等的，有主次之区别。其中有 1～2 个是起决定作用的主导因子。主导因子的变化常会引起许多其他生态因子发生明显变化或使生物的生长发育发生明显变化。例如，植物的春化作用，低温是主导因子，湿度和通气情况是次要因子；光合作用时，光照强度是主导因子，温度和 CO_2 是次要因子。

（3）不可替代性和补偿性　各种生态因子对生物的作用虽有主次不等值性，但各自都不可缺少，一个因子的缺失不能由另一个因子来替代，如果缺少，便会影响生物的正常生长发育，甚至造成其生病或死亡。但某一因子如果数量不足，有时可以靠另一个因子的加强而得到调剂和补偿。例如，植物光照不足，可以增加二氧化碳的浓度来得到补偿；锶大量存在时可减少钙不足对动物造成的有害影响。不过生态因子的补偿作用只能在一定范围内做部分补偿。

（4）阶段性　生物在生长发育的不同阶段对生态因子需求的类型或强度不同。即具体的某一生态因子的主导作用常常只限于生物生长发育的某一特定阶段。例如，低温在某些作物的春化阶段发挥主导作用，是必不可少的，但在其后的生长阶段则是有害的；大麻哈鱼生活在海洋中，生殖季节就需要到淡水中产卵，不同生长发育阶段对生态因子的要求差异很大。

（5）直接性和间接性　生态因子对生物的生长、发育、繁殖和分布的作用有直接作用和间接作用之分。如光照、温度、水分、土壤养分等自然界中的有些生态因子，能直接影响生物的新陈代谢；而海拔、纬度、经度等生态因子，通过影响光照、温度、水分、土壤养分等生态因子间接作用于生物。间接性作用因子对生物的作用虽然是间接的，但往往非常重要，常常支配着直接作用因子，而且，作用范围广、强度大，有时甚至构成区域性影响及小气候环境的差异。

二、生态因子作用的规律

（一）限制因子规律

生物的生存和繁殖依赖于各种生态因子的综合作用，但是其中有一种和少数几种因子是限制生物生存和繁殖的关键性因子，这些关键性的因子就是限制因子（Limiting Factor）。任何一种生态因子只要接近或超过生物的耐受范围，它就会成为这种生物的限制因子。

如果一种生物对某一生态因子的耐受范围很广，而且这种因子又非常稳定，那么这种因子就不太可能成为限制因子；相反，如果一种生物对某一生态因子的耐受范围很窄，而且这种因子又易于变化，那么这种因子很可能就是一种限制因子。例如，氧气对陆生动物来讲，数量多、含量稳定而且容易得到，因此一般不会成为限制因子（土壤生物、寄生生物和高山生物除外），但是氧气在水体中的含量是有限的，而且经常发生波动，因此常常成为鱼类等水生生物的限制因子。各种生态因子对同一生物来说并非同等重要，生态学家一旦找到了限制因子，就意味着找到了影响这种生物生存和发展的关键性因子，这就是研究关键性因子的最主要价值。

（二）最小因子定律

有人在研究谷物的产量时，发现谷类作物的产量常常不是受其大量需要的营养物质的限制（如 CO_2 和水，因为在它周围的生活环境中很丰富），而是决定于那些在土壤中极为稀少，作物需求量虽然不大，但为作物所必需的元素（如硼、镁、铁等）。因此，可以认为植物的生长取决于环境中那些处于最少量状态的营养物质。进一步研究表明，此理论也同样适用于其他生物种类或生态因子，为此人们把这一理论称为最小因子定律（Law of Minimum）。

但应用最小因子定律的概念时，应有两点补充：第一，该定律只能用于环境条件处于严格的稳定状态下，也就是说，物质和能量的输入和输出处于平衡状态时才能应用。第二，应用该法则时，必须要注意各因子之间的相互作用。当一个特定因子处于最小量时，其他处于过量状态或高浓度的因子可能起到补偿作用。

（三）耐性定律

耐性定律（Law of Tolerance）是指生物不仅受生态因子最低量的限制，而且也受生态因子最高量的限制。这就是说，任何一种生态因子在数量上或质量上的不足或过多，当其接近或达到某种生物的耐受限度时，就会影响该种生物的生存和分布。此耐性定律把最低量因子和最高量因子相提并论，将任何接近或超过耐性下限或耐性上限的因子都称为限制因子（图 2-2）。那么，可想而知，那些对生态因子具有较大耐受范围的生物种类，其分布范围就比较广，称为所谓广适性生物（Eurytropic Organism），反之则称为狭适性生物（Stenotropic Organism）。

在自然界，由于长期自然选择的结果，每种生物都适合于一定的环境，有其特定的适应范围，对每种生态因子都有其耐受的上限（最高点）和下限（最低点），上下限之间的耐受范围，就称为该生物对这种生态因子的生态幅（Ecological Amplitude）。

对同一生态因子，不同种类的生物耐受范围差异很大。例如，蛙鱼对温度这一生态因子的耐受范围是 0～12℃，最适温度为 4℃；豹蛙对温度的耐受范围是 0～30℃，最适温度为 22℃；斑鳟的耐受范围是 10～40℃，而南极鳕所能耐受的温度范围最窄，只有 -2～2℃。上述的几种生物对温度因子的耐受范围差异很大。把可耐受很广的温度范围（如豹蛙、斑鳟等）的生物，称广温性生物（Eurytherm），把只能耐受很窄的温度范围（如蛙鱼、南极鳕等）的生物，称狭温性生物（Stenotherm）。对其他的生态因子也是一样，有所谓的广湿性、狭湿性、广盐性、狭盐性等。

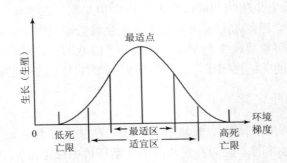

图 2-2　V. E. Shelford 耐受定律图解

（盛连喜等，环境生态学导论. 高等教育出版社，2002）

图 2-3 是广温性生物和窄温性生物生态幅的比较，窄温种的温度三基点靠得较近。对广温性生物影响很小的温度变化，但对窄温种常常是临界温度。窄温性生物可以是耐低温的（冷窄温），也可以是耐高温的（暖窄温），或处于两者之间。

一般来说，如果一种生物对所有生态因子的耐受范围都是广的，那么这种生物在自然界的分布一定很广，反之亦然。

有时，同一种生物对某一生态因子的适应范围很窄，而对另一因子的适应范围较宽，在这种情况下，生态幅常常为前一生态因子所限制。

还有，必须要注意的是，同一种生物在不同的发育时期，对某些生态因子的耐性是不同的。各种生物通常在生殖阶段对生态因子的要求比较严格，这时某一因子的不足或过多，最易起到限制作用，因此所能耐受的生态因子的范围也就比营养期狭窄。例如，植物的种子萌发期、动物的卵和胚胎以及成年个体的繁殖时期，其所能耐受的环境范围一般比非生殖个体窄。

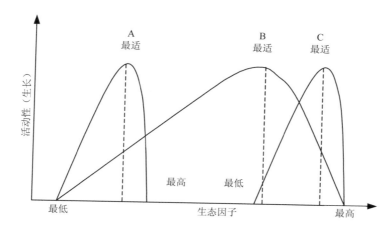

图 2-3　窄温性与广温性生物的生态幅

（A 冷窄温；B 广温；C 暖窄温）

（卢升高等，环境生态学. 浙江大学出版社，2004）

（四）生物内稳态及耐性限度的调整

1．内稳态（Homeostasis）及其保持机制

内稳态即生物控制体内环境使其保持相对稳定的机制。它是通过生理过程或行为的调整而实现的。内稳态能减少生物对外界条件的依赖性，从而大大提高生物对外界环境的适应能力。例如，沙蜥蜴在白天温度比较高时，改变身体的姿势，抬起头面对太阳使身体接受最少的辐射，前脚趾离地把身体抬高，让空气在身体周围流通以散热；早晨温度较低时，使身体的侧面迎向太阳，并把身体紧贴在温暖的岩石上以使体温上升。植物虽然不能主动移动，但部分器官也有类似行为。例如，合欢的叶子昼挺夜合，向日葵的花随太阳转动方向等。不少动物借助于筑巢创造一个小环境，以躲避不利的外界环境。例如，当外界气温为 22～25℃时，大白蚁（*Macrotermes natalensis*）巢内可维持 30℃±0.1℃的恒温和 98%的相对湿度。

2．耐性限度的驯化

除内稳态机制可调整生物的耐性限度外，还可通过人为驯化的方法改变生物的耐性范围。如果一个种长期生活在最适生存范围偏一侧的环境条件下，久而久之就会逐渐导致该种耐性限度的改变，其适宜生存范围的上下限会发生移动，并产生一个新的最适生存范围，形成一个新的最适点。例如，把同一种金鱼长期饲养在两种不同温度下（24℃和 37.5℃），它们对温度的耐性限度与生态幅，最终将发生明显改变（图 2-4）。植物也有类似情况。例如，南方树木的北移，北方作物的南移，野生植物变成常规栽培作物等，都要经过一个驯化过程。一般来讲，驯化过程需要很长的时间，但在实验条件下诱发的生理补偿机制，可在较短时间内完成。对一些小动物，最短 24 h 即可完成驯化过程。

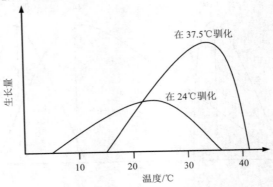

图 2-4　金鱼两种不同温度下的驯化结果

（李博等，生态学. 高等教育出版社，2004）

第三节　主要生态因子的作用与生物的适应

任何一种环境都包含着多种多样的生态因子，每一种生态因子对生物都会起着或多或少、直接或间接的作用，并且这种作用是多因子的共同作用，随着时间、空间和作用对象的变化而有所不同。

一、光因子的生态作用与生物的适应

地球上生物生活所必需的全部能量，都直接或间接地来源于太阳光。光本身是一个非常复杂的环境因子，太阳辐射的质量、强度及其周期性的变化对生物的生长发育和地理分布都产生着深刻影响，而生物本身对这些变化的光因子也有着极其多样的反应。

（一）光质的生态作用与生物的适应

白光通过三棱镜可以分解为红、橙、黄、绿、青、蓝、紫不同质（不同波长）的光，阳光就是由不同波长的光所组成，不同的光质对生物的作用和影响也是不同的（图 2-5）。

1．光质对植物的生理作用

植物的光合作用并不能利用光谱中所有波长的光能，可利用的光谱范围只是 380～760 nm，通常称这部分辐射为生理有效辐射，占总辐射的 40%～50%。在生理

有效辐射中红光、橙光是被叶绿素吸收得最多的部分；其次是蓝光、紫光，也能被叶绿素、类胡萝卜素吸收；而绿光很少被吸收利用，称为生理无效辐射。

实验表明，红光有利于糖的合成，蓝光、紫光有利于蛋白质和有机酸的合成，促进花青素的形成，强烈抑制植物茎的伸长。在高山、高原地区，由于短光波照射较多，生长着的植物茎秆粗短、叶面缩小、毛绒发达，富含花青素。

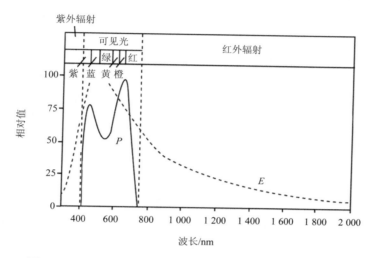

图 2-5　地表光质的组成（E）以及小麦的生理有效辐射（P）

（R. F. Daubenmire，1959）

（柳劲松等，环境生态学基础. 化学工业出版社，2004）

根据文献报道，日本等国已经利用彩色薄膜对蔬菜等作物进行了试验。结果表明：紫色薄膜对茄子有增产作用；蓝色薄膜促进草莓产量提高，但对洋葱生长不利；红光下栽培甜瓜可以加速植株发育，果实成熟提前 20 天，果肉的糖分和维生素含量也有增加。

2. 可见光波对动物生长、发育、体色变化等的影响

有人将一种蛱蝶分别养在有光照和无光照的黑暗环境下，结果生长在有光照环境中的蛱蝶体色变淡；而生长在黑暗环境中的身体呈暗色。在光照和黑暗环境中，其幼虫和蛹的体色与成虫有类似的变化。对于光质对动物分布和器官功能的影响目前还不十分清楚。

3. 不可见光对动物、微生物生长、行为等的影响

人们常用黑光灯诱蛾，就是利用昆虫对紫外光的趋光反应；而草履虫则表现为避光反应。紫外光对人和生物有杀伤和致癌作用。波长 360 nm 时即开始有杀菌作用；在 240～340 nm 的辐射条件下，可使细菌、真菌、线虫、卵和病毒停止活动；

200～300 nm 的辐射条件下，能杀灭空气中、水面和各种物体表面的微生物，这对抑制自然界的传染病病原体极为重要。

（二）光照强度的生态作用与生物的适应

1. 光照强度对植物生长、发育及形态构成的作用

光能影响细胞的分裂和生长，促进细胞的增大和分化。光还能促进组织和器官的分化，制约着器官的生长和发育速度。植物体积的增大、质量的增加，植物体各器官、组织保持发育上的正常比例，都与光强密切有关。植物叶肉中的叶绿素必须在一定的光强照射下才能形成，植物的黄化现象就是由于光照强度不足而引起的。光照强度还影响植物果实的品质等。在一定范围内，光合作用的效率与光强成正比。

当然，不同的植物对光强的反应也是不一样的。根据植物对光照强度的适应性，可以把植物分为阳性植物、阴性植物和耐阴植物三大生态类型。阳性植物对光照要求比较高，适应强光照地区生活；阴性植物对光的需要远比阳性植物低，适宜于弱光照地区生活；耐阴植物对光照具有较广的适应能力，对光的要求介于以上两类植物之间。

了解植物对光照强度的生态类型，在作物的合理栽培、间作套种、引种驯化以及园林建造、绿化等方面都非常重要。

2. 光照强度对动物的生长、发育的影响

动物对光强的反应也是多样的、复杂的。蛙卵、鲑鱼卵在有光情况下孵化快，发育也快；而生活在海洋深处的浮游生物等则在黑暗情况下长得较快。有实验表明，蚜虫（*Macrosiphum*）在连续光照的条件下，产生的多为无翅个体，但在光与暗交替条件下，则产生较多的有翅个体。许多动物在一定的光强下，才能看得见周围的东西、进行觅食，以维持生命；一些夜行性动物，它们可以在很弱的光强条件下行动，如一些啮齿类动物，它们的眼球大多突出于眼眶之外，可以从各方面感受到弱光，而且在视网膜上的任何部分成像。鸟类早晨啼鸣的时间大多与光强有直接关系。麻雀一般在晨光达 5～10 lx 时开始鸣叫，随着季节的变化，鸣叫的时间也会发生变化。

（三）光周期的生态作用与生物的适应

地球不停地公转和自转造成太阳高度和角度的变化，因而也带来了地球上的日照长短的变化，虽然地球上不同纬度各不相同，但它都是周期性的，这种自然现象称光周期现象。

1. 光周期与植物

由于长期适应和自然选择的结果，根据植物对日照长度的反应，分为长日照植物、短日照植物、中日照植物和中间型植物。长日照植物通常是在日照超过一定时间才开花，否则只进行营养生长，不能形成花芽，如冬麦、油菜、菠菜、萝卜等；

短日照植物通常是在日照短于一定时间才开花，否则只进行营养生长而不开花，如菊花、大豆、晚稻等；中日照植物要求日照与黑暗各半的日照长度才能开花，如甘蔗等。植物中也有一些几乎一年四季都能开花结果，对日照长短几乎没有什么要求，如月季花、四季豆、黄瓜等，称为中间型植物。

植物在发育上之所以对日照长度有不同的要求，主要与其原产地生长季节中的自然日照的长短密切相关，一般来说长日照植物起源于北方，短日照植物起源于南方。

在农业生产、林业生产、园艺植物栽培过程中，尤其在引种上应特别注意植物对日照长度要求的生物学特性。

2．光周期与动物

大多数鸟类对光周期反应最为明显，很多鸟类的迁徙都是与日照长短的变化有关，因为日照长短变化是地球上最严格、最稳定的周期变化，是生物节律最可靠的信号系统。实验证明，由于长期适应和选择，日照长短不仅对鸟禽有作用，同样也对鱼类、两栖类、爬行动物生殖腺的活动有影响。人类可以根据这个原理发展饲养业。例如，延长光照时间，增加禽蛋产量；相反，有些动物只有在短日照条件下才有性的活动，如绵羊、山羊、鹿等，它们怀孕时间都比较长，同样也是它们对环境适应的结果。

二、温度因子的生态作用与生物的适应

太阳辐射使地球表面受热，产生气温、水温和土温的变化，温度因子和光因子一样存在周期性变化，称节律性变温。不仅节律性变温对生物有影响，而且极端温度对生物的生长发育也有十分重要的意义。

（一）温度因子对生物的生态作用

1．温度因子与生物生长

任何一种生物，它的生命活动每一生理生化过程都有酶系统的参与。然而，每一种酶的活性都有它的最低温度、最适温度、最高温度，相应形成了生物生长的"三基点"温度。一旦超过生物的耐受能力，酶的活性就将受到影响。高温使蛋白质凝固，酶系统失活；而低温将引起细胞膜系统渗透性改变、脱水、蛋白质沉淀以及其他不可逆转的化学变化。

如果在其他影响生物生长的生态因子保持恒定的情况下，在一定的温度范围内，生物的生长速率与温度成正比。在多年生木本植物茎的横断面上大多可以看到明显的年轮，这就是植物生长快慢与温度高低关系的真实"记录"。同样，动物的鳞片、耳石等，也有这样的写照。

不同生物的"三基点"温度是不一样的。例如，水稻种子发芽的最适温度是25～35℃，最低温度是 8℃，最高温度是 38～42℃；家蝇生活的最适温度是 17～

28℃，最低6℃开始活动，45℃中止活动，46.5℃就要死亡。

2．温度因子与生物发育

生物完成生命周期，不仅要生长而且还要完成个体的发育阶段，并通过繁衍后代使种族得以延续。例如，某些植物一定要经过一个低温"春化"阶段，才能开花结果，它就如同信号开关一样，这个关过不了，就不能完成生命周期。

温度与生物发育的最普遍规律是有效积温。人们从变温动物的生长过程中总结出有效积温法则，该法则在植物生态学、作物栽培和害虫预测预报中已经得到相当普遍的应用。

$$K = N(T - T_0)$$

式中：K —— 该生物所需的有效积温，常数；

N —— 天数，d；

T —— 当地该时期的平均温度，℃；

T_0 —— 该生物生长活动所需最低临界温度（生物零度），℃。

例如，地中海果蝇在26℃下，20 d内完成生长发育，而在19.5℃则需要41.7 d。求它的生长发育最低临界温度。

$$20 \times (26 - T_0) = 41.7 \times (19.5 - T_0)$$

$$T_0 = 13.5℃$$

（二）生物的生态适应

温度是一个重要的生态因子，而且这个因子又可以发生多种多样的变化，因此，生物对环境温度的适应也是多种多样的。

1．变温的生物适应

（1）生物的地理分布　决定某种生物地理分布区的因子，绝不仅仅是温度因子，但它是重要的因子。温度制约着生物的生长发育，而每个地区又都生长繁衍着适应于该地区气候特点的生物。

温度因子包括节律性变温和绝对温度，它们是综合起作用的。年平均温度、最冷月和最热月平均温度值是影响分布的重要指标。人们就是根据这个指标来划分植被的气候类型的。日平均温度累计值的高低是限制生物分布的重要因素，有效总积温就是根据生物有效临界温度的天数的平均温度累计出来的。当然，极端温度（最高温度、最低温度）是限制生物分布的最重要条件。例如，椰子、橡胶、可可等只能在热带分布，这是受低温的限制；而苹果和某些品种的梨不能在热带地区栽培，就是由于高温的限制。动物也不例外，大象不会分布到寒冷地方，而北极熊也不会分布到热带地区去。

一般来说，温暖的地区生物种类丰富，反之，寒冷地区生物的种类较少。例如，我国从南向北两栖类动物种类的数量情况，广西有 57 种，福建有 41 种，浙江有 40 种，江苏有 21 种，山东、河北各有 9 种，内蒙古只有 8 种。爬行动物也有类似的情况，广东、广西分别有 121 种和 110 种，海南有 104 种，福建有 101 种，浙江有 78 种，江苏有 47 种，山东、河北都不到 20 种，内蒙古只有 6 种。

植物的情况也不例外，如苏联国土总面积位于世界第一，但是由于温度低，它的植物种类只有 16 000 多种，而我国高等植物有 3 万多种，巴西有 4 万多种。

（2）物候节律　生物长期适应于一年中温度节律性的变化，形成了与此相适应的发育节律，我们将此称为物候。大多数植物在春天到来时开始发芽，随着温度上升，百花盛开、枝叶茂盛，待到秋高气爽时，枝头上是果实累累，秋去冬来，枯枝落叶，进而是休眠开始。当然动物也不例外，由于对不同季节食物条件的变化以及对热能、水分等的适应，导致生活方式与行为的周期性变化。例如，活动与休眠、定居与迁移、繁殖期与性腺静止期等（表 2-1）。

表 2-1　北京城内春季物候（1950—1972 年）

年份	北海冰融	山桃始花	杏树始花	紫丁香始花	燕始见	柳絮飞	洋槐盛花	布谷鸟初鸣
1950	3/10	3/26	4/1	4/13	4/21	4/29	—	—
1951	3/12	3/28	4/6	4/15	—	5/4	—	—
1952	3/16	4/1	4/4	4/18	4/14	5/6	5/10	5/12
1953	3/10	3/24	4/5	4/15	4/23	4/26	5/9	5/19
1954	3/13	3/29	4/5	4/19	—	4/29	—	5/19
1955	3/15	4/6	4/8	4/20	4/12	5/3	5/6	—
1956	3/29	4/6	4/12	4/25	4/20	5/9	5/14	5/25
1957	3/24	4/6	4/13	4/23	4/23	5/4	5/9	5/22
1958	3/13	4/2	4/6	4/21	—	5/2	5/12	5/27
1959	3/24	3/23	3/27	4/10	4/19	4/24	—	—
1960	2/29	3/24	3/31	4/9	—	4/24	—	5/23
1961	3/3	3/19	3/26	4/6	4/19	4/25	5/3	—
1962	3/2	3/28	4/5	4/17	4/20	5/1	5/7	5/28
1963	3/1	3/18	3/25	4/11	4/20	4/30	5/8	5/27
1964	3/10	4/1	4/10	4/21	4/23	—	—	5/25
1965	3/5	3/22	3/30	4/9	4/26	5/1	5/10	—
1966	3/11	3/24	4/6	4/21	4/22	5/5	5/12	—
1967	3/13	3/26	3/31	4/12	4/22	5/5	5/8	—
1968	3/14	3/27	4/1	4/8	4/18	4/30	5/6	5/23
1969	3/23	4/8	4/12	4/12	4/21	5/8	5/11	5/19
1970	3/18	4/8	4/11	4/7	4/21	5/5	5/10	5/28
1971	3/20	4/4	4/10	4/16	4/21	5/1	5/9	5/23
1972	3/15	3/27	4/3	4/13	4/23	4/27	5/4	5/21

（竺可桢，环境生态学. 1957）

2. 极端温度的生物适应

（1）休眠　休眠当然也是一种物候现象，是生物的潜伏、蛰伏或不活动状态，是抵御不利环境的一种有效的生理机制。进入休眠状态的动植物可以忍耐比其生态幅宽得多的环境条件，对适应环境的极端温度（高、低）有着特殊意义。

植物的休眠主要指的是种子的休眠，在纬度偏北地区冬天的许多植物芽也是处在休眠状态。不同植物种子的休眠机制各不相同。有的植物种子离开母体后，需要有一个后熟过程，方可完全成熟，如人参和银杏等；有的植物种子脱离母体时，虽然胚已成熟，但是由于果实或种子外有一个十分坚实的外壳，需要在一定条件下，经过一段时间才能腐烂、分解，如椰子；而有的植物种子成熟后，内存有抑制其发芽的物质，在该物质分解消除后，种子方能发芽，如番茄等。如果没有这样的机制，所有植物的种子成熟后都能立即萌发，那么，萌发的幼苗绝大多数将在严冬被冻死。

动物的休眠因种类、地区也各不相同。从时间上可以分两种类型：一种是处在休眠状态下过冬的称冬眠；另一种是处在昏睡状态度过高温缺水夏天的，称夏眠（或称夏蛰）。变温动物和恒温动物的机制各不相同。在寒带和温带绝大多数无脊椎动物和变温动物都有冬眠现象。如昆虫、蜘蛛以卵过冬；蛇类多在土堆、鼠洞中冬眠；两栖类的蛙、蟾蜍在水底，有的在土壤中或田埂等处的洞穴中过冬。夏蛰多见于无脊椎动物，以蜗牛较为常见，较热地区陆生的涡虫和蚂蟥，在干旱季节里埋在土中。

恒温动物休眠又分两种情况：一种是冬眠恒温动物，其最大限度地减少能量消耗，代谢速率降低，心跳和呼吸频率大大减少，热产生降低，体温下降，平均体温约高于外界温度 1℃，成为变温动物，但当体温下降到接近冰点时，就会激醒，以免冻死，如黄鼠、蝙蝠、旱獭等；另一种动物，在冬天它们以深睡的形式进行冬眠，其体温变化不大，与平常相比只是下降 1℃ 左右，又称"假冬眠"，如熊、貂等。这不仅是对温度的适应，也是对食物短缺等的适应。

（2）形态变化　生物对温度的适应还表现在形态上。

植物对低温的适应表现：北极和高山植物的芽及叶片常有油脂类物质保护，芽具有鳞片，植物器官的表面盖有蜡粉和密毛，树皮有较发达的木栓组织，植株矮小，常呈匍匐状、垫状或莲座状等。对高温的适应表现：有些植物体具有密的绒毛和鳞片，能过滤一部分阳光；有些植物体呈白色、银白色，叶片革质发亮，能反射大部分光线，使植物体温不至增加太高太快；有些树干根茎附近有很厚的木栓层，有隔热保护作用；有些植物叶片垂直排列，或在高温下叶片折叠，减少光线直射面积，避免植物体受热伤害。

温度不仅影响动物生长的速率，而且也影响动物的形态。同类动物生长在较寒冷地区的比生长在温热地区的个体要大，个体大有利于保温，个体小有利散热。例如，我国的东北虎比华南虎大，北方野猪比南方野猪大（表 2-2）。同样，分布在南半球的企鹅也有类似的情况，纬度越高，温度越低的地方，企鹅的个体越大

（表 2-3）。这种规律，在生态学中称为贝格曼定律。

表 2-2　中国南北方几种兽类头骨长度的比较

种　类（北方）	颅骨长/mm	种　类（南方）	颅骨长/mm
东北虎	331～345	华南虎	273～313
华北赤狐	148～160	华南赤狐	127～140
东北野猪	400～472	华南野猪	295～354
雪兔	95～97	华南兔	67～86
东北草兔	85～89		

（盛连喜等. 环境生态学导论. 高等教育出版社，2002）

表 2-3　几种在不同纬度的企鹅个体大小的比较

种　类	分　布		体　长/mm
金冠企鹅（*Eudyptes chrysolophus*）	火地岛	南纬 61°	200
盔羽企鹅（*E. crestatus*）	火地岛	南纬 55°	500～600
麦克兰企鹅（*Spheruscus magellanrcus*）	福克兰岛	南纬 52°	700
加拉伯戈斯企鹅（*S. mendiculus*）	加拉伯戈斯群岛	赤道 0°	490

（华东师范大学编《动物生态学》）

　　另外，恒温动物身体的突出部分如四肢、外耳和尾巴等，生活在低温环境中的，有变小变短的趋势，这也是减少散热的一种形态适应。例如，北极狐的外耳明显短于温带的赤狐，赤狐的外耳又明显短于非洲的大耳狐（图 2-6）。还有，恒温动物在寒冷季节毛或羽毛的数量和质量增加，或皮下脂肪的厚度增加，从而提高身体保温性能。这在生态学中被称为阿伦规律。

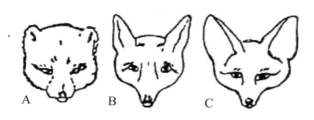

图 2-6　不同温度带几种狐的耳壳

A.北极狐　B.赤狐　C.非洲大耳狐（P.Dreux，1974）

　　（3）生理、行为方面的变化　植物在生理方面的变化。植物生活在低温环境中，常表现在原生质特性的改变，一方面是细胞中水分的减少，细胞汁浓度的提高；另一方面是由于淀粉水解，使细胞液内糖类逐渐积累。同时，由于气温降低，代谢速率降低、生长减慢，糖类等物质的消耗减少，使细胞液的渗透压提高，减少细胞向细胞间隙脱水。细胞内糖类、脂肪和色素等物质的增加，能降低植物的冰点，防止原生质萎缩和蛋白质的凝固。在高温环境中，植物的生理适应，一是降低细胞含水量，增加糖或盐的浓度，有利于减缓代谢速率和增加原生质的抗凝结力。二是通过旺盛的蒸腾作用散发热量，避免使植物体因过热受害。三是一些植物具有反射红外线的能力，夏季反射的红外线比冬季多，这也是避免使植物体出现高温而受到伤害的一种适应。

动物对高温环境的生理、行为适应。在沙漠中的啮齿动物，对高温环境常常采取行为变化对策来适应，即夏眠、穴居和白天躲入洞内夜晚出来活动；昼伏夜出、夜出加穴居，都是躲避高温的有效行为适应对策，因为夜晚温度低，可大大减少蒸发散热失水，地下巢穴可以避免阳光直射出现高温。动物也可适当放松恒温性，使体温具有较大的变动幅度而增强适应性，当高温炎热的时刻，身体就能暂时吸收和储存大量的热并使体温升高，而后在躲到阴凉处时或环境条件改善时再把体内的热量释放出去，体温再随之下降。

三、水因子的生态作用与生物的适应

（一）水因子的生态作用

1．水因子对生物生存的影响

水是生物生存的重要条件。首先，水是生物体的组成成分。植物体一般含水量达 60%～80%，而动物体含水量比植物更高。例如，水母含水量高达 95%，软体动物达 80%～92%，鱼类达 80%～85%，鸟类和兽类达 70%～75%。其次，水是很好的溶剂，对许多化合物具有水解作用和电离作用，许多化学元素都是在水溶液的状态下为生物吸收和运转。水是生物新陈代谢的直接参与者，水是光合作用的原料，水是生命现象的基础，没有水也就没有原生质的生命活动。另外，水有较大的比热容，当环境中温度剧烈变动时，它可以发挥缓和和调节体温的作用。水能维持细胞和组织的紧张度，使生物保持一定的状态，维持正常的生活。

2．水对动植物生长发育的影响

对植物来讲，水量对其生长也有一个需水量的最高、最适和最低 3 个基点。低于最低点，植物因缺水而萎蔫、生长停止；高于最高点，根系缺氧窒息、烂根。只有处于最适范围内，才能维持植物的水分平衡，保证植物具有最优的生长条件。种子萌发时，需要较多的水分，因水能软化种皮，增强透性，使呼吸加强。同时，水能使种子内原生质从凝胶状态转变为溶胶状态，增强生理活性，促使种子萌发。水分还影响植物的其他生理活动。实验证明，在植物萎蔫前，蒸腾量减少到正常水平的 65% 时，同化产物减少到正常水平的 55%，相反，呼吸却增加到正常水平的 162%，从而导致生长长期停止。

水对动物生长发育也有较重要的影响。在水分不足时，可以引起动物的滞育或

休眠。例如，降雨季节在草原上形成一些暂时性水潭，其中生活着一些水生昆虫，其密度往往很高，但雨季一过，它们就进入滞育期。此外，许多动物的周期性繁殖与降水季节密切相关。例如，澳大利亚鹦鹉遇到干旱年份就停止繁殖；羚羊幼兽的出生时间，正好是降水和植被茂盛的时期。

3. 水与动植物分布和数量

由于地理纬度、海陆位置、海拔高度的不同，降水在地球上的分布也是不均匀的。根据我国从东南至西北划分的 3 个等雨量区，也将植被划分为湿润森林区、干旱草原区和荒漠区 3 个类型区。即使是同一山体，在迎风坡和背风坡也因降水存在差异而生长着不同的植物，分布着不同的动物。在降水量最大的赤道热带雨林中植物达 52 种/hm^2，而降水量较少的大兴安岭红松林群落中，仅有植物 10 种/hm^2，在荒漠地区植物种类就更少。

（二）生物对水因子的适应

1. 植物对水因子的适应

在生物圈中，水的分布是十分不均匀的，在长期进化过程中，形成对水因子的要求各不相同的植物类型。根据植物对水分的需求量和依赖程度，可把植物划分为水生植物和陆生植物。

（1）水生植物 水生植物是指生长在水中的植物的总称。水生环境与陆生环境有许多差别，例如，光照弱，缺少氧气，密度大，温度变化平缓，以及可以溶解许多无机盐类。由于长期适应，水生植物出现了与陆生植物不同的适应性状。

首先，水生植物具有发达而完整的通气组织，以保证根、茎、叶等器官对氧的需要。以荷花为例，从叶片气孔进入的空气，通过叶柄、茎进入地下茎和根部的气室，形成了一个完整的通气组织，以满足植物体各部分对氧气的需要。其次，水生植物为了适应水体流通的环境，机械组织不发达甚至退化，植物的弹性和抗扭曲的能力增强。最后，水生植物在水下的叶片多分裂成带状、线状，而且很薄，以增加吸收阳光、无机盐和 CO_2 的面积。最典型的是伊乐藻属植物，叶片只有一层细胞。有的水生植物，出现异型叶，如毛茛在同一植株上有两种不同形状的叶片，在水面上呈片状，而在水下则丝裂成带状。

水生植物类型很多，根据在水中生长的深浅程度不同，又分成 3 类：沉水植物，如金鱼藻；浮水植物，如凤眼莲；挺水植物，如荷花等。

（2）陆生植物 陆生植物指生长在陆地上的植物。它又可分为湿生植物、中生植物和旱生植物。

① 湿生植物。多指在水边或潮湿的环境中生长的植物，不能忍受较长时间的水分不足，是一类抗旱能力最差的陆生植物，如秋海棠、海竽等。根据其环境特点，又可以分为阴性湿生植物和阳性湿生植物两类。

② 中生植物。一般植物大多属中生植物，指生长在水分条件适中生境中的植物。这类植物具有一套完整的保持水分平衡的结构和功能，其根系和输导组织均比湿生植物发达。

③ 旱生植物。旱生植物生长在干旱环境中，多分布在干热和荒漠地区，能耐受较长时间的干旱，且能维持水分平衡和正常的生长发育。这类植物在形态或生理上出现了多种多样的适应干旱环境的特征。旱生植物在形态结构上的适应，主要表现在两个方面：一方面是增加水分收入，另一方面是减少水分支出。发达的根系是其显著的特点之一，例如，沙漠地区的骆驼刺，其地面部分只有几厘米，而地下部分可以深达 15 m，扩展的范围达 623 m²，这样可以更多地吸收水分。许多旱生植物叶面积很小。例如，夹竹桃的叶表面有很厚的角质层或白色的绒毛，能反射光线；松柏类植物呈针状或鳞片状，且气孔下陷；仙人掌科许多植物，叶特化成刺状；许多单子叶植物，具有扇状的运动细胞，在缺水的情况下，它可以收缩，使叶面卷曲，这一切的共同点是，尽量减少水分的散失。

另一类旱生植物，它们具有发达的储水组织，能储备大量水分，同样适应干旱条件下的生活。例如，南美的瓶子树、西非的猴面包树，可储水 4 t 以上；美洲沙漠中的仙人掌树，高达 15~20 m，可储水 2 t 左右。

除以上形态上适应外，有的旱生植物还从生理上去适应。其原生质渗透压特别高，淡水水生植物的渗透压一般只有 2~3 Pa，中生植物一般不超过 20 Pa，而旱生植物渗透压可高达 40~60 Pa，甚至可达到 100 Pa，高渗透压能够使植物根系从干旱的土壤中吸收水分，同时不至于发生反渗透作用使植物失水。

2．动物对水因子的适应

动物按栖息地划分，同样可以分水生动物和陆生动物两大类。水生动物的媒质是水，而陆生动物的媒质是大气。因此，它们适应的表现特点也就不同。

（1）水生动物对水因子的适应　水生动物其体表一般具有渗透性，而水是很好的溶剂，不同类型的水其溶解有不同种类和数量的盐类（表 2-4），所以也存在渗透压调节和水平衡的问题。不同类群的水生动物，有着各自不同的适应能力和调节机制。水生动物的分布、种群形成和数量变动都与水体中含盐量的情况和动态变化特点密切相关。

表 2-4　三种典型天然水的组成　　　　　　　　　　　　　　单位：g/L

	Na^+	K^+	Ca^{2+}	Mg^{2+}	Cl^-	SO_4^{2-}	CO_3^{2-}	总含计量
软淡水	0.016	—	0.01	—	0.019	0.007	0.001 2	0.065
硬淡水	0.021	0.016	0.065	0.014	0.041	0.025	0.019	0.30
海水	10.7	0.39	0.42	1.31	19.3	2.69	0.073	34.9

洄游鱼类的溯河蛙鱼和降海鳗鱼等，以及广盐性鱼类的罗非鱼、赤鲻、刺鱼等，其体表对水分和盐类渗透性较低，在生长不同发育阶段分别在淡水和海水中生活。当它们从淡水转移到海水时，虽然有一段时间体重因失水而减轻，而体液浓度增加，但 48 h 内，一般都能进行渗透压调节，使体重和体液浓度恢复正常。反之，当它们由海水进入淡水时，也会出现短时间的体内水分增多，而盐分减少，然后通过提高排尿量来维持体内的水平衡。

（2）陆生动物对水因子的适应　影响陆生动物水分平衡更多的是环境中的湿度。陆生动物的适应特征主要包括以下几个方面：

① 形态结构的适应。不论是低等的无脊椎动物还是高等的脊椎动物，它们各自以不同的形态结构来适应环境湿度，保持生物体的水分平衡。昆虫具有特殊的体壁，防止水分的过量蒸发；爬行动物具有很厚的角质膜；两栖类动物体表分泌黏液以保持湿润；鸟类具有羽毛和尾脂腺；哺乳动物具有皮脂腺和毛，都能防止体内水分过分蒸发，以保持体内水分平衡。

② 行为的适应。沙漠地区夏季昼夜地表温度相差很大，因此，地面和地下的相对湿度和蒸发力相差也很大。一般沙漠动物，如昆虫类、爬行类、啮齿类等，白天躲在洞内，夜里出来活动，更格卢鼠能将洞口封住，这表现了动物的行为适应。另外，一些动物白天躲藏在潮湿的地方或水中，以避开干燥的空气，而在夜间出来活动。干旱地区的许多兽类和鸟类在水分缺乏、食物不足的时候，为避开不良的生活环境，迁徙到别处去。在非洲大草原旱季到来时，大型草食动物往往开始迁徙。干旱还会引起爆发性迁徙，如蝗虫有趋水喜洼特性，常由干旱地区成群迁飞至低洼易涝地带。前面讲过的夏蛰行为，一方面是对高温的适应，另一方面也是对干旱条件的适应。

③ 生理的适应。许多动物在干旱的情况下具有生理上的适应特点。如"沙漠之舟"骆驼可以 17 天不喝水，即使身体脱水达到体重的 27%，仍然照常行走，主要由于它不仅具有储水的胃，驼峰中还储存有丰富的脂肪，在消耗过程中产生大量水分，血液中具有特殊的脂肪和蛋白质而不易脱水；另外，还发现骆驼的血细胞具有变形功能，能提高抗旱能力。总之，它是综合作用的结果。

四、土壤因子对生物的生态作用与生物的适应

（一）土壤因子对生物的生态作用

（1）土壤因子与生物的关系。土壤是一个重要的生态因子。土壤是岩石圈表面能够生长动物、植物的疏松表层，是生态系统中生物部分和无机环境部分相互作用的产物，是陆生生物生活的基质，它提供生物生活所必需的矿质元素和水分，它又是生态系统中物质与能量交换的重要场所；同时它本身又由于植物根系和土壤之

间具有极大的接触面，在植物与土壤之间发生着频繁的物质交换，彼此强烈影响。因此，人们常发现，为了获得更多的收成时，改变气候因素比较困难，但通过改变土壤因素往往可以实现。

（2）土壤中的各种组分对生物生态的影响。土壤中的各种组分以及它们之间的关系，影响着土壤的性质和肥力，从而影响生物的生长。一方面，土壤中的有机质类物质能够为植物生长提供足够的营养物质，矿物质可以为植物生长提供必需的生命元素，如果这些元素缺失的话，出现缺素症状，植物将发生生理性病变。另一方面，土壤肥力是指土壤及时地满足生物对水、肥、气、热要求的能力。土壤能为植物生长提供水、热、肥和气，从而满足植物的生长需求。生物的生长发育需要土壤经常不断地供给一定的水分、养料、温度和空气。肥沃的土壤能同时满足生物对水、肥、气、热的要求，是生物正常生长发育的基础。

（3）土壤特定的生物区系对生物生态的影响。每种土壤都有其特定的生物区系，例如，细菌、真菌、放线菌等土壤微生物以及藻类、原生动物、轮虫、线虫、环虫、软体动物和节肢动物等动植物。这些生物有机体的集合，对土壤中有机物质的分解和转化，促进元素的循环，影响、改变土壤的化学性质和物理结构，构成了各类土壤特有的土壤生物作用。根际微生物群是依赖植物而获得它的主要能源和营养源，在营养不足的情况下，它可能要和植物竞争营养，从而降低了对作物的有效供应。根际微生物群也可影响作物养分的有效性，把植物养分转化为不溶态，但有的情况下，却能够增加作物的养分供应，带有根际微生物的植物比无菌的根摄取更多的磷酸盐。另外，有些微生物还产生一些可溶性的有机物质，促进植物生长。

（二）植物对土壤因子的适应

植物对于长期生活的土壤会产生一定的适应特性，形成了各种以土壤为主导因素的植物生态类型。例如，根据植物对土壤酸度的反应，可把植物划分为酸性土、中性土、碱性土植物生态类型；根据植物对土壤含盐量的反应，可划分出盐土和碱土植物；根据植物对土壤中矿质盐类（如钙盐）的反应，可把植物划分为钙质土植物和嫌钙植物；根据植物与风沙基质的关系，可将沙生植物划分为抗风蚀沙埋、耐沙割、抗日灼、耐干旱、耐贫瘠等一系列生态类型。

1. 酸性土植物

在我国南方存在大面积的酸性土壤，这些土壤中的矿物质营养淋溶强烈，常常发生铁离子、铝离子的毒害作用，土壤结构不良。一些植物在长期选择过程中形成了对酸性土壤环境的适应性，如茶树、杜鹃、马尾松、铁芒萁等。有些植物只在酸性土中生长，成为酸性土的指示植物。据研究，茶树在 pH 为 5.2～5.6 生长最好。

2. 盐碱土植物

盐碱土是盐土和碱土以及各种盐化、碱化土的统称。在中国内陆干旱和半干旱地区，由于气候干旱，地面蒸发强烈，在地势低平、排水不畅或地表径流滞缓、汇集的地区，或地下水位过高的地区，广泛分布着盐碱化土壤。在滨海地区，由于受海水浸渍，盐分上升到土表形成次生盐碱化。

盐土所含的盐类，主要为 NaCl 和 Na_2SO_4，这两种盐类都是中性盐，所以一般盐土是中性的，土壤结构未受破坏。但是盐土中如果含有过多的可溶性盐类，往往引起植物的生理干旱，伤害植物组织，引起细胞中毒，影响植物正常营养吸收，妨碍气孔保卫细胞的淀粉形成过程等，对植物的生长发育造成不利影响。碱土一般是指交换性钠占交换性阳离子总量 20%以上的土壤（土壤的碱化过程是指土壤胶体中吸附有相当数量的交换性钠）。碱土含有较多的 Na_2CO_3（也有含 $NaHCO_3$ 或 K_2CO_3 较多的），是强碱性的，其 pH 一般在 8.5 以上。因此，常常引起植物根系发生毒害，并破坏土壤结构，引起质地变劣，使通透性和耕作性能变得极差。

总体上讲，一般植物不能在盐碱土上生长，但是盐碱土植物由于其具有一系列适应盐、碱生境的形态和生理特性，能够在含盐量很高的盐土或碱土里生长。盐碱土植物包括盐土植物和碱土植物两类。因为我国盐土面积比碱土面积大很多，因此下面重点介绍盐土植物在形态上和生理上的适应特点。

（1）在形态上。盐土植物常表现为植物体干而硬；叶子不发达，蒸腾表面强烈收缩，气孔下陷；表皮具有厚的外壁，常具有灰白色绒毛。在内部结构上，细胞间隙强烈缩小，栅栏组织发达。有一些盐土植物枝叶具有肉质性，叶肉中有特殊的储水细胞，使同化细胞不致受高浓度盐分的伤害，储水细胞的大小还能随叶子年龄和植物体内盐分绝对含量的增加而增大。

（2）在生理上。根据盐土植物对过量盐类的适应特点，又分为三类：

① 聚盐性植物。这类植物的原生质对盐类的抗性特别强，能容忍 6%甚至更浓的 NaCl 溶液，它们的细胞液浓度也特别高，并有极高的渗透压，特别是根部细胞的渗透压，大大高于盐土溶液的渗透压，所以能吸收高浓度土壤溶液中的水分。例如，盐角草、碱蓬、黑果枸杞等。这类植物能适应在强盐渍化土壤上生长，能从土壤里吸收大量可溶性盐类，并把这些盐类积聚在体内而不受伤害，所以聚盐性植物也称为真盐生植物。

② 泌盐性植物。这类植物的根细胞吸进体内的盐分并不积累在体内，而是通过茎、叶表面上密布的分泌腺（盐腺），把所吸收的过多的盐分排出体外。泌盐植物虽能在含盐多的土壤上生长，但它们在非盐渍化的土壤上生长得更好，所以常把这类植物看做是耐盐植物。如大米草、滨海的一些红树植物，以及常生于草原盐碱滩上的药用植物补血草等。

③ 不透盐性植物。这类植物的根细胞对盐类的透过性非常小，几乎不吸收或很少吸收土壤中的盐类。这类植物的细胞渗透压也很高，但是不同于聚盐性植物，它们细胞的高渗透压不是由于体内高浓度的盐类所引起的，而是由于体内含有较多的

可溶性有机物质（如有机酸、糖类、氨基酸等）所引起，细胞的高渗透压同样提高了根系从盐碱土中吸收水分的能力，所以常把这类植物看成是抗盐植物。蒿属、盐地紫菀、田菁等都属于这一类。

3. 沙生植物

沙生植物是指生长在沙丘上的植物。由于沙丘的流动性、干旱性、养分缺乏、温度变幅大等特点，只允许沙生植物生长。沙生植物具有许多旱生植物的特征，根系特别发达，水平根和根状茎有的可达几米、十几米甚至几十米，这就是沙生植物具有的固沙作用；沙生植物根细胞的渗透压比较高，一般都在 4×10^6 Pa 以上，有的高达 8×10^6 Pa，以增强吸水能力；许多沙生植物的根有一层很厚的皮层，当根露出地面时，能减少蒸腾失水；沙生植物的叶子小，有的甚至没有叶子，利用枝条进行光合作用、蒸腾作用，有的在表皮下有一层没有叶绿素的细胞，以积累脂类为主，也能提高植物的抗热性。此外，为适应被流动沙丘流沙的淹没，沙生植物能在被沙淹没的基干上长出不定根，在暴露的根系上也能长出不定芽。

（三）动物对土壤因子的适应

土壤动物主要包括原生动物、蚯蚓、螨类、线虫、昆虫等无脊椎动物，以及一些哺乳动物。由于土壤中存在大量的微生物、有机残余物等，因此，土壤中的大多数原生动物属异养型生物，或者是腐生者，更多的是捕食者；捕食性原生动物的食物是细菌和其他微生物，有些原生动物甚至吃原生动物。蚯蚓是腐生性动物，主要吃植物残体和动物粪便。线虫的躯体为线形，食性有杂食性、肉食性和寄生性等。螨类、昆虫等的主要食物是腐烂的植物残体。可以说，土壤动物种类是动物适应土壤这一特定生境的结果。

土壤动物对其生境有着强烈的依赖性，它们对诸如植被、土壤、气候等生态因子的变化相当敏感。例如，科学工作者于 1994—1996 年对内蒙古草原地带不同生境类型的土壤动物进行了研究，结果表明：土壤动物密度及生物量以荒漠草原较低，典型草原较高，草甸草原以低密度、高生物量显示了其土壤动物群落结构的特殊性。典型草原大型土壤动物密度高、种类多，但由于优势类群突出使多样性指数相对较低；荒漠草原大型土壤动物则密度低、种类数亦少，优势类群不突出而多样性指数相对较高；草甸草原则显示了相对较高的多样性指数。这也是动物对土壤因子的适应结果。

五、大气因子对生物的生态作用与生物的适应

（一）大气因子对生物的生态作用

大气因子是指包围地球的空气层，由多种物质混合组成。大体可分为三部分，

即干燥清洁的大气、水气和悬浮颗粒物等（表 2-5 为近地面大气组成）。从表 2-5 可以看出，清洁干燥的空气有固定的组分，其主要组分为：78.09% 的氮，20.94% 的氧，0.934% 的氩，这三种气体的总和约占总体积的 99.96%。其余气体成分总和不足 0.1%。水气和悬浮颗粒物由于地理位置和气象条件等的不同，可在较大幅度范围内变化，是大气中的不定组分。

生物在漫长的进化过程中，适应了大气环境，大气中各自然组分不仅不危害生物，而且能为它们的生存提供所需要的条件。大气环境为动物呼吸提供氧气，为植物提供光合作用所需的二氧化碳等。

由于大气与陆地、海洋和生物界组成了一个动力平衡体系，在体系内各组分不停地进行平衡交换，使地面至高空 90 km 范围内的干燥清洁大气组分比例保持平衡。但是，随着工业及交通运输业的迅速发展和煤、石油等的大量使用，大量的有害物质如烟尘、二氧化硫、氮氧化物、二氧化碳、一氧化碳、碳氢化合物等不断排放到大气中，污染大气，当这些有害物质成分超过环境所能允许的极限值且持续一段时间后，就会在全球范围或局部地区范围内，引起大气的正常组分改变，直接影响、间接影响生物生长、发育。

表 2-5　近地面大气组成

干燥清洁空气组分							
成分	符号	体积浓度		成分	符号	体积浓度	
		%	cm^3/m^3			%	cm^3/m^3
氮气	N_2	78.09		氙气	Xe		0.09
氧气	O_2	20.94		臭氧	O_3		0.01～0.04
氩气	Ar	0.934		二氧化氮	NO_2		0.02
二氧化碳	CO_2	0.033		氨气	NH_3		0.006
氖气	Ne		18.2	二氧化硫	SO_2		0.002
氦气	He		5.2	氯甲烷	CH_3Cl		0.000 5
甲烷	CH_4		1.6	乙炔气	C_2H_2		0.000 2
氪气	Kr		1.1	四氯化碳	CCl_4		0.000 1
氢气	H_2		0.5	一氟三氯甲烷	CCl_3F		0.000 1
一氧化二氮	N_2O		0.25～0.5	二氟二氯甲烷	CCl_2F_2		0.000 1
一氧化碳	CO		0.1				
大气中的水蒸气和悬浮颗粒物							
水蒸气	H_2O	0～4					
颗粒物	TSP						

（何增耀，环境监测. 中国农业出版社，1994）

1. 全球大气 CO_2 组分变化对生物的生态作用

从全球看，大气 CO_2 浓度不断上升是人们关心的最主要环境问题之一。据报道，1700 年 CO_2 的浓度为 280 μl/L，1900 年为 290 μl/L，1980 年为 338 μl/L，1993 年为

355 μl/L，1998 年为 367 μl/L，预计在 21 世纪 50 年代 CO_2 浓度将加倍。CO_2 等浓度增加，一方面引起温室效应，导致全球气候变暖，对生物生长、发育将会造成间接影响；另一方面，也会对生物造成直接影响。

据研究报道，CO_2 浓度增加，将有利植物尤其是 C3 植物（如小麦、水稻、大麦、棉花等）光合作用与生产力的提高；同时，也将改变植物化学物质的组成，增加组织中的 C/N 比。

CO_2 浓度增加不仅对植物产生影响，对昆虫生长、发育和行为也会产生影响。有人研究 3 个连续世代的叶甲对高浓度 CO_2（600 μl/L）的反应时发现，第 2 代雌蛾的产卵量比第 1 代减少 30%，卵重降低 15%。高浓度 CO_2 处理较短时间内，昆虫的历期不发生变化；而处理多个世代后，其生长发育受到极大影响，发育速率明显加快。研究清楚地表明，大气 CO_2 浓度升高可促进棉蚜种群的发育，提高繁殖力，而且，随着处理世代的增加，棉蚜发育明显加快，繁殖力增加的幅度加大。大气 CO_2 浓度增加还影响植食性昆虫的寄主选择行为。Awmack 等利用嗅觉仪研究了麦长管蚜的寄主选择行为，发现该昆虫有趋向于选择高 CO_2 环境中生长的小麦的现象；麦蚜有趋向于在高浓度 CO_2 环境中生长的小麦上产卵的习性。

2. 局部有害气体污染对生物的生态作用

从局部范围看，烟尘、二氧化硫、氮氧化物、一氧化碳等有害气体在大气中的浓度增加，对动植物生长发育具有直接影响。气态污染物会使植物组织脱水坏死或干扰酶的作用，阻碍各种代谢机能。例如，臭氧能使叶片上出现褐色斑点，降低抗病虫害能力。而粒状污染物则会擦伤叶面，影响光合作用。这些都会使植物生理活动减退，如生长缓慢、果实减少、产量降低等。对动物的影响主要是通过呼吸或动物食用被间接污染的饲料而引起生病。有的进入大气中的有害气体，形成酸雨（指 pH<5.6 的雨、雪或其他的大气降水），间接影响动植物生长发育，如 SO_x 和 NO_x，酸性氧化物转化成硫酸和硝酸后随着雨水的降落而沉降到地面或河流、湖泊。酸雨引起植物嫩芽受损，影响其生长发育，影响土壤中的小动物、微生物，破坏土壤结构，使河流、湖泊中的鱼类减少等。

（二）植物对大气因子的适应

植物对于长期生活的大气会产生一定的适应特性，不同植物对大气污染物具有不同的适应表现。一般分成 3 类：一是在补偿能力上。这类植物主要具有较强的再生补偿能力，在受大气污染物危害时，受伤的叶片脱落，或在枝受伤害后能发出新叶或长出新枝。二是在解剖结构上。这类植物有的叶片气孔下陷或多绒毛，有的能及时关闭气孔，在一定程度上阻挡了污染物进入叶片。三是在生理生化上。这类植物能吸收并积累相当当量的污染物，对污染物的危害有一定的忍耐作用。

复习与思考题

1. 名词解释：

环境　生态环境　生态因子　宇宙环境　地球环境　区域环境　微环境　内环境　气候因子　土壤因子　地形因子　生物因子　人为因子　限制因子　最小因子定律　耐性定律　生态幅　内稳态　广适性生物　狭适性生物　阳性植物　阴性植物　长日照植物　短日照植物　有效积温法则　物候　水生动物　水生植物　陆生植物　湿生植物　旱生植物　酸性土植物　盐碱土植物　沙生植物

2. 环境因子和生态因子有何区别？为什么说人为作用也是重要的生态因子？

3. 简述生物与环境的相互关系与相互作用。

4. 生态因子作用规律是什么？

5. 何谓限制因子？说明最小因子定律和耐性定律的主要内容。

6. 举例说明什么是耐性限度的驯化？其有什么实际应用价值？

7. 简述光对生物的作用及生物的适应。其在生产上有什么意义？

8. 简述温度对生物的作用及生物的适应。

9. 水分对生物有何影响？生物是如何适应的？

10. 以土壤为主导因子的植物生态类型有哪些？

11. 举例说明大气因子对生物的影响。研究大气因子对生物的影响有什么意义？

实验实习一　环境调控对生物的影响

一、目的与要求

参观当地的设施农业基地，重点了解设施农业在生产蔬菜等的过程中通过哪些措施调控温度、CO_2、光照、水分循环等环境因子；注意观测设施农业区内外主要环境因子的差异，分析调控的意义；分析当地自然环境因子中哪些因素对蔬菜农作物生产存在制约作用，并根据本地区的自然环境特点，对设施农业调控提出一些合理化建议。

二、原理

温度、湿度、风、土壤中的各种物质和营养元素以及生物所在环境的纬度、高度等是影响生物生长繁殖的环境因子。生物的生存离不开环境，生物依靠环境供给的物质和能量而生活，受到光、大气、水、温度及其他生物等环境因子和人的限制，同时生物的生命活动又不断影响、改变环境，也影响人类的生存。环境条件决定了局部地区生物的分布及生长、繁殖，形成了地球表面千差万别的环境，孕育了绚丽多彩的生物世界。传统农业生产中，受气候、土壤等环境因子影响，部分地区生产、生活受到很大限制，例如，在长达数月的隆冬季节，居民难以获得新鲜的蔬菜、水果。

设施农业是指具有一定的设施，能在局部范围改善或创造出适宜的气象环境因素，为动植物生长发育提供良好的环境条件而进行有效生产的农业。设施农业是以工程技术控制作物生长的温、光、水、肥、气等环境的农业生产体系。由于设施农业是在环境相对可控条件下进行，受外界不利气候条件影响小，且可实现周年均衡生产，其产品产量和品质成倍上升，生产周期也大为缩短。

三、仪器设备

照度计、地温仪、温度计、湿度计、CO_2 浓度测定仪。

四、方法、步骤

1. 寻找并联系当地的设施农业基地。

2. 听取业主介绍设施农业（温室或大棚）的主要结构、种植情况、年产量、年收入，了解投入效益情况，注意了解环境因子的调控措施，如温度调控措施、光照调控措施、干湿度调控措施、肥料及 CO_2 的调控方法等。

3. 根据设施农业的温室或大棚的面积以及种植情况，设置 3～5 个监测点，测定照度、地温、室温、湿度、CO_2 浓度以及其他环境指标等，同时，在温室或大棚外设点做同步监测。

4. 观测记录温室或大棚内主要栽培生物种类及其生长情况，比较分析室内生长的植株与室外的有什么区别。

五、分析与思考

1. 分析温室或大棚内部水分循环过程，如何利用温室大棚的相对独立性，在内部水分循环中，充分发挥水对植物生长的作用？

2. 温室内外的温度差异是多少？产生的原因是什么？

六、实习拓展

在可能条件下，观测温室内温度的昼夜变化。与温室外温度的昼夜变化进行对比，探讨温室内、外温度变化在时间上以及幅度上的差异。查阅资料，讨论温度差异对植物的影响。

种群与群落

【知识目标】

本章要求熟悉种间相互作用；理解种群的特征和生物群落的结构；掌握种群的概念、种群动态、生物群落的概念和生态位的概念及应用；了解种群增长的基本模式。

【能力目标】

通过对本章的学习，学生能操作种群密度的取样调查方法；能熟练应用野外调查工具；能处理野外调查中遇到的实际问题。

第一节　生物种群

一、种群的概念

种群（Population）是指一定空间中生活的同种生物全部个体的组合，是物种在自然界存在的基本单位。种群是由同种个体组成，但在生态系统中，种群内个体与个体之间、种群与环境之间，既不是孤立的，也不是简单地相加，而是通过种内关系构成一个统一的有机整体，表现出该种生物的特殊规律性。种群是生态学的重要概念之一，种群又是生物群落的基本组成单位。

二、种群基本特征

种群特征指同种生物结成群体之后才出现的特征，因此大部分是数量特征，正因如此，在种群研究中常需要借助统计学。自然种群有空间、数量和遗传三个基本特征。

（一）空间特征

种群都要占据一定的分布区。组成种群的每个有机体都需要有一定的空间，进行繁殖和生长。因此，在此空间中要有生物有机体所需的食物及各种营养物质，并能与环境之间进行物质交换。不同种类的有机体所需空间性质和大小是不相同的。大型生物需要较大的空间，如东北虎活动范围需 $300\sim600\ \text{km}^2$。体型较小、肉眼不易看到的浮游生物，在水介质中获得食物和营养，需要的空间较小。种群数量的增多和种群个体生长的理论说明，在一个局限的空间中，种群中个体在空间中愈来愈接近，而每个个体所占据的空间也越来越小，种群数量的增加就会受到空间的限制，进而产生个体间的争夺，因而出现领域性行为和扩散迁移等。所谓领域性行为是指种群中的个体对占有的一块空间具有进行保护和防御的行为。衡量一个种群是否繁荣和发展，一般要视其空间和数量的情况而定。

（二）数量特征

1. 种群密度

占有一定面积或空间的个体数量，即种群密度（Population Density），它是指单位面积或单位空间内的个体数目。另一种表示种群密度的方法是生物量，它是指单位面积或空间内所有个体的鲜物质或干物质的重量。

种群密度可分为绝对密度（Absolute Density）和相对密度（Relative Density）。前者指单位面积或空间上的个体数目，后者是表示个体数量多少的相对指标。

2. 出生率与死亡率

出生率是一个广义的术语，是泛指任何生物产生新个体的能力，不论是通过生产、孵化、出芽或分裂等哪种形式，都可用出生率这个术语。出生率常分最大出生率（Maximum Natality）和实际出生率（Realized Natality），或称生态出生率（Ecological Natality）。最大生出率是指种群处于理想条件下的出生率。在特定环境条件下种群实际出生率称为实际出生率。完全理想的环境条件，即使在人工控制的实验室也是很难建立的，因此，所谓物种固有不变的理想最大出生率一般情况下是不存在的。但在自然条件下，当出现最有利的条件时，它们表现的出生率可视为"最大的"出生率。它可以作为度量的指标，对各种生物进行比较。如果能知道某种动物种群平均每年每个雌体能生出几个个体，这对预测种群以后的动态有更重要的意义。这里所说的出生率都是对种群而言，即种群的平均繁殖能力，至于种群中某些个体往往会出现超常的生殖能力，则不能代表种群的最大出生率。

死亡率包括最低死亡率（Minimum Mortality）和生态死亡率（Ecological Mortality）。最低死亡率是指种群在最适的环境条件下，种群中个体都是由年老而死亡，即动物都活到了生理寿命（Physiological Longevity）才死亡的。种群生理寿命是指种群处于最适条件下的平均寿命，而不是某个特殊个体可能具有的最长寿命。生态寿命是指种群在特定环境条件下的平均实际寿命。只有一部分个体才能活到生理寿命，多数死于捕食者、疾病和不良气候等。

种群的数量变动首先决定于出生率和死亡率的对比关系。在单位时间内，出生率与死亡率之差为增长率，因而种群数量大小，也可以说是由增长率来调整的。当出生率超过死亡率，即增长率为正时，种群的数量增加；如果死亡率超过出生率，增长率为负时，则种群数量减少；而当生长率和死亡率相平衡，增长率接近零时，种群数量将保持相对稳定状态。

3. 种群的内禀增长能力

种群内禀增长率（Intrinsic rate of Increase），记作 r_m，是在最适条件下种群内部潜在的增长率。按安德烈沃斯（Andrewartha）等的定义：内禀增长率是具有稳定年龄结构的种群，在食物与空间不受限制，同种其他个体的密度维持在最适水平，在环境中没有天敌，并在某一特定的温度、湿度、光照和食物性质的环境条件组配下，种群的最大瞬时增长率（r_m）。

内禀增长率的大小，与种群本身的繁殖生物学特点有关，决定于该种生物的生育力、寿命和发育速率。一般来说，种群内禀增长率的大小与物种是稀有种还是优势种之间没有什么联系。r_m 高的物种，并不始终是普通常见的，而 r_m 低的物种，也不一定是稀有种。例如，蝉、非洲象等的 r_m 值都是很低的，但它们是很普通的物种，而许多寄生生物和无脊椎动物，虽然 r_m 值很高，但数量不多。

4. 迁入和迁出

扩散（Dispersion）是大多数动植物生活周期中的基本现象。扩散有助于防止近亲繁殖，同时又是在各地方种群（Local Population）之间进行基因交流的生态过程。有些自然种群持久的迁出个体，保持迁出率大于迁入率，有些种群只依靠不断的迁入才能维持下去。植物种群中迁出和迁入的现象相当普遍，如孢子植物借助风力把孢子长距离地扩散，不断扩大自己的分布区。种子植物借助风、昆虫、水及动物等因子，传播其种子和花粉，在种群间进行基因交流，防止近亲繁殖，使种群生殖能力增强。

5. 年龄结构与性别比

种群的年龄结构（Age Structure）就是不同年龄组（Age Class）在种群中所占比例或配置状况，它对种群出生率和死亡率都有很大影响。就植物而言，年龄结构是影响植物种群结构的主要因素。因此，研究种群动态和对种群数量进行预测预报都离不开对种群年龄分布或年龄结构的研究。

分析年龄结构的有用方法是利用年龄锥体（Age Pyramid），或称年龄金字塔。它是从下到上的一系列不同宽度的横柱做成的图。横柱高低位置表示从幼年到老年的不同年龄组，横柱的宽度表示各个年龄组的个体数或其所占的百分比。按博登海默（Bodenhéimer，1958）的划分，年龄锥体可分为三个基本类型（图 3-1）。

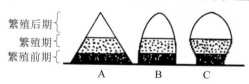

A. 增长型种群；B. 稳定型种群；C. 下降型种群（Bodenhéimer，1958）

图 3-1 年龄锥体的三种基本类型

（1）增长型种群（Expanding Population）：左侧 A 为锥体结构，具有宽的基部，而顶部狭窄，表示幼体的百分比很高，就是说种群中有大量的幼体。而老年的个体却很少，这样的种群出生率大于死亡率，是迅速增长的种群。

（2）稳定型种群（Stable Population）：中间 B 为钟型结构，说明种群中幼年个体和中老年个体数量大致相等，其出生率和死亡率也大致平衡，种群数量稳定。

（3）下降型种群（Diminishing Population）：右侧 C 锥体呈壶型，基部比较窄而顶部比较宽，表示幼体所占的比例很小，而老年个体的比例较大，种群死亡率大于出生率，是一种数量趋于下降的种群。

种群的性比（Sex Ratio）或性别结构（Sexual Structure）也是种群统计学的主要研究内容之一，是指种群中雄性个体与雌性个体的比例，通常用每 100 个雌性的雄性数来表示，即以雌性个体数为 100，计算雄性与雌性的比例。如果性比例等于 1，表示雌雄个体数相等；如果大于 1，表示雄性多于雌性；如果小于 1，表示雄性少于雌性。不同生物种群具有不同的性比例特征。人、猿等高等动物的性比例为 1，鸭科及一些鸟类以及许多昆虫的性比例大于 1，蜜蜂、蚂蚁等社会昆虫的比例小于 1，种群的性比例会随着个体发育阶段的变化而发生改变。例如，啮齿类出生时，性比例为 1，但 3 周后的性比例则为 1.4。性比例影响着种群的出生率，因此也是种群数量变动的因素之一，对于一雄一雌婚配的动物，种群当中的性比例如果不是 1，就必然有一部分成熟个体找不到配偶，从而降低了种群的繁殖力，对于一雄多雌、一雌多雄分配制，以及没有固定配偶而随机交配的动物，一般来说，种群中雌性个体的数量适当地多于雄性个体有利于提高生殖力。

（三）遗传特征

组成种群的个体，在某些形态特征或生理特征方面都具有差异。种群内的这种变异和个体遗传有关。一个种群中的生物具有一个共同的基因库，以区别于其他物种，但并非每个个体都具有种群中储存的所有信息。这种特征在进化中表现出生存者更适应变化的环境，即适者存，不适者亡，而绝不能轻易地说优者存，非优者亡，要说优也只能说适应环境优。种群的个体在遗传上表现出不一致即变异。种群内的变异性是进化的起点，而进化则使生存者更适应变化的环境。

第二节　种群特征的定量调查

一、种群的空间分布格局

组成种群的个体在其生活空间中的位置状态或空间布局称种群的空间特征或分

布型。种群的空间分布一般可概括为三种基本类型：随机分布、均匀分布和集群分布。

随机分布（Random Distribution）指的是每一个个体在种群分布领域中各个点出现的机会是相等的，并且某一个体的存在不影响其他个体的分布。随机分布比较少见，只有在环境资源分布均匀一致、种群内个体间没有彼此吸引或排斥时才容易产生。例如，森林地被层中一些蜘蛛的分布与面粉中黄粉虫的分布，以种子繁殖的植物在自然散布于新的地区时也经常体现为随机分布。

均匀分布（Uniform Distribution）的特征是，种群的个体是等距分布，或个体间保持一定的均匀的间距。均匀分布形成的原因主要是由于种群内个体之间的竞争。例如，森林中植物为竞争阳光（树冠）和土壤中营养（根际）、沙漠中植物为竞争水分都能导致均匀分布。虫害或种内竞争发生时也可造成种群个体的均匀分布。地形或土壤物理性状呈均匀分布等客观因素或人为的作用，都能导致种群的均匀分布。均匀分布在自然种群中极其罕见，而人工栽培的种群（如农田、人工林等），由于人为保持其株距和行距一定则常呈均匀分布。

集群分布（Clumped Distribution）的特征是，种群个体的分布很不均匀，常成群、成簇、成块或成斑块地密集分布，各群的大小、群间的距离、群内个体的密度等都不相等，但各群大都是随机分布。其形成原因是：① 环境资源分布不均匀，丰富与贫乏镶嵌；② 植物传播种子的方式使其以母株为扩散中心；③ 动物的社会行为使其结合成群。集群分布是最广泛存在的一种分布格局，在大多数自然情况下，种群个体常是成群分布，如放牧中的羊群、培养基上微生物菌落的分布，另外，人类的分布也符合这一特性。

二、绝对密度的常用调查方法

绝对密度测定可分为总数量调查法和取样调查法。

总数量调查法是计数某面积内全部生活的某种生物的数量。对较大型的生物可直接调查其总数量，用航测也可得到一定面积内的动物总数量。取样调查法是指在总数量调查比较困难的情况下所采用的一种方法，因此只计数种群中的一小部分，用以估计整体。该调查方法包括：样方法、标志重捕法和去除取样法等。

1. 样方法（Quadrat Method）

样方也称作样本，是指从研究对象的总体中，抽取出来的部分个体的集合。

在抽样时，如果总体中每一个个体被抽选的机会均等，且每一个个体被选与其他个体间无任何牵连，那么，这种既满足随机性，又满足独立性的抽样，就称作随机取样（或简单随机取样）。

样方法一般适用于植物，即在某一生态系统中，随机取若干样方，在样方中计数全部个体，然后将其平均数推广，估算种群整体。样方法的方法繁多，依生物种类、具体环境不同而有所不同。样方的面积有大有小，样方形状也有方形、长方形、圆形、条带状等多种，但是各种方法的原理却是相同的。首先，在要调查的生物群落中，确定一个或数个范围相对较大区域作为样地；再在样地中随机选取若干个样方；其次计算各样方中的全部个体数量；最后，计算全部样方个体数量的平均数，通过数理统计，对种群总体数量进行估计。

2. 标志重捕法（Mark-recapture Method）

标志重捕法又称捉放法，一般适用于动物，就是在一个有比较明确界限的区域内，捕捉一定量生物个体进行标记，然后放回，经过一个适当时期（标记个体与未标记个体重新充分混合分布后），再进行重捕。根据重捕样本中标记者的比例，估计该区域的种群总数。

假定在调查区域中，捕获 M 个个体进行标记，然后放回原来的自然环境，经过一段时间后进行重捕，重捕的个体数为 n，其中已标记的个体数为 m，根据总数 N 中标记比例与重捕取样中标记比例相等的原则，即 $N:M=n:m$，可得调查区域种群数量 $N=M\times n/m$。

N 只是种群总数的估计值，因此，与样方法一样，必须测定该估计值的可置信程度。其中 $(SE/N)^2=(N-M)\times(N-n)/[Mn(N-1)]$。有了 SE 以后，就可以求得在95%或99%可置信条件下的种群总数估计值。

标志重捕法的前提是，标志个体与未标志个体在重捕时被捕获的概率相等。

标志重捕法的应用比较广泛，适用于哺乳类、鸟类、爬行类、两栖类、鱼类和昆虫类等动物。

3. 去除取样法（Removal Sampling）

去除取样法是指以单位时间的捕获数（Y）对捕获累积数（X）作图，得到一条回归直线，直线在 X 轴上的截距为估计的种群数量。去除取样法估计种群数量相对密度。

去除取样法的原理是在稳定的种群中，如果每一动物的受捕率不变，以相同的方式连续捕捉，就能以种群数量的减少来估计该种群大小。

在进行植物种群密度取样调查时，取样的方法较多。下面介绍两种常用的取样方法。

（1）点状取样法。点状取样法中常用的为五点取样法（图3-2）。当调查的总体为非长条形时，可用此法取样。在总体中按梅花形取 5 个样方，每个样方的长和宽要求一致。这种方法适用于调查植物个体分布比较均匀的情况。

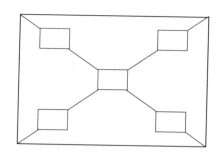

图 3-2 五点取样法

（2）等距取样法。当调查的总体为长条形时，可用等距取样法。先将调查总体分成若干等份，由抽样比率决定距离或间隔，然后按这一相等的距离或间隔抽取样方的方法，称作等距取样法。例如，长条形的总体为 400 m 长，如果要等距抽取 40 个样方，那么抽样的比率为 1/10，抽样距离为 10 m。然后可再按需要在每 10 m 的前 1 m 内进行取样，样方大小要求一致。

三、相对密度的常用调查方法

相对密度的调查方法很多，常用的调查方法可分两类：一类是直接数量指标，如捕捉法；另一类是间接数量指标，如通过兽类的粪堆计数估计兽类的数量，以鸟类的鸣叫声估计鸟类数量的多少等。还有很多指标可以估计动物的相对数量。

1. 动物计数

动物计数又称直接相对数量调查法，是指调查对象为动物实体数量时通过直接计数而得到调查区域中动物绝对数量的调查方法。适用于越冬水鸟及调查区域较小、便于计数的繁殖群体的数量统计。

2. 动物痕迹的计数

动物痕迹的计数又称间接数量调查法，是指根据动物活动留下的痕迹，如足迹、粪便、巢穴、土丘、蛹等进行统计工作的方法。

3. 单位努力捕获量

单位努力捕获量又称单位努力渔获量（Catch Per Unit Effort，CPUE），表示单位时间内某特定单位的渔获努力量或捕捞努力量所捕获的鱼数量或重量，适用于渔业作业方式。

其中，渔获努力量或捕捞努力量指在一段时间内以相同渔业作业方式方法所投入的工作量。随作业船只类型的不同、作业方式的不同、使用渔具的不同等，CPUE 也会表现出很大差异。通常把不同的作业船只类型、数量、吨位、动力、作业方式、渔具数量等按一定的系数换算为相应的等量的以动力为单位的（马力或千瓦）标准捕获努力量。

第三节　生物种群的动态

一、种群的增长

（一）种群在无限环境中的指数增长

种群在无限环境中的指数增长即指非密度制约型增长。在无限环境中，因种群不受任何条件限制，如食物、空间等能充分满足，则种群就能发挥其内禀增长能力，数量迅速增加，呈现指数式增长格局，这种增长规律，称为种群的指数增长规律（the Law of Exponential Growth）。种群在无限环境中表现出的指数增长可分为两类：

1．世代不相重叠种群的离散增长

世代不相重叠，是指生物的生命只有一年，一年只有一次繁殖，其世代不重叠。如一些水生昆虫，每年雌虫只产一次卵，卵孵化长成幼虫，蛹在泥中度过干旱季节，到第二年蛹才变为成虫，交配产卵。因此，世代是不重叠的，种群增长是不连续的。

2．世代重叠种群的连续增长

多数种群的繁殖都要经过一段时间并且有世代重叠，就是说在任何时候，种群中都存在不同年龄的个体。

（二）种群在有限环境中的逻辑斯谛增长

种群在有限空间中的增长即密度制约型增长。自然种群不可能长期地按几何级数增长。当种群在一个有限空间中增长时，随着密度的上升，对有限空间资源和其他生活条件利用的限制，种内竞争增加，必然要影响到种群的出生率和死亡率，从而降低了种群的实际增长率，一直到停止增长，甚至使种群下降。种群在有限环境条件下连续增长的一种最简单形式是逻辑斯谛增长（Logistic Growth）又称为阻滞增长模式，呈"S"型（图 3-3）。曲线的渐近值称为负载力或容纳量（K），亦即饱和密度。如果种群超过此量，必然有些个体被淘汰，自然调整到负载力附近。一般认为，这种增长动态是自然种群最普遍的形式，可用式（3-1）表示此种变化：

$$\frac{dN}{dt} = rN(\frac{K-N}{K}) = rN(1 - \frac{N}{K}) \tag{3-1}$$

或

$$N_{t} = \frac{K}{1 + \dfrac{K - N_0}{N_0} \cdot \mathrm{e}^{-rt}} \qquad （3\text{-}2）$$

式中：K——环境负载力或容纳量，为种群增长曲线的渐近线；

　　　N——种群大小；

　　　r——种群的瞬间增长率；

　　　t——时间；

　　　N_{t}——时间为 t 时的种群大小；

　　　N_0——开始时种群大小。

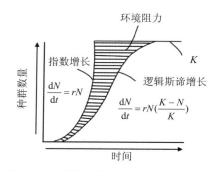

图 3-3　种群增长型（Kendeigh，1974）

此模型有如下的前提假设：

（1）假设环境条件允许种群有一个最大值，此值称为环境容纳量或负荷量（Carrying Capacity），常用"K"表示，当种群大小达到 K 值时，种群则不再增长，即 $\mathrm{d}K/\mathrm{d}t=0$。

（2）种群增长率降低的影响是最简单的，即其影响随着密度上升而逐渐地、按比例地增加。例如，种群中每增加一个个体就对增长率降低产生 $1/K$ 的影响。若 $K=100$，每个个体则产生 $1/100$ 的抑制效应，或者说，每个个体利用了 $1/K$ 的空间，若种群有 N 个个体，就利用了 N/K 的空间，而可供继续增长的剩余空间就只有（$1-N/K$）了。

（3）种群中密度的增加对其增长率的降低作用是立即发生的、无时滞（Time Lags）的。

（4）种群无年龄结构及无迁出和迁入现象。

S 型增长曲线同样有两个特点：S 型曲线有上渐近线（Upper Asymptote），即 S 型增长曲线渐近于 K，但却不会超过最大值水平，此值即为环境容纳量；曲线变化是逐渐的、平滑的，而不是骤然的。从曲线的斜率来看，开始变化速度慢，以后逐渐加快；到曲线中心有一拐点，变化速率加快，拐点以后又逐渐变慢，直到接近上渐近线。

逻辑斯谛模型的微分式在结构上与指数式相同,但增加了一个修正项$(1-N/K)$,其意为未被利用的容纳量,或种群可利用的最大容纳量中还"剩余"的,可供种群继续增长用的空间。

在种群增长早期阶段,种群大小 N 很小,N/K 值也很小,因此 N/K 接近于 0,所以抑制效应可忽略不计,种群增长实质上为 $r \times N$,呈几何增长。然而,当 N 变大时,抑制效应增高,直到当 $N=K$ 时,$1-(N/K)$ 等于 0,这时种群的增长为零,种群达到了一个稳定的大小不变的平衡状态。据此对 N、K 的关系有如下讨论:

(1)$N \ll K$,空间尚未被利用,种群接近于指数增长,或种群潜在的最大增长能力能够充分地实现;

(2)$N < K$,种群继续增长,但是同时增长空间缩小;

(3)$N \approx K/2$,种群有最大持续产量;

(4)$N \approx K$,空间几乎全部被利用,种群增长的最大潜在能力不能实现;

(5)$N > K$,空间负值,种群规模缩小。

可见,当 $N \rightarrow K$ 时,种群增长的"剩余空间"逐渐缩小,种群潜在的最大增长可实现程度逐渐降低。并且种群数量每增加一个个体,这种抑制效应就增加 $1/K$。因此,这种抑制效应又称为拥挤效应(Crowding Effect),因其影响定量之大小与拥挤程度成正比,故也有些学者称拥挤效应为环境阻力(Environmental Resistance)。

逻辑斯谛增长方程的积分式:

$$N_t = \frac{K}{1 + e^{a-rt}} \tag{3-5}$$

其中 K、r 的定义如前。新出现的参数 a,其数值取决于 N_0,表示曲线对原点的相对位置。

二、自然种群动态

(一)影响种群动态的主要自然环境因子

1. 气候因子

对种群影响最强烈的外部因素莫过于气候因子,特别是极端的温度和湿度条件。超出种群忍受范围的环境条件可能对种群产生灾难性的影响,因为它会影响种群内个体的生长、发育、生殖、迁移和散布,甚至会导致局部种群的毁灭。一般来说,气候对种群的影响是不规律的和不可预测的。种群数量的急剧变化常常直接同温度、湿度的变化有关。例如,鹿种群在其分布区的北部对严寒的冬季气候极为敏感,如果连续出现几个严冬天气(积雪 38 cm 达 60 d 以上或积雪 61 cm 达 50 d 以上),阿迪朗达克(Adirondack)山脉的鹿种群就会急剧下降。在沙漠地区,某些啮齿动物和鸟类的种群数量与降雨量有着直接关系。

（1）气候变化所引起的动物种群数量的同步变化　动物种群数量经常通过同步波动响应气候波动，但这种响应是气候对各个动物的直接效应还是对捕食者和食物供应的间接效应尚不清楚。对英格兰北部红松鸡种群所做的一项研究，首次识别出了英国全国种群数量达到同步的年份，显示出同步起始的时间与种群数量增加的时间巧合。数值模拟显示，松鸡种群数量的增加是与不适合某种肠胃寄生虫传播的条件相关联的，这种寄生虫能够降低松鸡的生育力。这说明，特定气候事件能导致疾病或寄生虫感染的传播，间接引起寄主种群数量的同步变化。

（2）气候变化引起种群数量的季节变化　种群数量消长规律是种群数量动态规律之一。一般具有季节性生殖的种类，种群的最高数量常是在一年中最后一次繁殖之末，以后其繁殖停止，种群因只有死亡而无生殖，故种群数量下降，直到下一年繁殖开始，这时是种群数量最低的时期。到春季开始繁殖后数量一直上升，到秋季因寒冷而停止繁殖以前，其种群数量达到一年的最高峰。

（3）气候变化引起种群数量的年变化　种群数量在不同年份的变化，有的具有规律性，称之为周期性，有的则无规律性。有关种群动态的研究工作证明，大多数种类的年变化表现为不规律的波动，有周期性数量变动的种类是有限的。

2．种间的生物因素

种间的生物因素主要是指不同种群在捕食、寄生、种间竞争共同资源因子的过程中对种群密度的制约过程。当种群数量增加时，就会引起种间竞争加剧（食物、生活场所等），捕食以及寄生作用加强，结果导致种群数量的下降。

3．食物因子

食物对种群的生育力和死亡率有着直接或间接的影响，主要通过种内竞争的形式体现。在食物短缺的时候，种群内部必然会发生激烈的竞争，并使种群中的很多个体不能存活或生殖。如果食物的数量和质量都很高，种群的生殖力就会达到最大，但当种群增长达到高密度时，食物的数量和质量就会下降，结果又会导致种群数量下降。在艰难时期（如寒冬），常常会发生饥荒。

肉食动物对于食物短缺比草食动物更加敏感，当猎物种群密度很低时，猛禽常常孵窝失败。例如，在雪兔数量很少的年份，长耳鸮只有 20%的孵窝率；而在雪兔数量多的年份，100%的长耳鸮都能孵窝。同样，当雪兔的种群密度很低时，生活在同一地区的猞猁虽然能够继续繁殖，但幼兽大多死于饥饿。

4．自动调节因素

（1）行为调节　英国的 V. C. 温—爱德华兹认为动物社群行为是调节种群的一种机制。以社群等级和领域性为例，社群等级使社群中一些个体支配另一些个体，这种等级往往通过格斗、吓唬、威胁而固定下来；领域性则是动物个体（或家庭）通过划分地盘而把种群占有的空间及其中的资源分配给各个成员。两者都使种内个体间消耗能量的格斗减到最小。

（2）内分泌调节　J. J. 克里斯琴最初用此解释哺乳动物的周期性数量变动，后来此理论扩展为一般性学说。他认为，当种群数量上升时，种内个体经受的社群压力增加，加强了对中枢神经系统的刺激，影响了脑下垂体和肾上腺的功能，使促生殖激素分泌减少，促肾上腺皮质激素增加。生长激素的减少使生长和代谢发生障碍，有的个体可能因低血糖休克而直接死亡，多数个体对疾病和外界不利环境的抵抗能力可能降低。另外，肾上腺皮质的增生和皮质素分泌的增进，同样会使机体抵抗力减弱，而且由于相应的性激素分泌减少，生殖将受到抑制，使出生率降低，子宫内胚胎死亡率增加，育幼情况不佳，幼体抵抗力降低。这样，种群增长因上述生理反馈机制而得到抑制或停止，从而又降低了社群压力。

（3）遗传调节　英国遗传学家 E. B. 福特认为，当种群密度增大时，自然选择压力松弛下来，结果是种群内变异性增强，许多遗传型较差的个体存活下来；当条件回到正常的时候，这些低质的个体由于自然选择压力增加而被淘汰，于是降低了种群内部的变异性。

（二）种群动态一般规律

自然界种群的数量变动，除了一般的增长和消亡外，比较明显的是季节消长和年变动。种群中有出生和死亡，其成员在不断更新之中，但是这种变动都往往围绕着一个平均密度，即种群受某种干扰而发生数量的上升或下降，有重新回到原水平的倾向，这种情况就是动态平衡。

1. 种群数量的季节消长

种群数量消长规律是种群数量动态规律之一。一般具有季节性生殖的种类，种群的最高数量常落在一年中最后一次繁殖之末，以后其繁殖停止，种群因只有死亡而无生殖，故种群数量下降，直到下一年繁殖开始，这时是种群数量最低的时期。

欧亚大陆寒带地区，许多小型鸟类和兽类，通常由于冬季停止繁殖，到春季开始繁殖前，其种群数量最低。到春季开始繁殖后数量一直上升，到秋季因寒冷而停止繁殖以前，其种群数量达到一年的最高峰。图 3-4 是大山雀种群数量的季节消长情况。对这类动物进行多年的数量动态研究时，一年只需要进行两次数量统计，即春、秋各一次。

湖泊中的蓝藻水华，多存在季节性的数量变化。图 3-5 是 2003 年广东饶平县汤溪水库蓝藻丰度的季节变化。从图中可以看出蓝藻丰度季节变化与浮游植物丰度变化趋势一致。7 月同样远远高于其他月份，为其他月份的 5.5～137.9 倍。铜绿微囊藻为形成蓝藻水华的优势种，其丰度在 5 月和 7 月较高，最高值出现在 7 月的溪头入水口。其原因为该季节同时具备较高的水温、水体稳定性及足够营养盐输入的综合结果。

体型较大、一年只繁殖一次的动物，如狗獾、旱獭等，其繁殖期在春季，产仔后数量达到高峰，以后由于死亡，数量逐渐降低。对这类动物的数量调查，通常也要进行两次。

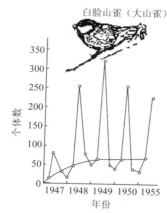

图 3-4　英国牛津附近森林中大山雀种群数量的季节消长（Lacd，1954）

各种生物所具有的种群数量的季节消长特点，主要是环境因子季节变化的影响，而使生活在该环境中的生物产生与之相适的季节性消长的生活节律。电厂的冷却水体中，由于水体增温就改变了该水体生物的生活史节律，如产卵季节提前等。

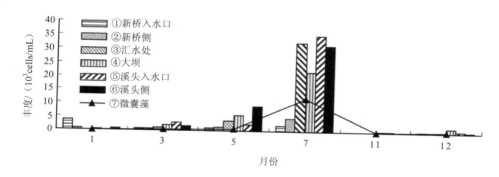

图 3-5　蓝藻丰度及微囊藻的时空分布

2. 种群数量的年变化

种群数量在不同年份的变化，有的具有规律性，称之为周期性，有的则无规律性。有关种群动态的研究工作证明，大多数种类的年变化表现为不规律的波动，有周期性数量变动的种类是有限的。由于研究植物种群动态的资料较少，因此以下着重介绍动物种群数量的年变化。

在环境相对稳定的条件下，种子植物及大型脊椎动物具有较稳定数量变动。常见的乔木如杨、柳每年开花结果一次，其种子数量相对稳定。又如大型有蹄类，一般每年产 1～2 个仔,其种群数量相对稳定。如蝙蝠出生率很低,多数一年只产一仔,但其寿命较长,为 18～20 年,对蝙蝠的长期观察说明,其数量变动很小。如加拿大盘羊(*Oriscamadensis*)36 年的种群数量变动,其最高量与最低量的比率仅为 4.5。而美洲赤鹿(*Cervus Canadensis*)在 20 余年冬季数量统计中,其最高量与最低量之比只有 1.8。

在动物中具有周期波动的种群数量变动为数甚少,但也有些典型例子。近年来已对旅鼠积累了可靠的统计数据,表明旅鼠(*Lemmus Trimucronatus*)数量波动幅度甚大,其最高量与最低量比率达 612(Pitelka,1973)。皮达克认为,过去出现的波幅估计更大,超过 1 000。资料说明旅鼠每隔 3～4 年数量都会出现一次大增长。寒漠中脆弱的植被常在旅鼠大发生的年代遭到彻底的破坏,一块块裸露地面陆续出现,到周期的第四年,旅鼠出现特大的高峰,在野外到处可见到成群结队的旅鼠在裸露的地面上觅食。经过一个漫长的季节,到第二年夏天,几乎看不到一只旅鼠。旅鼠种群的周期性变动的原因是复杂的,也可能是由于捕食者的作用。如图 3-6 所示是北极狐和赤狐的 3～4 年的周期数量变动,与旅鼠的周期变动相一致。图中的箭号表示旅鼠的大发生年。

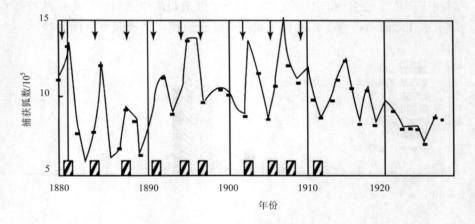

图 3-6 从挪威搜集的北极狐和赤狐数量的波动曲线

但是有关 9～10 年周期的报道不多。图 3-7 是根据哈德逊湾毛皮公司记录而分析的结果。猞猁的高峰出现在美洲兔数量高峰的两年之后,兔的数量上升,导致猞猁数量上升,而兔的数量下降,则是由于本身种群密度太大而导致大量死亡的结果。在鱼类中,也有少数种类表现出周期性波动。

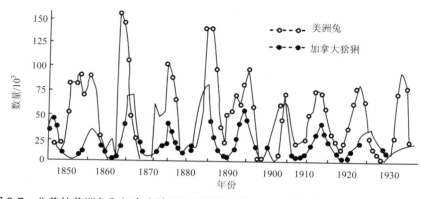

图 3-7 北美的美洲兔和加拿大猞猁的种群数量的 9～10 年周期性变动（Smith，1980）

3．不规则波动

大多数动物种群波动属于不规则型。不规则波动通常由于非生物因子，尤其是气候因子在不同年份的区别而引起的。曾有人研究为害加拿大橡树的冬尺蠖蛾。通过分析其十余年间的生命表，发现该虫的致死因素主要有：① 越冬损失；② 幼虫被寄生蜂寄生；③ 幼虫被其他昆虫寄生；④ 蛹被捕食；⑤ 蛹被强姬蜂寄生；⑥ 幼虫的微孢子病。根据分析，只有越冬死亡数与总死亡率相平行，这表明它是关键性死亡因素。

人们最熟知的是小家鼠（*Mus Musculus*）。它生活在住宅、农田和打谷场中，据中国科学院的 16 年统计资料，其年均捕获率波动于 0.10～17.57，即最高—最低比率为几百。又如布氏田鼠（*Lasiopodomys Brandtii*）也具有不规律的数量变动。其数量最低的年代，平均每公顷只有 1.3 只，而在数量最高的年份，每公顷可达 786 只，两者竟差 600 倍。许多农林业的害虫，人们比较关心。德国的昆虫学家施韦特弗格（Schwerdtfeger，1935）对针叶林鳞翅目害虫的长期数量统计表明，其数量变动是不规则的，但其波动幅度比较大。我国学者马世骏（1953）从统计上探讨过大约 1 000 年的有关东亚飞蝗危害和气象方面的资料，明确了东亚飞蝗在我国的大发生没有周期性现象，同时还指出干旱是大发生的原因。通过分析还明确，黄淮等大河的三角洲的湿生草地，若遇到连年干旱，使土壤中蝗虫卵的存活率提高，就会大发生。旱涝灾害与飞蝗大发生的关系还因地而异，据此，他将我国蝗区分为 4 类，并分区提出预测大发生的指标，我国的飞蝗防治取得了重大成就。

4．周期性波动

自然种群中已知有周期性振荡的有两类：① 9～10 年周期，主要是美洲兔和猞猁，它们表现出猎物与捕食者的关系；② 3～4 年周期，最著名的是旅鼠和北极狐，其他还有一些啮齿类、食肉类和鸟类。根据中国兴安岭林区二十余年的记录，证实棕背鼠等鼠类具有 3～4 年周期性，与此周期性相关的还有狐、蜱、红松结实，甚至当地森林脑炎的发病人数。

5. 种群的爆发

具有不规则或周期性波动的生物都有可能出现种群爆发，当条件适宜时，某些物种的数量在短期内迅速增加，超过平常的几十倍甚至几万倍。例如，生活中常见的赤潮，赤潮是指水中的一些浮游生物爆发性增殖引起水色异常的现象。

除此以外，常见于农林业害虫和害鼠，如蝗虫、黏虫、小家鼠、旅鼠等。蝗虫、旅鼠等在局部地区密度过高时还会发生成群结队大规模迁出，甚至闯入海中。随着种群过剩和环境资源的破坏，大发生后往往继之以种群暴减。

三、污染及人为干扰对种群动态的影响

（一）污染及人为干扰的主要类型

1. 污染的主要类型

（1）无机无毒污染物　主要包括酸、碱和无机盐等污染物。酸、碱污染水体使 pH 发生变化，破坏其缓冲作用，消灭或抑制细菌及微生物的生长，妨碍水体自净，还可腐蚀桥梁、船舶、渔具。瑞典等国的许多湖泊因受酸雨的污染，pH 在不断下降，已经产生了对水生生态系统的累积影响。

（2）无机有毒污染物　主要包括氰、氟、硫的化合物及汞、铬、铅等重金属污染物等。非金属无机毒物以氰化物为典型例子。

重金属对鱼类和其他水生生物的毒性，不是与溶液中重金属总浓度相关，主要取决于游离的金属离子，对镉则主要取决于游离 Cd^{2+} 浓度，对铜则取决于游离 Cu^{2+} 及其氢氧化物浓度。而大部分稳定配合物及其与胶体颗粒结合的形态则是低毒的，不过脂溶性金属配合物是例外，因为它们能迅速透过生物膜，并对细胞产生很大的破坏作用。

（3）耗氧有机物　主要包括碳水化合物、蛋白质、油脂、氨基酸、木质素等有机物质，这些物质以悬浮状态或溶解状态存在于水中，排入水体后能在微生物作用下分解为简单的无机物，在分解过程中消耗氧气，使水体中的溶解氧减少，微生物繁殖，在缺氧条件下污染物就发生腐败分解、恶化水质，故常称这些有机物为需氧有机物。

由于有机物成分复杂，种类繁多，一般用综合指标生化需氧量（BOD_5）、化学需氧量（COD）或总有机碳（TOC）等表示耗氧有机物的量。清洁水体中 BOD_5 含量应低于 3 mg/L，BOD_5 超过 10 mg/L 则表明水体已经受到严重污染。

（4）有机有毒物　主要包括酚、苯、醛、有机磷农药等易分解有毒物及有机氯农药、多氯联苯、多环芳烃、芳香烃等难分解有毒物。环境中有机毒物的种类繁多，全球性污染物如多环芳烃、有机氯等，一直受到各国学者的高度重视。特别是一些

有毒、难降解的有机物，通过迁移、转化、富集或食物链循环，危及水生生物及人体健康。这些有机物往往含量低、毒性大、异构体多，毒性大小差别悬殊。如四氯二噁英，有 22 种异构体，如将其按毒性大小排列，则排在首位的结构式与排在第二位的结构式，其毒性竟然相差 1 000 倍。

（5）生物污染　　主要包括病菌、病虫卵、病毒等病原微生物。生活污水、医院污水和屠宰、制革、洗毛、生物制品等工业废水，常含有病原体，会传播霍乱、伤寒、胃炎、肠炎、痢疾以及其他病毒传染的疾病和寄生虫病。

病原微生物的特点是：① 数量大；② 分布广；③ 存活时间较长；④ 繁殖速度很快；⑤ 易产生抗药性，很难消灭；⑥ 传统的二级生化污水处理及加氯消毒后，某些病原微生物、病毒仍能大量存活，传统的混凝、沉淀、过滤、消毒给水处理能够去除 99% 以上，但出水浊度若大于 0.5 度时，仍会伴随有病毒。

（6）放射性污染物　　放射性物质主要来自核工业和使用放射性物质的工业或民用部门。放射性物质能从水中或土壤中转移到生物、蔬菜或其他食物中，并发生浓缩和富集进入人体。放射性物质释放的射线会使人的健康受损，最常见的放射病就是血癌，即白血病。

2．人为干扰的主要类型

人类对种群的干扰方式多种多样，归纳起来，有两大方面：由于人类对自然资源的过度索取，引起自然生态系统结构的变化。如砍伐森林、过度放牧、乱捕滥猎、围湖造田等，造成了生态系统的结构性失衡；对生态系统功能的干扰，即由于大量工业和生活废弃物排入自然界，改变了原有的生态系统自我调节、自我净化的能力，造成了生态系统的功能性失衡。

（1）森林砍伐　　在整个自然界的物质循环和能量转换过程中，森林起着重要的枢纽和核心作用，它的分布最广、组成最复杂、结构最完整、生物生产力也最高。森林和环境经过长时期的相互作用和适应，不但推动了自身的生长、繁衍，同时也对周围环境产生了深刻的影响。森林能涵养水源、保持水土、防风固沙、增加湿度、净化空气、减弱噪声，与人类的生存发展、自然界生态系统的稳定息息相关。

（2）草原开垦及过度放牧　　过度放牧是草原生态系统退化的主要原因。草原生态系统中，草作为生产者，为草原上动物的存活提供了物质和能量基础，也为草原生态系统的生存与发展提供了前提条件。而人类只顾眼前的利益，只求畜牧业的发展不管草场的承载力，致使草场的利用速度大大超过了更新速度，于是草原不再绿了，牛马不再壮了，土地不再肥沃了，草原生态系统渐渐地衰弱、瓦解，变成了荒漠、沙地。

（3）河流筑坝及围湖造田　　天然湖泊和大大小小水库都是重要的自然资源。但是，长期以来，人们忽视水域在整个地区和生态系统中的积极作用，而提出了"向湖要粮，与水争地"等不恰当口号。40 年来，由于围垦和淤塞，湖泊数量和面积急剧减少和萎缩，许多湖泊已经消亡或正在消亡之中。1950—1980 年，全国湖泊总面积减少 1 万多 km²，超过了我国五大淡水湖（鄱阳湖、洞庭湖、太湖、洪泽湖和巢湖）面积的总和。洞庭湖的面积缩小了 1 659 km²，鄱阳湖缩小了 1 840 km²。以素有千湖之省之称的湖北为例，如今湖泊的数量和面积均不足 20 世纪 50 年代的 1/3。由于人为因素的严重干扰，导致水域生态系统中生物生境的变化、破坏或消失，给鱼类等生物造成灾难性的后果。

（4）过度捕捞　据国际捕鲸协会报道，全世界每年大约有 2.6 万头鲸被杀（平均每小时 3 头），其中俄罗斯和日本的捕鲸数占总捕鲸数的 95%。如蓝鲸，是至今世界上最大的哺乳动物，它在半个世纪前还有 30 万头之多，今天只剩下了大约 2 000头；非洲的犀牛，是世界上极为珍稀的动物之一，由于犀牛角的价格大幅度上升，甚至比黄金还贵，捕杀犀牛的行为加剧，致使黑犀牛的数量已锐减了 90%，处于灭绝的边缘。

（二）污染对种群动态的影响

1．有毒有害污染导致种群衰减、灭绝

有毒有害物对环境的污染极易导致生态种群的衰减与灭绝，其中最突出的表现有以下几个方面：

（1）酸雨对种群的危害　形成酸雨的主要污染物是 SO_2，其次是 NO_2。酸雨使土壤和河流、湖泊酸化，导致水生、湿生植物的死亡，威胁水生动物（如鱼、虾、贝类等）的生存，破坏水域生态系统中的食物链。还能直接危害陆生植物的叶和芽，使作物和树木死亡。

（2）有毒化学药品对种群的危害　最主要的是化学杀虫剂污染环境。对包括人类在内的多种生物造成危害。

（3）重金属对种群的危害　有些重金属是生物体生命活动必需的微量元素，如 Mn、Cu、Zn 等。但是大部分重金属如 Hg、Pb 等，对生物体的生命活动有毒害作用，而且还可以通过食物链发生富集效应。

2．营养盐污染刺激种群过度增长

植物营养盐主要有硝酸盐、亚硝酸盐、铵盐、磷酸盐、有机氮、有机磷化物等。这些物质可以间接地以含磷和含氮有机污染形式排入到生态系统中，也可以以磷酸盐和硝酸盐的形式直接排入。某些洗涤剂含有大量的三聚磷酸盐，农业中应用的化肥含 10%～25%的硝酸盐和磷酸盐，这些物质通过某些途径排入水中会引起藻类植物的大量繁殖和快速生长，导致光合作用的增加，并产生富营养化问题。

富营养化是指水体中营养物质过多，特别是氮、磷过多而导致水生植物（浮游藻类等）大量繁殖，影响水体与大气正常的氧气交换，加之死亡藻类的分解消耗大量的氧气，造成水体溶解氧迅速下降，水质恶化，鱼类及其他生物大量死亡，加速了水体衰老的进程。"水华"是指淡水中发生富营养化的现象；"赤潮"是指海水发

生富营养化的现象。

（三）人为干扰对种群动态的影响

干扰是自然景观单位本底资源的突然变化，这种变化可以用生物种群反应的明显改变来表示。干扰来自两个方面，即自然压力和社会压力。前者称为自然干扰，主要是自然因素，后者称为人为干扰，主要是人为因素，特别是当代社会，人为因素对种群动态的影响更大。

1. 原生境破坏对种群动态的影响

原生环境是储藏自然资源的宝库，它起着生态实验室、遗传库和信息储存库的作用。而野生动物种群使这种自然系统获得平衡。在没有人为因素干扰条件下，物种自然灭绝的速度很缓慢。在人类过度捕猎或栖息地被破坏的情况下，种群长期处于不利条件下，其数量可能出现长期下降，甚至出现种群绝灭（Extinction）。现在世界上越来越多的国家逐步认识到野生动物的灭绝对一个国家乃至全人类都是无可挽回的损失。

据 IUCN 等组织调查，以鸟类为例，在 3 500 万年前到 100 万年前，平均每 300 年有一种灭绝；从 100 万年前到现代，平均每 50 年有一种灭绝；最近 300 年间，平均每 2 年就有一种灭绝；进入 20 世纪后，每年就灭绝一种。据野生动物学家诺尔曼的调查结果，在热带森林，现在每天至少灭绝一个物种，过不了几年，很可能每小时就会灭绝一个物种。动物越来越少，以致把很多动物列入了珍稀、濒危之列。我国的东北虎是世界上现存虎中体型最大者，它不仅有很大的经济价值，而且在自然生态系统中具有重要作用。目前它的分布区逐渐变小，东北虎的数量也随之下降，保护工作已十分紧迫。此外，全球人口增长也是生态环境遭到破坏的重要原因之一。

2. 资源过度利用对种群动态的影响

滥捕常常导致野生动物消失，乱采滥伐植物也会导致植物资源的灭绝，人类的这种不合理行为超过了动植物的自我更新能力和自我恢复能力，对动植物种群动态产生了不良影响。

太平洋鲑鱼 1913 年产量为 240 万箱，当年在鲑鱼主要产卵河流上修筑了铁路，第一次破坏了产卵周期，其捕获量立即开始下降，到 1928 年，从弗雷塞河流中只捕捞到 9 万箱鲜鱼。鲸鱼也是由于人类滥捕而使资源动物种群不断衰落。第二次世界大战期间，捕鲸业停顿了相当长的一段时间。战后随着捕鲸船吨位的上升，鲸的捕获量也不断上升，到 20 世纪 50 年代已接近最高产量。当大鲸由于滥捕而数量锐减时，人们转而捕杀年幼体小的鲸。当体型最大的蓝鲭鲸被捕猎濒临灭绝时，人们便把注意力转向其他个体较小的种类，去捕长须鲸，对这种鲸捕猎时间最长。但 60 年代以后，长须鲸已成为少见种，更小的小鲭鲸和抹香鲸又取而代之。目前，捕鲸技术发展很快，表现在用直升机寻找鲸踪、利用声呐系统探测等先进技术，不仅使大型鲸类面临滥捕和灭绝的危机，就是小型鲸类也难逃厄运。目前这些具有经济价值的野生动物种群，由于滥捕造成种群降低到不能恢复以致濒临灭亡的境地。

四、种间的相互关系

种间的主要关系如图 3-8 所示。

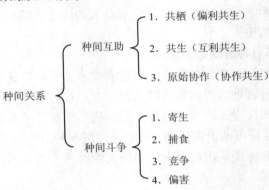

图 3-8　种间的主要关系

（一）种间互动

1. 共栖

共栖又称偏利共生，是指两种生物生活在一起，对一方有利，对另一方也无害，或者对双方都有利，两者分开以后都能够独立生活。例如，有些附生植物附着在大树上，借以得到充足的光照，但是并不吸收大树体内的营养。海葵常常固着在寄居蟹的外壳上，海葵靠刺细胞防御敌害，能对寄居蟹间接地起到保护作用，而寄居蟹到处爬动，可以使海葵得到更多的食物，但是，它们分开以后仍能独立生活。又如蛤贝外套腔内共栖豆蟹，食宿主的残食和排泄物；"偕老同穴"是指生活在深海里的一种矽质水绵和它中央腔内生活的一对俪虾，俪虾食海绵的残食并受到保护；鲨鱼和鲫鱼共栖，鲫鱼吸在鲨鱼身上，随鲨鱼游动，以鲨鱼吃剩的食物为食；海洋中的一种小珠鱼常与海参或牡蛎共栖，小珠鱼分享它们的猎获物。藻类在龟甲壳上寄居；螺旋菌附着在有黏液的披发鞭毛虫体外生活；蓝绿藻体外有许多细菌以其分泌物为生；一种棘腔小蠹利用特殊的储藏器内的孢子萌发菌丝，吸收树木渗漏的树汁为营养，对树木无害。

2. 共生

共生又称互利共生，是指两种生物生活在一起，彼此有利，两者分开以后都不能独立生活。共生的生物在生理上相互分工，互换生命活动的产物，在组织上形成了新的结构。例如，地衣就是真菌和藻类植物的共生体，地衣靠真菌的菌丝吸收养料，靠藻类植物的光合作用制造有机物。如果把地衣中的真菌和藻类植物分开，两者都不能独立生活。再如白蚁和肠内鞭毛虫的关系，也是一种互利共生关系。白蚁以木材为食，但是它本身不能消化纤维素，必须要依靠肠内鞭毛虫分泌的消化纤维素的酶，才能将纤维素分解，分解后的产物供双方利用。

豆科植物和根瘤菌是又一个共生的实例。根瘤菌存在于土壤中，是有鞭毛的杆菌。根瘤菌与豆科植物之间有一定的寄主特异性，但不十分严格，例如，豌豆根瘤菌能与豌豆共生，也能与蚕豆共生，但不能与大豆共生。在整个共生阶段，根瘤菌被包围在寄主质膜所形成的侵入线中，在寄主内合成固氮酶。豆血红蛋白则系共生作用产物，具体地讲，植物产生球蛋白，而血红素则由细菌合成。豆血红蛋白存在于植物细胞的液泡中，对氧具有很强的亲和力，因此对创造固氮作用所必需的厌氧条件是有利的，就这样细菌开始固氮。在植物体内细菌有赖于植物提供能量，而类菌体只能固氮而不能利用所固定的氮。所以豆科植物供给根瘤菌碳水化合物，根瘤菌供给植物氮素养料，从而形成互利共生关系。

动物与微生物之间共生现象的例子也很多。牛、羊等反刍动物与瘤胃微生物共生就是其中的一个例子。反刍动物的瘤胃温度恒定、pH 保持在 5.8～6.8，瘤胃中的 CO_2、CH_4 等气体造成无氧环境，大量的草料经过口腔后与唾液混合进入瘤胃中，为其中的微生物提供了丰富的营养物质。瘤胃微生物分解纤维素，为反刍动物提供糖类、氨基酸和维生素等营养，两者相互依赖，互惠共生。

3．原始协作

原始协作又称协作共生，可以认为是共生的另一种类型，其主要特征为两种群相互作用，双方获利，但协作是松散的，分离后，双方仍能独立生存。

如某些食虫鸟以有蹄类动物身上的外寄生虫为食，遇敌时又为有蹄类报警；人体内生活的双歧杆菌、拟杆菌是典型的协作共生菌；鱼在河蚌外套腔中产卵，河蚌将自己的幼体寄居在鱼的鳃腔内发育；鸡肉丝菇是一种食用和药用真菌，与白蚁协作共生，白蚁的粮库是鸡肉丝菇的菌圃（培养基），鸡肉丝菇的菌丝建筑为白蚁保温、保湿的巢穴；织布鸟将窝筑在马蜂巢旁，"防"猴子来捣鸟窝；隆头鱼钻入珊瑚鳟鱼的鳃盖内清除鳃上的寄生虫；有花植物和传粉动物的共生；紫海葵和小丑鱼共同分享捕捉到的食物，海葵能清除小丑鱼身上的寄生虫并靠触手起保护作用，小丑鱼鲜艳的色彩引诱其他鱼到海葵旁，被海葵捕食；昆虫角蝉科的一种小黑角蝉有着尖锐的口器吸食植物汁液，过多的糖分用蜜露形式排出体外招引蚂蚁，蚂蚁便将其卵或幼虫引入蚁巢保护过冬；饲养蚜虫的蚂蚁，春天里带着蚜虫到草地上进行"放牧"，用纸制的形状类似帐幕的"厩"让蚜虫居住，这些蚂蚁也享受蚜虫排泄的甜美蜜露。

（二）种间斗争

1．寄生

寄生是指一种生物长期或暂时生活在另一种生物的体内或体表，并从后者那里吸取营养物质来维持其生活的一种种间关系。以寄生生活的生物称寄生物；被侵害的生物称寄主，也称宿主。

根据寄生的场所可把寄生物分为两类：一是寄生在寄主体内的，称为体内寄生物，如蛔虫、绦虫、血吸虫、病毒等。二是寄生在寄主体表的，称为体表寄生物，如虱、蚤、疥螨等。根据寄生的时间长短，可分为永久寄生和暂时寄生两种。根据寄生对象可分为三类：一是专性寄生，是指寄生物必须在活的寄主体内才能生活，一旦脱离寄主就不能生存；二是兼性寄生，腐生为主，兼营寄生；三是兼性腐生，寄生为主，兼营腐生。大多数寄生物在其生活史中只寄生在一定的寄主中，但也有寄生物需要有两个或更多个寄主，称为转主寄生。

许多寄生者都有非常大的繁殖力或较强的生命力。寄生物的生命活动对寄主有多种危害，其影响的大小，取决于寄生物的数目多少、毒性大小以及被寄生者的抗性强弱。寄生的特点是一般不把寄主杀死，为了便于理解，可以把某些造成寄生死亡的寄生关系称为类寄生。例如，赤眼蜂把卵产在螟虫的卵内，孵化出的幼虫以螟虫的卵为食，而导致螟虫卵死亡。

寄生现象在动物界非常普遍，在植物界也很多，如寄生在豆科植物中的菟丝子、槲寄生等。几乎所有生物在生活过程中，没有一种是不受寄生物侵害的，就连小小的细菌也受到噬菌体的寄生。

2．捕食

物种之间除了直接竞争空间和食物等资源外，还有直接的捕食现象。

狭义的捕食是指食肉动物吃食草动物或其他食肉动物。广义的捕食还包括：食草动物吃绿色植物、昆虫中的拟寄生者吃寄主、寄生、同类相食。

捕食者和猎物的相互关系很复杂，是经过长期共同进化的结果。有些情况下甚至形成彼此难以分离的相对稳定的系统，作为天敌的捕食者变成了猎物不可缺少的生存条件之一。自然界的捕食者与猎物数量往往存在共同的周期性波动。

如七星瓢虫、草蛉（蚜狮）喜捕蚜虫为食；可卡因的克星——小白蝴蝶，食其花吸其汁，可卡因植株很快死亡。近年来，秘鲁政府采取的"蝴蝶"行动，使毒品损失 3 700 万美元；捕蝇草（如维纳斯捕蝇草）、茅膏菜、狸藻（如日本狸藻）、猪笼草（如红猪笼草）用变态叶又称捕虫叶捕捉昆虫为食（食虫植物不多，已发现 500 种左右，吃植物的昆虫有几十万种）。

3．竞争

竞争是指两个种因需要共同的环境资源，如空间、食物或水等所产生的相互关系。在这种相互关系中，对竞争种的个体生长和种群数量增长都有抑制作用。

Gause 的经典实验就是关于种间直接竞争的：Gause（1934）用两种在分类上和生态上很接近的双小核草履虫和大草履虫进行试验。将数目相等的上述两种草履虫个体，用杆菌做饲料，放在基本上恒定的环境里培养。开始时两个种都有增长，随后双小核草履虫的个体数目继续增加，而大草履虫个体数下降，16 天后只有双小核草履虫生存，而大草履虫最终趋于消失。在这个经典实验中，两种草履虫之间并未分泌有害物质，主要就是其中的一种增长得快、另一种增长得慢，因竞争食物的结果，增长快的种排挤了增长慢的种。

后来，英国生态学家就把这种情况称之为 Gause 假说，即由于竞争的结果，生态位接近的两个种不能永久地共存。后人又用竞争排斥原理来表示这个概念，即在一个稳定的环境内，两个以上受资源限制的、但具有相同资源利用方式的物种，不能长久地共存在一处。也就是说，完全的竞争者不能长期共存。这个原理假设其中一个物种能较好地利用环境中有用的资源，从而排挤另一些物种。

4. 偏害

偏害称作异株克生现象，也称异种抑制。其主要特征为当两个物种在一起时，由于一个物种的存在，可以对另一物种起抑制作用，而自身却无影响。异种抑制作用和抗生素作用都属此类。异种抑制一般指植物分泌一种能抑制其他植物生长的化学物质的现象，也称他感现象。如云杉根的分泌物使丁香、玫瑰不能很好地生长；黑胡桃树分泌一种叫做胡桃醌的物质，能使四周植物生长均受抑制；银叶鼠尾草、加州蒿周围 1～2 m 也是裸圈；按树分泌的酚类，洋艾分泌的洋艾碱，花楸分泌的羟基烯酸内酯，桃树分泌的间苯三酚等都对某种植株有抑制作用。抗生作用是一种微生物产生一种化学物质来抑制另一种微生物的过程，如青霉素就是由青霉菌所产生的一种细菌抑制剂，也常称为抗生素。

第四节　生物群落的基本特征

一、群落的概念

群落就是指在特定空间或特定生境下，具有一定的生物种类组成及其与环境之间彼此影响、相互作用，具有一定的外貌及结构，包括形态结构与营养结构，并具特定的功能的生物集合体。群落中的生物种群通过相互作用、相互联系，构成有规律的组合，并与无机环境之间发生相互作用。它是一个新的整体，它具有个体和种群层次所不能包括的特征和规律，是一个新的复合体。

根据群落的组成特点，生物群落可以从植物群落、动物群落和微生物群落这三个不同领域来研究，这三个领域的调查研究技术手段各不相同，但是基本调查研究特征参数（指标）一致，一般有群落内各种群的多度、密度、盖度、频度、高度或长度、重量以及体积等数量特征参数。

二、群落的基本特征

（一）一般特征

生物群落具有一系列典型特征，以植物群落为例，将群落的一些典型特征介绍如下：

1. 具有一定的外貌及内部结构

群落外貌是指生物群落的外部形态或群落的外貌留给人的"样子"，该样子是群落中生物与生物间，生物与环境间相互作用的综合反映。植物群落外貌是群落长期适应一定自然环境所表现出的一种外部总体相貌，是认识和区分群落类型的重要特征之一，如森林、草原、灌丛的外貌迥然不同，而森林中常绿阔叶林、落叶阔叶林和针叶林的外貌又有明显的差别。

植物群落的外貌主要取决于群落中优势植物的生活型。生活型是植物长期受一定环境综合影响所表现出的生长形态。如乔木、灌木、草本植物、藤本植物、附生植物、苔藓与地衣植物等，它们又可进一步划分成次一级的生活型类型。如乔木被划分成常绿针叶乔木、落叶针叶乔木、常绿阔叶乔木和落叶阔叶乔木等；草本植物可划分为多年生草本、一年生草本和水生草本植物等。在自然状态下，每一个植物群落都是由若干个不同生活型的植物种所组成，但是决定群落外貌的主要是它的建群种的生活型。例如，松林的外貌决定于构成它的常绿针叶乔木，而草原的基本外貌决定于多年生草本植物及其季节变化，同一群落在不同季节具有不同的外貌特征，如落叶阔叶林在冬季落叶后呈现一片萧索景象，夏季则绿树成荫，郁郁葱葱。

2. 具有一定的物种组成

与种群是个体的集合体一样，群落是种群的集合体。每个群落都是由一定的植物、动物、微生物种群组成的。因此，物种组成是区别不同群落的首要特征。一个群落中物种的多少及每一物种个体的数量，决定了群落的多样性。

3. 不同物种之间的相互影响

群落中物种之间相互作用，按某种生物关系完全联合，使群落成为功能的统一体。一个群落必须经过生物对环境的适应和生物种群之间的相互适应、相互竞争，形成具有一定外貌、种类组成和结构的集合体，因此生物群落并非种群的简单集合，一般来说种群需满足两个条件才能构成群落：第一，必须共同适应它们所处的无机环境；第二，它们内部的相互关系必须取得协调、平衡。

4. 具有形成群落环境的功能

生物群落对其居住环境产生重大影响，并形成群落环境。如草原群落的环境与周围裸地就有很大的不同，草原群落中光照、温度、湿度与土壤等自然环境都经过了生物群落的改造。即使是生物非常稀疏的荒漠群落，对土壤等环境条件也有明显改变。而森林植物群落内外环境的差异往往很明显，高大乔木林下的光照强度、氧气浓度、二氧化碳浓度与林外相比均有显著变化。森林生态系统具有重要的气候调节功能，这也是我们保护和恢复森林植被的关键原因之一。

5. 具有一定的动态特征

群落的组成部分是具有生命特征的种群，群落内物种会不断地消失和被取代，群落的面貌也不断地发生着变化。其动态变化包括季节动态、年际动态、演替与演化。温带的落叶阔叶林的季相变化非常明显，春季一片新绿，夏季郁郁葱葱，秋季万山红遍，冬季草木凋零，是温带地区常见的典型景色。群落的年际波动并不十分明显，一般群落内部的种群之间的竞争或者替代会造成群落结构要素年际波动，但是变化的方向并不确定。比如干旱水热条件的年际变化、昆虫种群的爆发都有可能导致植被群落外貌或者结构的波动，但是波动的结果和方向往往难以预料，反映了群落动态的复杂性。群落的演替与演化时刻都在发生，如废弃的耕地或者矿山，可能在很短时间内形成新的植物群落，而自然湖泊经过进化时间尺度的演化，可能演替成为沼泽地，进而形成森林群落。

6. 具有一定的分布范围

由于组成群落的物种不同，其所适应的环境因子也不同，所以特定的群落分布在特定地段或特定生境上，不同群落的生境和分布范围不同。无论从全球范围看还是从区域角度讲，不同生物群落都是按照一定的规律分布。

7. 群落的边界特征

在自然条件下，有些群落具有明显的边界，可以清楚地加以区分。如环境梯度变化较陡，或者环境梯度突然中断的情形，例如，地势较陡的山地的垂直带、陆地环境和水生环境的边界带（池塘、湖泊、岛屿等）。但两栖类（如蛙）常常在水生群落与陆地群落之间移动，使原来清晰的边界变得复杂。此外，火烧、虫害或人为干扰都可造成群落的边界。有的则不具有明显边界，而处于连续变化中。大范围的变化如草甸草原和典型草原的过渡带、典型草原和荒漠草原的过渡带等；小范围的如沿缓坡而渐次出现的群落过渡带等。但在多数情况下，不同群落之间都存在过渡带，被称为群落交错区（Ecotone），并导致明显的边缘效应。

（二）群落的数量特征

1. 群落中各种群的个体数量指标

（1）多度（Abundance） 多度或称丰富度是物种个体数目多少的一种估测指标，

多用于群落内草本植物的调查。国内多采用 Drude 的七级制多度，即如表 3-1 所示。也有的通过记名计算法，在一定面积的样地中，直接点数每个种群的个体数量，然后计算每个种群的个体数与同一生活型的全部种群的个体数的比例。

表 3-1 Drude 七级制多度

Soc（Socials）	极多，植物地上部分郁闭，形成背景
Cop3（Copiosae）	数量很多
Cop2	数量多
Cop1	数量尚多
Sp（Sparsal）	数量不多而分散
Sol（Solirariae）	数量很少而稀疏
Un（Unicum）	个别或单株

（2）密度（Density） 密度是指单位面积或单位空间内的个体数。一般对乔木、灌木和丛生草本植物以植株或株丛计数，根茎植物以地上枝条计数。

样地内某一物种的个体数占全部物种个体数之和的百分比称作相对密度。用公式表示为：

$$D（密度）=N（样方内某物种的个体数）/S（样地面积）$$
$$相对密度（\%）=物种 i 的个体数×100/所有物种的总个体数$$

某一物种的密度占群落中密度最高的物种密度的百分比则为密度比。

（3）盖度（Coverage） 盖度是植物地上部分垂直投影面积占样地面积的百分比，即投影盖度。后来又出现了"基盖度"的概念，即植物基部的覆盖面积，对于草原群落，常以离地面 2.54 cm（1 英寸）高度的断面积计算；对森林群落，则以树木胸高 1.3 m 处的断面积计算。林业上常用郁闭度来表示林木层的盖度。

（4）频度（Frequency） 频度是某个物种在调查范围内比现的频率，指包含该种个体的样方占全部样方数的百分比。群落内某一物种的频度占所有物种频度之和的百分比，即为相对频度。

$$相对频度（\%）=物种 i 的出现频度×100/所有物种的出现频度之和$$

（5）高度（Height）或长度（Length） 高度或长度常作为测量植物体的一个指标。测量时取其自然高度或绝对高度，藤本植物则测其长度。

（6）重量（Weight） 重量是用来衡量种群生物量（Biomass）或现存量（Standing Crop）多少的指标，可分干重与鲜重。在生态系统的能量流与物质循环研究中，这一指标特别重要。

（7）体积（Volume） 生物所占空间大小的度量。在森林植被研究中，这一指标特别重要。草本植物或灌木体积的测定，可用排水法进行。

2．种的综合数量指标

（1）优势度（Dominance）　　优势度是用来表示一个种在群落中的地位和作用，通常以某物种底面积、胸高断面积、体积或干物质重量的多少来衡量该物种在群落中的优势程度。因为胸高断面积比较容易测定和计算，所以以该指标确定优势度的情况比较多见。

相对优势度（%）=物种 i 的胸高断面积之和×100/所有物种的胸高断面积之和

（2）重要值（Important Value，IV）　　也是用来表示某个种在群落中的地位和作用的综合数量指标，因为它简单明确，所以在近年来得到普遍采用。计算的公式如下：

重要值 IV =相对多度 RA+相对频度 RF+相对优势度（相对基盖度）RD

3．物种多样性

生物多样性（Biodiversity）是指在一定时间和一定地区所有生物（动物、植物、微生物）物种及其遗传变异和生态系统的复杂性总称。它包括遗传多样性、物种多样性、生态系统多样性和景观多样性四个层次。

其中物种多样性代表着物种演化的空间范围和对待定环境的生态适应性，被认为是最适合研究生物多样性的生命层次。

（1）物种多样性（Species Diversity）的定义　　生物物种多样性是 P. H. Fisher 等在 1943 年首先提出的，主要指群落中的物种数和每一物种的个体数。一般认为物种多样性具有下面两方面含义。

① 种的数目（Numbers）或丰富度（Species Richness）　　是指一个群落或生境中的物种数目。

② 种的均匀度（Species Evenness）　　是指一个群落或生境中全部物种个体数目的分配状况，它反映的是各物种个体数目分配的均匀程度。例如，甲群落中有 100 个个体，其中 90 个属于种 A，另外 10 个属于种 B。乙群落中也有 100 个个体，但种 A、B 各占一半，那么，甲群落的均匀度就比乙群落低得多。

（2）物种多样性的测定　　测定物种多样性的公式很多。这里仅选取其中几种有代表性的加以说明：

① 丰富度指数（Richness Index）　　生态学上用过的丰富度指数很多，如 Gleason 指数和 Margalef（1951，1957，1958）指数。

② 多样性指数（Diversity Index）　　多样性指数是丰富度和均匀性的综合指标，以 Simpson 多样性指数和 Shannon-Wiener 多样性指数及 Pielou 均匀度指数最为著名。

三、群落的成员类型

（一）优势种和建群种

1. 优势种（Dominant Species）

对群落的结构和群落环境的形成起主要作用的植物称为优势种，它们通常是那些个体数量多、投影盖度大、生物量高、体积较大及生活能力较强，即优势度较高的种。在陆地生态系统中，森林生态系统是最重要的一个生态系统。在该系统中植物是主体，乔木层中数量最多、生物量最大的少数几个种，对群落的影响最大，影响或控制着该群落，决定群落的外形、结构和功能。对森林群落而言，一旦这些种消失，整个群落将发生根本变化，森林群落可能演变为草地群落。

2. 建群种（Constructive Species）

一个典型群落往往有几个优势种，群落的不同层次可以有各自的优势种，比如森林群落中，乔木层、灌木层、草本层和地被层分别存在各自的优势种。其中，优势层的优势种通常称为建群种，它对群落结构、群落环境有控制作用。

（二）关键种（Keystone Species）

物种在群落中的地位不同。生物群落中，处于较高营养级的少数物种，其取食活动对群落的结构产生巨大的影响，称关键种。关键种可以是顶级捕食者，如一些珍稀、特有、庞大的对其他物种具有与生物量不成比例影响的物种，它们在维护生物多样性和生态系统稳定方面起着重要的作用。如果它们消失或削弱，可能导致整个生态系统发生根本性的变化，这样的物种称为关键种。

除优势种、建群种和关键种外，还有亚优势种、伴生种、偶见种等。

四、群落的结构

群落的结构指生物在环境中分布及其与周围环境之间相互作用形成的结构，可从群落的物理结构和生物结构两方面理解。群落的物理结构包括群落的外貌和生长型、垂直分层结构和群落外貌的昼夜和季相三方面。生物结构包括群落的物种组成、种间关系、多样性和演替几方面。群落的生物结构部分取决于物理结构。

（一）群落的外貌和生长型

群落外貌（Physiognomy）是指生物群落的外部形态或表相而言。它是群落中生物与生物间、生物与环境间相互作用的综合反映。陆地群落的外貌主要取决于植被的特征。植被是整个地球表面上植物群落的总和。植物群落是植被的基本单元。水生群落的外貌主要决定于水的深度和水流特征。

陆地群落的外貌是由组成群落的植物种类形态及其生活型（Life Form）所决定的。根据植物对外界环境适应的外部表现形式，可把高等植物划分为五个生活型，即高位芽植物、地上芽植物、地面芽植物、隐芽植物或地下芽植物、一年生植物。一般来说，在气候温暖多湿的热带雨林，以高位芽植物占优势；而寒冷地区到温带针叶林以地面芽植物占优势；冷湿环境下的群落以地下芽占优势；干旱地区以一年生植物最丰富。

动物也有不同的生活型，如兽类中有飞行的、滑翔的、游泳的、奔跑的、穴居的，它们各有各的形态、生理和行为特征，适应于各种生活方式。但动物生活型并不能决定陆地群落的外貌和物理结构。

（二）群落的空间结构

1. 垂直结构

群落的垂直结构，主要指群落分层现象，大多数群落都具有清楚的层次性。群落的成层性一般包括地上成层与地下成层，层的分化主要决定于植物的生活型，因为生活型决定了该种处于地面以上不同的高度和地面以下不同的深度，也就是说陆生群落的成层结构是不同高度的植物或不同生活型的植物在空间上垂直排列的结果；水生群落则在水面以下不同深度分层排列；植物群落的地下成层性是由不同植物的根系在土壤中达到的深度不同而形成的，最大的根系生物量集中在表层，土层越深，量越少。

陆地植物群落的分层，往往与光的利用有关。如森林群落的林冠层吸收了大部分光辐射，随着光照强度渐减，依次发展为林冠层、下木层、灌木层、草本层和地被层等层次。一般来说，温带夏绿阔叶林的地上成层现象最明显，寒温带针叶林的成层结构简单，而热带森林的成层结构最为复杂。

生物群落中动物的分层现象也很普遍。动物之所以有分层现象，主要与食物有关，因为不同层次的群落提供不同的食物；其次还与不同层次的微气候条件有关。例如，欧亚大陆北方针叶林区，在地被层和草本层中，栖息着两栖类、爬行类、鸟类（丘鹬、榛鸡）、兽类（黄鼬）和各种啮齿类；在森林的灌木层和幼树层中，栖息着莺、花鼠等；在森林的中层栖息着山雀、啄木鸟、松鼠和貂等；而在树冠层则栖息着柳莺、交嘴和戴菊等。一般来说，许多动物可同时利用几个不同层次，但总有一个最喜好的层次。

在水生群落中，由于水生植物的生物学和生态学特性的差异，处在水体中的不同位置，同样呈现出分层现象。如湖泊和海洋的浮游动物都有垂直分层现象，一般可分为漂浮生物、浮游生物、游泳生物、底栖生物、附底生物和底内生物等。水生群落的分层，主要取决于透光状况、水温和溶解氧含量、食物等。多数浮游动物一般是趋向弱光的。因此，它们白天多分布在较深的水层，而在夜间则上升到表层活动。此外，在不同季节也会因光照条件的不同而引起垂直分布的变化。

群落成层结构是自然选择的结果，它显著提高了生物利用环境资源的能力。如在发育成熟的森林中，阳光是决定森林分层的重要因素，森林群落的林冠层吸收了大部分光辐射，上层乔木可以充分利用阳光，而林冠下为那些能有效地利用弱光的下木所占据。穿透乔木层的光，有时仅占到达到达树冠全光照的 1/10，但林下灌木层却能利用这些微弱的、光谱组成已被改变了的光，而在灌木层下的草本层能够利用更微弱的光，草本层往下还有更耐阴的苔藓层。

成层现象是植物群落与环境条件相互关系的一种特殊形式，群落垂直结构受自然环境如光照、温度、土壤的物理化学性质、水分和养分、含氧量等的制约。因此，环境条件越丰富，群落的层次就越多，层次结构就越复杂；环境条件越差，群落层次就越少，层次结构也就越简单。

2. 水平结构

群落的结构特征不仅表现为垂直方向上的分层现象，而且在水平方向上也表现出差异性。

群落的水平结构是指群落的水平配置状况或水平格局，又可称为群落的二维结构，其主要表现特征是镶嵌性。导致群落出现水平方向差异的原因较复杂，其中成土母质、土壤质地和结构、水分条件等的异质性是导致群落形成各自的水平分布格局的主要因素（图 3-9）。

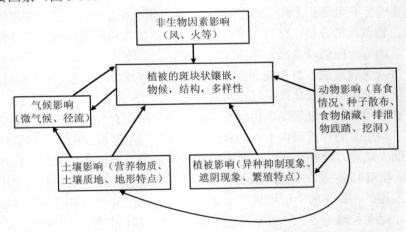

图 3-9 陆地群落中植被的水平格局（镶嵌结构）的主要决定因素（Smith）

（三）群落的时间结构

由于光、温度和湿度等许多环境因子明显的时间节律（如昼夜节律、季节节律、年节律），使得群落的组成与结构也随时间序列发生有规律的变化，这种由自然环境的时间节律所引起的各物种在时间结构上相应的周期变化称为群落的时间格局

（Temporal Pattern）。群落的时间结构有以下三方面：

1．群落的昼夜相

群落的昼夜相即群落的昼夜变化，几乎所有的生物都有昼夜节律的变化，如昆虫、鸟类等种类的昼夜变化；淡水藻类一天中为适应阳光的变化生存在不同的水层中；森林中有些鸟类在白昼活动，有些鸟类则只在夜晚活动。

2．季相

季相是指随着气候季节性交替，群落呈现出不同外貌的特征。群落的季相变化十分显著，在温带草原群落中，一年中可以有四个或五个季相。早春，气温回升，植物开始发芽、生长，草原出现春季返青季相；盛夏秋初，水、热充沛，植物繁茂生长，百花盛开，色彩丰富，出现华丽的夏季季相；秋末，植物开始干枯休眠，呈红黄相间的秋季季相；冬季季相则是一片枯黄。

动物群落的季相变化也非常显著，如候鸟春季迁徙到北方营巢繁殖、秋季南迁越冬，变温动物的休眠和苏醒，鱼类的洄游等。

3．长时间尺度演替

群落除具有昼夜变化、季节变化特征外，在不同年度之间，也常常有明显的变动。这种变动限于群落内部的变化，不产生群落的更替现象，一般称为波动。群落的波动多数是由群落所在地区气候条件的不规则变动引起的，其特点是群落区系成分的相对稳定性、群落数量特征变化的不定性以及变化的可逆性。在波动中，群落在生产量、各成分的数量比例、优势种的重要值以及物质和能量的平衡方面，也会发生相应的变化。根据群落变化的形式，可将波动划分为以下三种类型：① 不明显波动：群落各成员的数量关系变化很小，群落外貌和结构基本保持不变。这种波动可能出现在不同年份的气象、水文状况差不多一致的情况下。② 摆动性波动：群落成分在个体数量和生产量方面的短期变动（1～5 年），它与群落优势种的逐年交替有关。③ 偏途性波动：这是气候和水分条件的长期偏离而引起一个或几个优势种明显变更的结果。通过群落的自我调节作用，群落还可恢复到接近于原来的状态。这种波动的时期可能较长（5～10 年）。

（四）群落交错区和边缘效应

群落交错区又称生态交错区或生态过渡带，是两个或多个群落之间（或生态地带之间）的过渡区域。如森林和草原之间的森林草原过渡带，水生群落和陆地群落之间的湿地过渡带。

群落交错区是一个交叉地带或种群竞争的紧张地带。交错区内的环境条件往往与相邻群落内部核心有明显差异，对于一个发育完好的群落交错区，由于内部的环境条件比较复杂，能容纳不同生态类型的植物定居，从而为更多动物提供食物、营巢和隐蔽条件，因此交错区内既包含相邻两个群落共有的物种，同时也包括群落交错区特有的物种，这种在群落交错区种生物种类增加和某些种类密度增大的现象，称为边缘效应。如我国大兴安岭森林边缘，具有呈狭带分布的林缘草甸，每平方米的植物种类达 30 种以上，明显高于其内侧的森林群落和外侧的草原群落。美国伊利诺伊州森林内部的鸟类仅登记有 14 种，但在林缘地带达 22 种。

目前，人类活动正在大范围地改变着自然环境，形成许多交错带，如城市的发展、工矿的建设、土地的开发等，均使原有景观的界面发生变化。这些新的交错带可看成半渗透界面，它可控制不同系统之间能量、物质和信息的流通。因此，有人提出要重点研究生态系统边界对生物多样性、能流、物质流及信息流的影响，生态交错带对全球气候变化、土地利用、污染物的反应及敏感性，以及在变化的环境中如何对生态交错带加以管理。

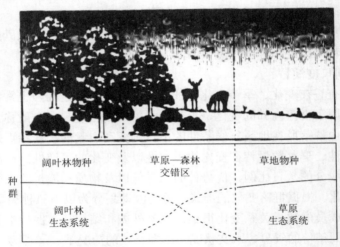

图 3-10　群落交错区（A.Mackenzie 等，2001）

第五节　环境因子与生物群落

一、温度对群落分布的影响

由于生物对温度都具有一定的适应范围，温度直接或间接地影响到生物的生长、发育、繁殖、形态结构、行为、数量，因此温度是影响动植物地理分布的重要因素。温暖的热带和亚热带有利于生物的生存，其种类较多，而寒冷地带和高山地区由于温度低，不适宜生物生长发育，故生物种类较少。由于热量在地表分布不均匀，从赤道向两极逐渐降低，形成不同的热量气候带，与此相应植物群落也形成不同的分布，如东部湿润森林区，自北向南依次为：寒温带针叶林→温带落叶阔叶林→北亚热带常绿落叶阔叶混交林→中亚热带常绿阔叶林→南亚热带季风常绿阔叶林→热带雨林、季雨林。

二、水分对群落分布的影响

生命起源于水，水是任何生物生存不可缺少的重要因素。水是生物有机体的重要组成成分，而且也是生物体进行代谢活动的介质，几乎所有营养物的吸收和运输、食物的消化、废液的排除、激素的传递以及其他生物化学过程都必须在水溶液中进行。水是植物光合作用的重要原料，任何生物缺少水都不可能生存，因此，没有水就没有生物。

由于海陆分布的影响，地球表面水分分布极不均匀，水分随着距离海洋的远近而不同，同时大气环流和洋流等的变化也影响到水分的变化，因此对生物群落的分布也产生很大的影响，使得生物群落从沿海向内陆方向呈带状发生有规律的更替。如陆地群落随距离海洋的远近而有所变化，世界植被从东向西依次更替，分布规律为：（东）森林→草原→半荒漠→荒漠→森林（西）。我国植被随水分变化分布规律在温带地区表现较为明显，从东南至西北其变化规律如下：森林→草原→半荒漠→荒漠。

三、全球变化对群落分布的影响

全球变暖是目前全球环境研究的一个主要议题。根据对 100 多份全球变化资料的系统分析，发现全球平均温度已升高 0.3～0.6℃。因此，探求全球变暖的起因成为重要的研究课题。分析表明，虽然地球演化史上曾经多次发生变暖—变冷的气候波动，但人类活动引起的大气温室效应增长可能是主要因素。

全球变暖带来非常严重的后果，如冰川消退、海平面上升、荒漠化，还给生态系统、农业生产带来严重影响。

在历史上，全球气候变化曾导致生物带和生物群落空间（纬度）的分布产生重大改变。如在公元 800—1200 年的气候最佳期，北大西洋地区的平均温度比目前高1℃，使玉米在挪威的种植成为可能，并导致森林纬度极限和高度极限的改变。公元1500—1800 年西欧的小冰川期，平均气温比现在低 1～2℃，在挪威就有一半农场被弃耕，冰岛的农业耕种活动几乎全部停止，苏格兰的一些农场也全部被冰雪覆盖。温室效应引起的温度上升要大于上述幅度，据艾姆尔（Emanuel，1988）等的结论，仅气候变暖就会导致森林分布区的重大改观，冻原生态系统则可能从北欧地区完全消失，植物群落的改变必将影响动物的种群和群落结构。气候变暖有可能使生活在赤道的种群扩展到温带，温带物种则同样有可能向极地方向扩散。在历史上，有些物种已成功迁移并适应了当时的气候变化，但也有许多物种因此而灭绝，尤其是一些极地和高山地区生活的植物种群常成为受害最重的物种。格尔·哈特斯尔（Gary Hartshor, 1988）认为就热带雨林而言，气候变暖后，仅降雨形式的变化就可能对许多昆虫、鸟类和哺乳类造成灾难性危害。降雨量的变化会干扰许多植物繁殖及各种生理反应，进而影响动物与之相适应的多年协同进化的一致性，导致动物生殖系统紊乱，加速热带森林动物的灭绝。

全球变暖引起的气候变化将在几十年里发生，而大多数生态系统不可能如此快地响应或迁移，因此自然生态系统将愈来愈不能与变化了的环境相适应，同时由于人类社会对土地的占用，生态系统根本无法进行自然的迁移，致使原生态系统内物种产生重大损失。

海洋生态系统受全球变暖的影响更大。因为海水温度变化以及某些洋流型的潜在变化，可能会导致某些渔场的消失，而另一些渔场则可能扩大。

全球变暖引起的气候变化给农业生产也带来较大影响，迫使人们进行作物改造，使之与新的气候条件相适应，这方面基本上可以通过基因技术和遗传控制做到。可利用水量的变化是影响农业的最重要因素。水分供给对气候变化的脆弱性转变成作物种植和粮食生产中的脆弱性，使干旱或半干旱地区的农业生产风险增大。

四、生物群落的演替

（一）群落演替的概念

生物群落常随环境因素或时间的变迁而发生变化，如由于火灾、水灾、砍伐等不同原因而使群落遭受破坏。在火烧的迹地上，最先出现的是具有地下茎的禾草群落，继而由杂草群落所代替，依次又被稻草丛所代替，直到最后形成森林群落。这样一个群落被另一个群落所取代的过程，称为群落的演替（Community Succession）。演替是生物群落的一个普遍自然现象。

群落演替这一概念首先由丹麦植物生态学家瓦尔明（E.Warming, 1896）在研究美国密执安湖边沙丘演变为森林群落时最初提出，随后克列门茨等（Clements et al., 1916）对此概念加以完善。克列门茨认为：群落演替是一个群落代替另外一个群落；所能看到的群落，都是处于运动发展过程中的某一瞬间；现有群落的外貌和结构也都是群落动态过程中某一阶段的具体表现；群落发展到最后，会形成与环境最为适应的顶级群落。

（二）群落演替的类型

根据不同的分类原则，群落演替可以分为不同的种类，例如：

1. 根据演替的延续时间划分

（1）世纪演替　这种演替时间非常长，往往以地质年代计算。一般是伴随气候的波动变化和大规模的地壳运动。

（2）长期演替　演替时间为几十年，甚至为几百年，例如，森林群落遭遇火灾后的恢复演替。

（3）快速演替　演替时间较短，一般为十几年，甚至几年，往往受人为影响较大。

2. 根据演替起始条件划为

（1）原生演替　在原生裸地进行的群落演替称为原生演替。原生裸地是指原来就没有植物群落的地方。

（2）次生演替　在次生裸地进行的群落演替称为次生演替。次生裸地是指那些原生群落虽被破坏，但原生群落下的土壤条件还保留了一部分，且土壤中还多少保留着原生群落中某些种类的繁殖体的地段，如火烧迹地、放牧草场、采伐迹地或撂荒地等。由于次生裸地具有这些特点，而且有的次生裸地附近还保存着未受破坏的原生群落，因此次生演替各阶段的演替速度要比原生演替快。

3. 根据演替基质的性质划分（Cooper C. F.，1913）

（1）水生演替　开始于水生环境中，但一般都发展到陆地群落。例如，淡水或池塘中水生群落向中生群落的转变过程。

（2）旱生演替　旱生演替往往从干旱缺水的基质上开始。如裸露的岩石表面上生物群落的形成过程。

（三）影响群落演替的主要因素

生物群落演替是生物与外界环境中各种生态因子综合作用的结果，一般来说群落演替的原因有外因和内因两种。

1. 外因动态演替

外因动态演替是指由于群落以外的因素所引起的演替。有以下几种：

（1）自然环境的变化　群落外自然环境的变化，如气候、地貌、土壤、火灾等常常可以引起群落演替。气候不但决定着群落的外貌和群落的分布，也影响着群落的结构和生产力。若气候发生变化，不论是长期的还是短期的，都会成为演替的诱发因素；地表形态会使水分、热量等生态因子重新分配，从而影响群落本身，同时大规模的地壳运动（冰山、地震、火山活动等）使得地球表面的生物物种部分或完全毁灭，从而使演替从头开始；小范围的地形形态变化（如滑坡、洪水）也可以改变一个生物群落。土壤的理化特征对于置身其中的植物、土壤动物及微生物的生活有密切关系，土壤性质的改变势必导致群落内部物种关系的重新调整。而由于动物的作用也可引起群落演替，例如，原来以禾本科植物为优势的草原，植株较高、种类较多，在经常放牧或过度放牧之后，即变成以细叶莎草为优势成分的低矮草原。突发性的火灾可以导致大面积次生裸地，演替可以从次生裸地开始。

（2）人为因素影响　由于人为因素的干扰而引起的群落演替。在所有外因性动态演替中，人类活动对自然界的作用而引起的群落演替，占有特别显著和特别重要的地位，人对生物群落演替的影响远远超过其他所有的自然因子。因为人类生产生活往往是有目的地进行，可以对生态环境中的生态关系起着促进、抑制、改造和重建的作用。如人们可以纵火烧山、砍伐森林、开垦土地等，也可以经营、抚育森林、管理草原、治理沙漠，这些使群落演替按照不同于自然的道路进行，人类甚至还可以建立人工群落，将演替的方向和速度置于人为控制之下。

2．内因动态演替

内因动态演替是指群落内部的因素改变而引起的演替。分为以下几种：

（1）植物繁殖体的迁移、散布和动物的活动性　植物繁殖体的迁移、散布是群落演替的先决条件。任何一块裸地上生物群落的形成和发展，首先需要植物的定居和生长发育，只有当植物定居成功，演替才能开始进行。对于动物来说，植物群落可以为其提供食物、居住、繁殖的场所，当植物群落发生改变，不再适宜它们生存时，动物群落便会迁移到别的地方寻找新的居住生境，同时又会有新的动物从别的群落中迁移过来并居住，在这个过程中，整个生物群落内部的动物和植物发生新的联系并达到稳定与妥协。

（2）群落内部环境的变化　群落内部环境的变化会导致整个群落发生演替。群落内环境的变化一般与外界环境的变化没有直接的关系，它是群落自身活动的结果。

（3）种内与种间关系的改变　组成一个群落的物种在其种群内部以及物种之间都存在特定的相互关系，这种关系随着外部条件和群落内环境的改变而不断地改变。当密度增加时，不但种群内部的关系紧张化，而且竞争能力强的种群得以充分发展，竞争能力弱的种群则逐步缩小自己的地盘，甚至被排挤到群落之外。如东北东部山地的阔叶红松林受破坏之后，林地裸露，光照条件增强，其他生态因子也发生相应变化。这时，原来群落中或附近生长的山杨、桦树等阳性树种，以其结实丰富、种粒小、传播能力强而很快进入迹地，又以其发芽迅速、幼苗生长快、耐日灼、耐霜冻等特性，适应迹地的环境条件而迅速成林，实现定居。杨桦林在其形成过程中，逐步改变了迹地条件而形成一个比较耐阴而中生的群落生境。在这个新的群落生境中，红松种子虽然发芽困难、幼年期生长缓慢，但它幼年期耐庇阴，适应中生环境，因而，当种源充足时，能够得到良好的更新。随着年龄的增加，红松进入林冠上层与杨桦木争夺营养空间，杨桦木由于不耐阴，寿命较短，逐渐衰退死亡，终于被红松林所更替。

复习与思考题

1. 什么是种群？种群具有哪些基本特征？
2. 种群的空间分布格局有哪几种类型？
3. 种群特征的定量调查有哪些方法？如何进行？

4. 什么是种群的指数增长规律？什么是逻辑斯谛增长？

5. 影响种群动态的主要自然环境因子有哪些？

6. 种群动态的一般规律表现有哪些？

7. 对种群动态影响的污染及人为干扰有哪几种主要类型？

8. 污染和人为干扰是如何影响种群动态的？

9. 种间的相互关系类型及其特点？

10. 怎么理解群落的性质？

11. 什么是群落外貌？

12. 群落有哪些基本特征？

13. 什么叫群落的垂直成层现象？决定植物地上和地下部分层的主要因素是什么？

14. 什么是生态交错带（群落的交错区）？

15. 请分析如何利用边缘效应原理指导农业生产。

16. 当前在山区实施退耕还林工程中，有的人认为应该植树造林，有的人认为应该封山育林。试用群落演替的有关原理，阐明你的观点。

实验实习二　植物群落样方调查

一、目的和意义

选择典型区域，开展植物群落调查，通过比较不同大小的样方中群落中种类数差异，了解不同类型植物群落（草本、灌木、乔木等）的最小样方。掌握种群最小面积确定方法。

二、仪器、设备及材料

卷尺、测绳、野外记录表格、测高仪、测距仪。

三、方法与步骤（野外调查）

1. 准备工作：每 5 个学生一组选择所需研究的植物种群，并确定合适的样地位置。调查前先画好野外记录表格，并带齐调查所需物品。

2. 确定样地面积：选择典型地段，各类型群落测 5～8 个样方。样地面积：草本 0.5～10 m²，灌木 10～100 m²，乔木 100～2 000 m²。

3. 计数：计数每一个样方中各种植物的株数，并记录在野外记录表格中。

四、结果与讨论

画出样方面积—群落中各类型植物的物种总数曲线图，确定各类型植物群落调查的最小面积。

实验实习三　植物群落数量特征的调查

一、目的

使学生通过本实验掌握群落数量特征的调查方法，进一步可了解通过这些基本数量特征如何得出群落的其他特征。

二、仪器、设备

卷尺、测绳、测高仪、测距仪、台秤、铅笔、野外调查记录表格、计算器（自备）。

三、原理

种群的数量特征是群落调查的重要内容，在植物生态学中定量分析尤为重要。在调查中取样非常重要，一般有两种方法：主观取样法和客观取样法。后者包括随机取样（较理想的方法）、规则取样（系统取样）和分层取样。

选定取样方法后，确定取样技术。常用的有样方法、样线法（多用于植物组成分析及植被动态研究）、点样法（常用于草本群落的调查）及点四分法（多用于森林和灌丛调查中）。本实验采用样方法。

样方即方形样地，是面积取样中最常用的形式，也是植被调查中使用最普遍的一种取样技术。调查的内容包括：

物种丰富度：群落所包含的物种数目；

多度：群落内各物种的个体数量；

密度（D）：单位面积上特定种的株数；

相对密度（RD）=100×某种植物的个体数目/全部植物的个体数目；

高度（H）：植物体自然高度；

相对高度（RH）=某个种的高度/所有种高度之和；

高度比（HR）=某个种的高度/群落中高度最大的种之高度；

频度（F）：指某物种在样本总体中的出现率，F=某物种出现的样本数/样本总数×100%；

盖度、相对盖度、盖度比、优势度、相对优势度、重量、相对重量、重量比、总优势比、相对频度、频度比。

四、实验步骤

1．每 4 个学生一组，对选定的群落类型，用已确定最小样方面积的样方，测定其中的种数及每个种的个体数，测量每个种的株高、盖度或生物量，每个样方重复 8 次。

2．整理合并数据。

五、结果与讨论

1．列出你所调查的各样方调查结果，并得出整个群落的数量特征（可进一步利用它们得出群落的其他综合特征）。

2．采用方差/平均数比率法得出所调查物种的空间分布格局，比率等于 0 为均匀分布，等于 1 为随机分布，大于 1 为成群分布。

3．列出原始数据表格，并打印出植物丰富度的柱形图及折线图数据处理。

4．对于研究的群落，取哪些数量指标较为合适？为什么？

实验实习四　植物群落中种的多样性测定

一、目的

通过对群落中种的多样性的测定，认识多样性指数的生态学意义及掌握测定种的多样性的方法。

二、仪器、设备

卷尺、测绳、测高仪、测距仪、铅笔、野外记录表格、计算器（自备）。

三、原理

物种的多样性是反映群落结构和功能特征的有效指标，是生态学稳定性的量度，因此研究群落中种的多样性对认识生态系统的结构、功能和稳定程度有着重要的意义。种的多样性反映了群落自身的结构和演替特征。群落的自身发展均趋于最大限度地利用环境资源，构成最复杂的结构特征，以适应当地环境空间的异质性。因此，要充分发挥生物种间的相互作用和调节能力，以维持生态系统的稳定和平衡。

多样性指数是以数学公式描述群落结构特征的一种方法，一般仅限于植物种类数量的考察。在调查了植物群落的种类及其数量之后，选定多样性公式，就可计算反映植物群落结构特征的多样性指数。

计算多样性的公式很多，形式各异，而实质是差不多的。大部分多样性指数中，组成群落的生物种类越多，其多样性的数值越大。

种的多样性有以下几个方面的生态学意义：1）是刻画群落结构特征的一个指标；2）用来比较两个群落的复杂性，作为环境质量评价和比较资源丰富程度的指标；3）从演替阶段的多样性比较，可作为演替方向、速度及稳定程度的指标。

本实验采用 Simpson 的多样性指数和 Shannon-Wiener 多样性指数进行练习。

四、实验步骤

1. 每 4 个学生一组，在已知的群落类型里用 1 m² 样方测定其种数及每个种的个体数，及每个种的高度。重复取样 8 次，样方随机放置。

2. 整理合并数据，并分别计算 Simpson 和 Shannon-Wiener 多样性指数。

3. 比较不同群落类型的种多样性指数，并给以生态学意义上的解释。

五、结果与讨论

1. 计算出群落的多样性指数。

2. 多样性指数在群落分析中的作用；比较不同组之间的结果，分析相同或相异的原因。

实验实习五　种间关系分析

一、目的和意义

通过本实验使学生认识什么是种间竞争。

种间竞争是指两个种在所需的环境资源或能量不足的情况下而发生的相互排斥关系。种间竞争在自然界中是易于观察到的。种间竞争能力，决定于种的生态习性和生态幅度。而生长速率、个体大小、抗逆性、叶子和根系的数目以及植物的生长习性，也都影响竞争能力。种间竞争在决定共存的种类方面起着重要作用。

二、仪器、设备及材料

1. 仪器与设备

直径为 22 cm 的花盆、沙土、有机肥、种子袋、剪刀、漏斗、胶皮管，标签以及放置花盆的台阶型装置等。

2．材料

种间竞争实验选用黑麦草（*Lolium perence*）种子和高羊茅（*Festuca arundinacea*）种子。

三、方法和步骤

实物设计：黑麦草种子和高羊茅种子按不同比例进行播种，从全部为黑麦草种子到全部为高羊茅种子，两者的比例分别为：0.00：1.00，0.25：0.75，0.50：0.50，0.75：0.25，1.00：0.00。每个实验有 5 个处理，每个处理重复三次，共需 15 个花盆。

1．土壤和有机肥充分拌匀，分别装到花盆里，使土面稍低于盆口约 2 cm，放在温室内备用。

2．按上述比例，每盆均匀播种 40 粒种子。播完后，将每个花盆贴上标签，写明处理、重复编号和播种日期。将花盆依次排列在温室内，定期交换位置、浇水。

3．种子萌发后，统计发芽率和幼苗成活情况。

4．将生长 3 个月的幼苗进行收获，分盆分种统计并登记分蘖数、生物量（鲜重）、株高。

5．将 3 个重复的分蘖数、生物量（鲜重）、株高进行统计，取其平均值。用图解法进行统计分析。

第四章 生态系统与生态平衡

【知识目标】

通过本章学习，掌握生态系统的概念、生态系统能量流动与物质循环的概念；掌握几种物质循环类型的特点，熟悉生态系统的特征、地球化学循环概念；了解生态系统中信息传递的类型、生态系统平衡的调节机制。

【能力目标】

通过本章的学习，能够分析生态系统的组成，具备设计测定生态系统初级生产力方案的能力。

第一节　生态系统的概念

20 世纪 50 年代以来，以研究宏观世界综合规律为方向的生态系统生态学得到了迅速的发展，逐渐成为现代生态学的研究中心。进入 60 年代，当环境问题突出以后，生态系统生态学逐渐成为环境科学的理论基础之一。从生态系统的观点进行环境影响的现状评价、预测或指导环境的综合治理与规划是生态学研究进入一个新阶段的主要标志。

一、生态系统的概念

生态系统就是在一定空间中共同栖居着的所有生物（生物群落）与环境之间由于不断进行物质循环和能量流动过程而形成的统一整体。各组成要素间借助物种流动、能量循环、物质循环、信息传递和价值流动而相互联系、相互制约，并形成具有自动调节功能的复合体。地球上的森林、草原、荒漠、海洋、湖泊等都可以是一个生态系统。

由此可知，一个生态系统在空间边界上是模糊的。也就是说，它在大小上是不确定的，其空间范围在很大程度上往往是依据人们所研究的对象、研究内容、研究目的或地理条件等因素而确定。从结构和功能完整性角度看，它可小到含有藻类的一滴水，大到整个生物圈（Biosphere）。

同时，它又是在空间范围上抽象的概念。生态系统和生物圈只是研究的空间范围及其复杂程度不同。小的生态系统联合成大的生态系统，简单的生态系统组合成复杂的生态系统，而最大、最复杂的生态系统就是生物圈。

二、生态系统的基本特征

由生态系统的概念可知，任何一个生态系统都是一定的生物群落与栖息环境的结合，在其内部进行着物种、物质和能量的运动，这种运动在一定的时空条件下，处于协调的动态之中。作为一个系统，生态系统自然具有一般物理系统的基本的、核心的、本质的特点，如整体性、层次有序性、功能性等，但由于生命活动的特殊性及环境条件的多变性，不仅使系统的基本特点在生态系统里进一步特化，而且使生态系统具有了不同于机械系统的独特特征。具体表现如下：

1．生态系统是动态的功能系统

生态系统是有生命存在并与外界环境不断进行物质交换和能量传递的特定空间。所以，生态系统具有有机体的一系列生物学特性，如发育、代谢、繁殖、生长与衰老等，这就意味着生态系统具有内在的动态变化的能力。根据其发育的状况可分为幼年期、成长期、成熟期等不同发育阶段。每个发育阶段所需的进化时间在各类生态系统中是不同的，发育阶段不同的生态系统在结构和功能上都具有各自特点。

2．生态系统具有一定的区域特征

生态系统都与特定的空间相联系，包含一定地区和范围的空间概念。这种空间都存在着不同的生态条件，栖息着与之相适应的生物类群。生命系统与环境系统的相互作用以及生物对环境的长期适应结果，使生态系统的结构和功能反映了一定的地区特性。同是森林生态系统，寒温带的长白山区的针阔混交林与海南岛的热带雨林生态系统相比，无论是物种结构、物种丰度或系统的功能等均有明显的差别。这种差异是区域自然环境不同的反映，也是生命成分在长期进化过程中对各自空间环境适应和相互作用的结果。

3．生态系统是开放的"自维持系统"

物理学上的机械系统，是在人的管理和操纵下完成其功能的。然而，自然生态系统则不同，它所需要的能源是生产者对光能的"巧妙"转化，消费者取食植物，而动植物的代谢排泄物及其残体通过分解者作用，使结合在复杂有机物中的矿质元素又归还到环境（土壤）中，重新供植物利用，这个过程往复循环，从而不断地进行着能量和物质的交换、转移，保证生态系统功能并输出系统内生物过程所制造的产品或剩余的物质和能量。生态系统功能连续的自我维持基础就是它所具有的代谢机能，这种代谢机能是通过系统内的生产者、消费者、分解者三个不同营养水平的生物类群完成的，它们是生态系统"自维持"（Self-maintenance）的结构基础。

4．生态系统具有自动调节的功能

自然生态系统在没受到人类或者其他因素的严重干扰和破坏时，其结构和功能是非常和谐的，这是因为生态系统具有自动调节的功能，所谓自动调节功能是指生态系统受到外来干扰而使稳定状态改变时，系统靠自身内部的机制再返回到稳定、协调状态的能力。生态系统自动调节功能表现在三个方面：同种生物种群密度调节；异种生物种群间的数量调节；生物与环境之间相互适应的调节，这主要表现在两者之间发生的输入、输出的供需调节。

5．生态系统具有可持续发展性

生态系统为人类提供了经济发展的物质基础和良好的生存环境。然而长期以来掠夺式的开采方式给生态系统健康造成了极大的威胁，可持续发展观要求人们转变思想，对生态系统加强管理，保持生态系统健康和可持续发展特性，在时间空间上实现全面发展。

三、生态系统的类型

对于千差万别的生态系统，目前并没有统一的分类原则。我们可从不同角度对其进行划分，常见的有下面两种划分方法：

1．按人类对生态系统的影响程度划分

（1）自然生态系统（Natural Ecosystem），如几乎未受到人为干扰的极地生态系统，某些原始的森林生态系统等。

（2）人工生态系统（Artificial Ecosystem），如城市生态系统、农业生态系统等。

当然，这两类生态系统的划分是相对的，人工生态系统中也有自然因素，目前自然生态系统也几乎全部受到了人类不同程度的干扰。

2．按生态系统空间环境性质划分

（1）淡水生态系统（Freshwater Ecosystem），如河流、湖泊、水库等。

（2）海洋生态系统（Marine Ecosystem）。

（3）陆地生态系统（Terrestrial Ecosystem）。

除此之外，也出现了新的划分方法，如按照系统内含成分的复杂程度划分；按生态系统能量来源和水平特点对其进行划分；还有按照系统的"等级性"（系统在空间上、内涵上、结构上所具有的"序列"）加以划分。总而言之，依据研究对象、环境性质和人为干扰程度对生态系统进行分类，这是目前人们所采用的常见的方法。

第二节　生态系统的组成和结构

一、生态系统的组成成分

生态系统的组成成分是指系统内所包括的若干类相互联系的各种要素。从理论上讲，地球上的一切物质都可能是生态系统的组成成分。地球上生态系统的类型很多，它们各自的生物种类和环境要素也存在着许多差异。但是，生态系统的组成成分，不论是陆地还是水域，或大或小，都可以概括为生物和非生物环境两大部分（也称之为生命系统和环境系统），或者分为非生物环境、生产者、消费者和分解者四个基本成分（图4-1）。

作为一个生态系统，生物环境和非生物环境缺一不可，如果没有生物环境，生物就没有生存的场所和空间，也就得不到物质和能量，当然也难以生存，仅有环境而没有生物成分根本就谈不上生态系统。

（一）非生物环境（Abiotic Environment）

非生物环境或称环境系统是生态系统的物质和能量的来源，包括生物活动的空间和参与生物生理代谢的各种要素，如光、水、二氧化碳以及各种矿质营养物质。

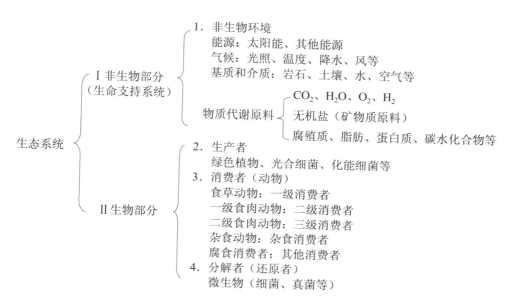

图4-1　生态系统的组成成分（蔡晓明，2000）

因此非生物环境包括气候因子，如光照、热量、水分、空气等；无机物质，如碳、氢、氧、氮及矿质盐分等；有机物质，如碳水化合物、蛋白质、脂类及腐殖质等。

多种多样的生物在生态系统中扮演着重要的角色。根据生物在生态系统中发挥的作用和地位划分三大功能类群：生产者、消费者和分解者。

（二）生产者（Producers）

生产者是生物成分中能利用太阳能等能源，将简单无机物合成为复杂有机物的自养生物，如陆生的各种植物、水生的高等植物和藻类，还包括一些光能细菌和化能细菌。生产者是生态系统的必要成分，它们将光能转化为化学能，是生态系统所需一切能量的基础。

（三）消费者（Consumers）

消费者是靠自养生物或其他生物为食而获得生存能量的异养生物，主要是各类动物。消费者包括的范围很广，其中，有的直接以植物为食，如牛、马、兔、池塘中的草鱼以及许多陆生昆虫等。这些食草动物（Herbivores）被称为初级消费者（Primary Consumers）。有的消费者以食草动物为食，如食昆虫的鸟类、青蛙、蜘蛛、蛇、狐狸等。这些食肉动物（Carnivores）可统称为次级消费者（Secondary Consumers）。食肉动物之间又是"弱肉强食"，由此可进一步分为三级消费者、四级消费者，这些消费者通常是生物群落中体型较大、性情凶猛的种类，如虎、狮、豹及鲨鱼等。但是，生态系统中以食肉动物为食的三级消费者或四级消费者数量并不多。消费者中最常见的是杂食性消费者（Omnivory Consumers），如池塘中的鲤鱼、大型兽类中的熊等。它们的食性很杂，食物成分季节性变化大，在生态系统中，正是杂食消费者的这种营养特点构成了极其复杂的营养网络关系。

生态系统中还有两类特殊的消费者，一类是腐食消费者（Saprophagous Consumers），它们是以动植物尸体为食，如白蚁、蚯蚓、兀鹰等；另一类是寄生生物（Parasites），它们寄生于活着的动植物的体表或者体内，靠吸收寄主养分为生，如虱子、蛔虫、线虫、菟丝子和菌类等。

（四）分解者（Decomposers）

分解者又称还原者（Reducers），这类生物也属异养生物，故又有小型消费者之称，包括细菌、真菌、放线菌和原生动物。它们在生态系统中的重要作用是把复杂的有机物分解为简单的无机物，归还到环境中供生产者重新利用。

生态系统的这四个基本成分，在能量获得和物质循环中各以其特有的作用而相互影响，互为依存，通过复杂的营养关系而紧密结合为一个统一整体，共同组成了生态系统这个功能单元。生物和非生物环境对于生态系统来说是缺一不可的。倘若没有环境，生物就没有生存的空间，也得不到赖以生存的各种物质，因而也就无法生存下去。但仅有环境而没有生物成分，也就谈不上生态系统。从这种意义上讲，生物成分是生态系统的核心，绿色植物则是核心的核心，因为绿色植物既是系统中其他生物所需能量的提供者，同时又为其他生物提供了栖息场所。而且，就生物对环境的影响而言，绿色植物的作用也是至关重要的。正因为如此，绿色植物在生态系统中的地位和作用始终是第一位的。一个生态系统的组成、结构和功能状态，除决定于环境条件外，更主要决定于绿色植物的种类构成及其生长状况。在生态系统中还原者的作用也是极为重要的，尤其是各类微生物，正是它们的分解作用才使物质循环得以进行。否则，生产者将因得不到营养而难以生存和保证种族的延续，地球表面也将因没有分解过程而使动植物尸体堆积如山。整个生物圈就是依靠这些体型微小、数量惊人的分解者和转化者消除生物残体，同时为生产者源源不断地提供各种营养原料。

大部分自然生态系统都具有上述四个组成成分。一个独立发生功能的生态系统至少应包括非生物环境、生产者和还原者三个组成成分。

二、生态系统的结构

生态系统的结构包括两个方面的含义：一是组成成分及其营养关系；二是各种生物的空间配置（分布）状态。具体地说，生态系统的结构包括形态结构和营养结构。

（一）生态系统的形态结构

从空间结构来考虑，任何一个自然生态系统都有明显的分层现象（Straification）。上层阳光充足，集中分布着绿色植物的树冠和藻类，有利于光合作用，所以上层又叫绿带（Green Belt）或光合作用层。在绿带以下为分解层或异养层，又称为"褐带"（Brown Belt）。生态系统中的分层现象有利于生物充分利用阳光、水分、养料和空间。其次生态系统的生产者、分解者和消费者之间相互作用、相互联系彼此交织在一起形成网络结构。

如果将一个陆地生态系统（草地）和水生生态系统（池塘）进行比较，可以看到，草地中有高高低低的绿草分层现象、地上分层现象：鸟类、昆虫、老鼠、蚂蚁、蚯蚓等分布于草地的不同垂直空间。湖泊、池塘等水域生态系统中，大量的浮游植物积集于水的表层；浮游动物鱼虾等生活在水中；蛤、蚌栖息于水底，而底层的沉积污泥层有大量的细菌等微生物生活，如图 4-2 所示。

• 生态系统的结构也会随时间而变化，这反映出生态系统在时间上的动态。这种动态可以从三个时间尺度上进行衡量：一是长时间度量，以生态系统进化为主要内容；二是中等时间度量，以种群演替为主要内容；三是以昼夜、季节和年份等短时间度量的周期性变化。

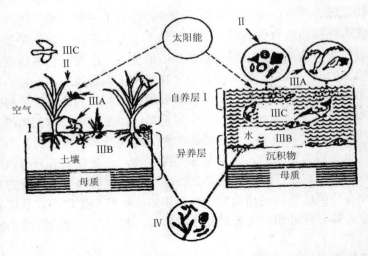

图 4-2　陆地生态系统（草地）和水生生态系统（池塘）的结构比较

(E. P. Odum, 1983)

生态系统短时间的变化，反映了植物、动物等为适应环境的周期性变化而引起的整个生态系统外貌上的变化。这种生态系统结构短时间的变化往往反映了环境质量高低的变化。因此，对生态系统变化的研究具有重要的实践意义。

上述池塘和草地生态系统中具备了地球上很多类型生态系统所拥有的基本特征。

（二）生态系统的营养结构

由于生态系统是一个功能单位，强调的是系统中的物质循环和能量流动，因而在结构方面也主要是从营养功能上划分的，可以简单地说，食物网及其相互关系就是生态系统的营养结构。

1．食物链（Food Chain）

生态系统中各种成分之间最本质的联系是通过营养来实现的，即通过食物链把生物与非生物、消费者与消费者连成一个整体。食物链在自然生态系统中主要有牧食食物链和碎屑食物链两大类型。而这两大类型在生态系统中往往是同时存在的。如森林中的树叶、草和池塘中的藻类，当其活体被取食时，它们是牧食食物链的起点；当树叶和草枯死在地上，藻类死亡后沉入水底，很快被微生物分解，形成碎屑，这时就成为碎屑食物链的起点。

2．食物网（Food Web）

在生态系统中一种生物不可能固定在一条食物链上，它往往同时属于数条食物链，生产者如此，消费者也是如此，如图 4-3 所示。例如，牛、羊、兔和鹿都摄食青草，这样青草就同时与四条食物链相连。又如黄鼠狼可以捕食鼠、青蛙、鸟等，它本身又可能被狐狸和狼捕食，这样黄鼠狼就同时处在多条食物链上。

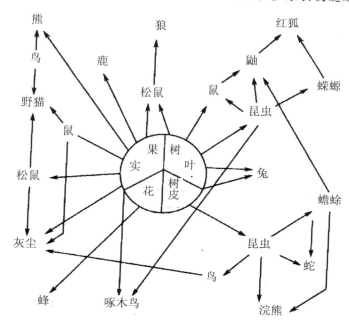

图 4-3　落叶食物网（窦伯菊，1983）

　　一般来说，生态系统中的食物链很少是单条的、孤立出现的。它们往往是交叉相连，形成复杂的网式结构（Net Structure）即食物网。食物网从形象上反映了生态系统内各有机体之间的营养位置和相互关系。

　　生态系统中各生物成分间正是通过食物网发生直接和间接的联系，保持着生态系统结构和功能的相对稳定性。生态系统内部的营养结构是不断发生变化的，如果食物网中某条食物链发生了障碍，可以通过其他食物链来进行必要的调整和补偿。有时营养结构网络上某一环节发生了变化，其影响会涉及整个生态系统。生态系统通过食物营养把生物与生物、生物与非生物环境有机地结合成一个整体。

3. 生态金字塔（Ecological Pyramid）

　　生态金字塔是反映食物链中营养级之间数量及能量比例关系的图解模型。根据生态系统营养级的顺序，以初级生产者为底层，各营养级的数量与能量比例通常是基部宽、顶部尖，类似金字塔的形状，所以形象地称之为生态金字塔，也称生态锥体。一般情况下，随着营养级位次的提高，营养级内的生物个体数、生物量、能量逐渐减少。如果把各营养级生物个体数、生物量、能量的数值分别图形化叠放，就会构成一组金字塔，这组生物个体数金字塔、生物量金字塔、能量金字塔统称为生态金字塔。能量金字塔是生态金字塔的基础，生物个体数金字塔和生物量金字塔是能量金字塔的外在表现。

能量金字塔始终是正向的，这是由生态系统能流的单向性所决定的。由于各营养级不能百分之百地同化输入到本级的能量，也不能百分之百地输出本级同化的能量到后一营养级，单向流动的能量在各个营养级之间的储存必然逐级减少，从而必然形成能量金字塔。能量金字塔的客观存在，必然要求有持续的太阳能输入，只要这个输入减少或中断，生态系统便会退化甚至丧失输送能量功能。能量金字塔的客观存在，必然导致生物链长度的有限性，即生态系统中营养级一般只有四五级，甚至更少，很少超过六级（图4-4）。

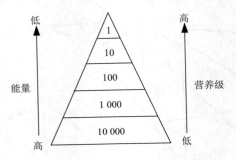

图4-4　能量金字塔

美国生态学家Lindeman在研究湖泊生态系统的能量流动时发现，能量沿食物链流动中，能流越来越小，通常后一营养级所获得的能量大约为前一营养级的10%，在能流过程中大约损失90%的能量，这就是著名的"百分之十定律"。这只是粗略的估算，不是绝对的。不同的动物、不同的食物链、不同的生态系统差别很大，即使同一食物链也会发生改变。如放牧牛羊时，若牧草丰富，它们往往采食幼嫩、可口的部分，牧草不足时，可能会啃食一光，利用率就提高了。

生物量金字塔有倒置的情况，例如，在海洋生态系统中，由于生产者（浮游植物）的个体很小，生活史很短，在某一时刻调查的生产者生物量，常常低于浮游动物的生物量，但考察一年的情况，生产者总的生物量还是较浮游动物多（图4-5）。

数量金字塔倒置的情况更多，往往发生在消费者个体小，而生产者个体大的时候，如昆虫和树木，昆虫的个体数量往往多于树木数量。同样，寄生者的数量也往往多于宿主的数量（图4-6）。

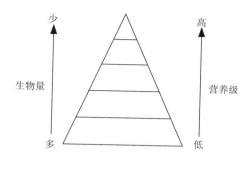

图 4-5　生物量金字塔

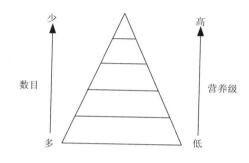

图 4-6　数量金字塔

第三节　生态系统的基本功能

生态系统的结构及其特征决定了它的基本功能，主要包括能量流动、物质循环和信息传递这三种。生态系统的这些基本功能是相互联系、密不可分的，而且是通过生态系统中的生命部分——生物群落来实现的。

一、生态系统中的能量流动

生态系统的能量流动（Energy Flow of Ecosystem）是指能量通过食物网络在系统内的传递和耗散过程。简单地说，就是能量在生态系统中的行为。它始于生产者的初级生产止于还原者功能的完成，整个过程包括能量形态的转变，能量的转移、利用和耗散。实际上，生态系统中的能量也包括动能和势能两种形式，生物与环境之间以传递和对流的形式相互传递与转化的能量是动能，包括热能和光能，通过食物链在生物之间传递与转化的能量是势能。所以，生态系统的能量流动也可看做是动能和势能在系统内的传递与转化的过程。

（一）生态系统能量流动的热力学定律

能量是生态系统的动力，是一切生命活动的基础。一切生命活动也都伴随着能量变化。没有能量的转化也就没有生命和生态系统。生态系统的重要功能之一就是能量流动。热力学就是研究能量传递规律和能量形式转化规律的科学。生态系统的能量流动服从热力学的两个基本规律：热力学第一定律和热力学第二定律。

热力学第一定律认为能量是守恒的，它既不能凭空产生，也不会被消灭，但可以从一种形式转变为其他形式或从一个体系转移到别的体系。在生态系统中，生产者通过光合作用把光能转变为化学能储存起来，能量的形式发生了改变，但光能并没有被消灭，而且同样是守恒的。生产者在一定时空内转化的能量与散失到环境中的热能（包括地面对光能的反射和生产者自身呼吸的消耗）两者之和正是特定时间内太阳投射到该空间的热能总量。消费者层次也是如此，初级消费者摄取植物，使生产者积累的能量转移给动物用于做功（生长、运动、繁殖等），能量从一个体系（生产者层次）转移到另一个体系（消费者层次），而能量也没有被消灭。食草动物用于做功的能量和呼吸散失到环境中的热能，再加上未被利用的势能，这三者之和同样等于生产者层次所积累的能量之和，消费者其他层次的能量传递与转化也符合这个基本规律。

热力学第二定律是对能量传递和转化的一个重要概括，也就是说，在封闭的系统中，一切过程都伴随着能量的改变，在能量传递和转化过程中，除了一部分可以继续传递和做功的能量（自由能）外，总有一部分不能继续传递和做功，而以热的形式散失，这部分能量使系统的熵和无序性增加。对生态系统来说，当能量以食物的形式在生物之间传递时，食物中相当一部分热量转化为热散失，其余的则用于合成新的组织作为潜能储存下来。所以动物在利用食物中的潜能时把大部分转化成了热，只有小部分转化为新的潜能，因此，能量在生物间每传递一次，就损失大部分，这也就是为什么食物链的环节和营养级数一般不会多于五六个以及能量金字塔必定是呈尖塔的热力学解释。

（二）生态系统能量流动渠道

生态系统是通过食物关系使能量在生物间发生转移的，而不同的生物间通过摄食关系而形成的链锁式单向联系构成了生态系统的食物链，因此，食物链是生态系统能量流动的渠道。根据生物之间的食物联系方式和环境特点，生态系统中的食物链及其能量传递的方式有三种：

（1）捕食性食物链　以绿色植物为基础，从食草动物开始，能量逐级转移、耗散，最终全部消失到环境中，该食物链传递的能量称为"第一能流"。

（2）腐生性食物链　该过程包含着一系列的分解和分化过程，在陆生生态系统中占重要地位，它传递的能量被称为"第二能流"。

（3）寄生性食物链 生物间以寄生物与寄主的关系而构成的食物链。其特点是由较大的生物至体型微小的生物，后者寄生于前者的体表或体内。如哺乳类或鸟类→跳蚤→原生动物→滤过性病毒。

些外，在生态系统中还有一种能量传递过程，即储存矿化，又称"第三能流"。由生产者转化来的能量在上面两个流动过程中有相当一部分没有被消耗掉，转入了储存和矿化过程。矿化过程是在地质年代中大量的植物和动物被埋藏在地层中，形成了化石燃料（煤、石油等）。这部分能量经燃烧风化而散失，从而完成了其转化过程。如森林蓄积的大量木材和植物纤维等都可以储存相当长时间。最终这部分能量还是要腐化，被分解而还原于环境，完成生态系统的能流过程。

（三）生态系统能量流动的模型

美国生态学家 E. P. Odum 1983 年曾把生态系统的能量流动概括为一个普通的模型（图 4-7）。由模型可以看出：外部能量的输入情况以及能耗量在生态系统中的流动路线及归宿。普通的能量模型是以一个个隔室表示一个个营养级和储存库，并用粗细不等的能流通道把这些隔室按能流路线连接起来，能流通道的粗细代表能流量的多少，而箭头表示能量流动的方向，最外面的大方框表示生态系统的边界。自外向内有两个能量输入通道，即日光能输入通道和现成有机物的输入通道。这两个能量输入的粗细将依具体的生态系统有所不同，如果日光能的输入量大于有机物质的输入量则大体属于自养生态系统；反之，则被认为是异养生态系统。大方框自内向外有三个能量输出通道，即在光合作用中没有固定的日光能、生态系统中的生物呼吸以及现成的有机物流失。

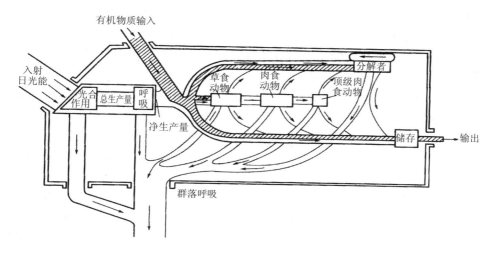

图 4-7 生态系统模型图（E. P. Odum，1983）

根据以上能流模型图，生态学在研究一个生态系统时就可以根据建模的需要收集资料，最后建立一个适合于这个生态系统的具体能流模型。当然，这个工作做起来并不容易，或者说有些是十分困难的，因为自然生态系统中可变因素很多，如幼龄树和老龄树的光合作用速率就不同；不同年龄和体型的动物的新陈代谢率差异也较大；还有入射光的强度和质量也随着季节的转换而变化。

二、生态系统的物质循环

生命的维持不但需要能量，而且也依赖于各种化学元素的供应。如果说生态系统中的能量来源于太阳，那么物质则由地球供应。生态系统从大气、水体、土壤等环境中获得营养物质，通过绿色植物吸收，进入生态系统，被其他生物重复利用，最后再归入环境中，称为物质循环（Cycle of Material），又称生物地球化学循环（Biogeochemical Cycle）。在生态系统中能量不断流动，物质也不断循环。能量流动和物质循环是生态系统中的两个基本过程，正是这两个过程使生态系统各个营养级之间的各种成分（非生物和生物）之间组成一个完整的功能单位。

没有外界物质的输入，生命就停止，生态系统也将随之解体。物质是能量的载体，没有物质，能量就会自由散失，也就不可能沿着食物链传递。所以，物质既是维持生命活动的结构基础，也是储存化学能的运载工具。生态系统的能量流和物质流紧密联系，共同进行，维持着生态系统的生长发育和进化演替。

（一）物质循环的一般特征

物质循环可以分为生态系统内部的物质流动和生态系统外部的也就是生态系统之间的物质流动，两者是密切相关的。所谓生态系统内部的物质流动，是指物质沿着食物链流动但是这种流动最初起源于外部的物流，最终还归还于外部，如某化学元素，进入生态系统，最初供给初级生产者——绿色植物，最后为消费者和生产者提供能源和食物。事实上，几乎所有的有机体，它们代谢活动的产物终将进入系统之间的生物地球化学循环。

分析森林生态系统中的物质流动，主要是分析其内部营养成分的循环，当然也需要与外部物质流动相配合。这种以物流的方式对各种有机体中运转速度的测定，特别注重组织中营养元素的分析，并与生物量、净生产量的测定相结合，同时还必须测定降雨带入土壤中的养分，以及生产者、消费者和分解者各营养级与土壤之间的养分输入与输出。

森林生态系统的养分在有机体内的含量各不相同。森林与土壤之间的循环中大部分硝酸盐和磷酸盐集中于树木中，而大部分钙则集中于土壤中。土壤中的养分则主要依赖于叶子等有机质的腐烂和根系吸收。植物与土壤之间的循环则是迅速而紧凑的。因此，土壤中的养分多寡直接影响植物的生产能力。

残落物的腐烂是养分归还于土壤的最主要的形式，当然还有许多归还形式。在许多植物中，某些养分在落叶之前就回到枝条组织中，也有某些元素直到叶落时还在叶内增加。

大量有机碳以残落物的方式落到地面，然后被土壤中的动物、细菌、真菌等分解者分解，并释放出能量归还给土壤。但残落物分解的速度变化很大，如落叶阔叶林和热带雨林的叶子比木材、针叶和硬木的残落物容易分解；同时，温度也影响腐烂速度，在寒冷气候比在热带气候腐烂的速度慢。

此外，由雨水从植物表面淋溶下来带到土壤中养分的量（淋溶作用）对养分的归还也起着很大的作用。对钾、钠等来说，从叶子和树皮冲洗进入土壤的量，比从落叶归还到土壤中的量要大，但是氮则相反，因为它流经植物体表面时被树皮和叶上的地衣、藻类和细菌吸收。

淋溶作用除了无机元素外，还有许多有机物从生产者表面被雨水淋溶到土中为其他有机体所利用。如蚜虫所分泌的糖分淋溶到土壤被土壤微生物所食，藻类排出的合成产物，在水中也可以作为其他水生生物的养料，许多单细胞有机体既向水中排出各种有机物质，同时又从水中吸收其他养分，进行物质交换。

（二）生物地球化学循环的类型

生物地球化学循环是营养物质在生态系统之间的输入和输出，以及它们在大气圈、水圈和土壤圈之间的交换。根据物质参与循环时的形式，可将循环分为水循环、气体型循环和沉积型循环三种类型。

生态系统中所有的物质循环都是在水循环的推动下完成的，因此，没有水的循环，也就没有生态系统的功能，生命也难以维持，水循环是物质循环的核心。

在气体循环中，物质的主要储存库是大气和海洋，循环与大气和海洋密切相关，具有明显的全球性。凡属于气体循环的物质，其分子或某些化合物常以气体的形式参与循环过程。属于这一类的物质有氧、二氧化碳、氮、氯、溴等。气体循环速度比较快，物质来源充沛，不会枯竭。

沉积型循环的主要蓄库与岩石、土壤、水相联系，如磷、硫循环。沉积型循环速度比较慢，参与沉积型循环的物质、分子或某些化合物主要通过岩石的风化和沉积物的溶解转变为可利用的营养物质，其海底沉积物转化为岩石圈成分则是一个相当长的、缓慢的、单向的物质转移过程，时间一般以千年来计。这类沉积型循环的物质无气体状态，因此其全球性不如气体循环，循环性也很不完善。属于沉积型循环的物质有：磷、钾、钙、钠、锰、铁、铜和硅等，其中以磷的沉积循环比较典型，它从岩石中释放出来，最终沉积在海底，转化为新的岩石。

生物地球化学循环的过程研究主要是在生态系统水平和生物圈水平上进行的。在局部的生态系统中，可选择一特定的物种，研究它在某种营养物质循环中的作用。

近年来，对许多大量元素在整个生态系统中的循环已经进行了不少的研究，重点是研究这些元素在整个生态系统中输入和输出以及在生态系统中主要生物与非生物成分间的交换过程，如在生产者、消费者和分解者等各个营养级之间以及与环境的交换。对生物圈水平上的生物地球化学循环研究，主要是研究水、氮、氧、磷、碳等物质或元素的全球循环过程。这类物质或元素对于生命的重要性以及人类在生物圈水平上对生物地球化学循环的影响使这些研究更为必要。当这些物质的循环受到干扰后，将会对人类本身产生深远的影响。

（三）五种主要物质的循环

1. 水的全球循环

水的全球循环属液相循环，是在太阳能驱动下，水从一种形式转变为另一种形式，并在气流（风）和海流的推动下在生物圈内的循环。水在生物圈中的形式分为气态、液态和固态。各种形式水的数量及在地球上的分布见表 4-1。

表 4-1　全球水的估计储量　　　　　　　　　　　　　单位：10^3 m^3

水资源	体　积	占总水量的比例/%
地球总水量	1 460 000	
海洋	1 320 000～1 370 000	97.3
淡水		
冰盖/冰川	24 000～29 000	2.1
大气	13～14	0.001
地下水（5 000 m 内）	4 000～8 000	0.6
土壤水	60～80	0.006
河流	1.2	0.000 09
盐湖	104	0.007
淡水湖	125	0.009

海洋和陆地上分布的水，由于太阳辐射作用，一部分蒸发为大气中的水汽，但陆地和海洋的蒸发量不相等。假如地球上的总降水量为 100 单位，那么，来源于海洋的蒸发量占 84 单位，来源陆地的只有 16 单位。但 100 单位的降水量中，海洋得到 77 单位，陆地得到 23 单位，海洋中的亏缺部分从陆地入海的水而得到补偿。生物圈中水的循环过程见图 4-8。

2. 碳的生物地球化学循环

亦称气体型循环（Gaseous Cycles），循环物质为气态。以这种形态进行循环的主要营养物质有碳、氧、氮等。现以碳循环为例，说明这类循环的基本过程。

地球上碳的总量约为 2.6×10^{16} t，绝大多数以无机形态存在于岩石圈中，大气

中 CO_2 约含碳 7 000 亿 t，生物圈中碳的循环主要有三条途径：一是始于绿色植物并经陆生生物与大气之间的碳交换；第二条途径是海洋生物与大气间的碳交换；人类对化石燃料的应用是碳循环的第三条途径。生物圈中碳循环过程可概括为如图 4-9 所示。

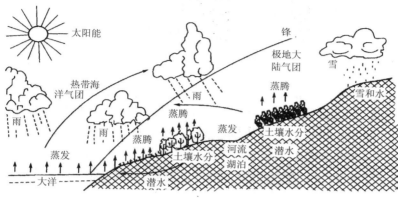

图 4-8 水的全球循环（祝廷成，1983）

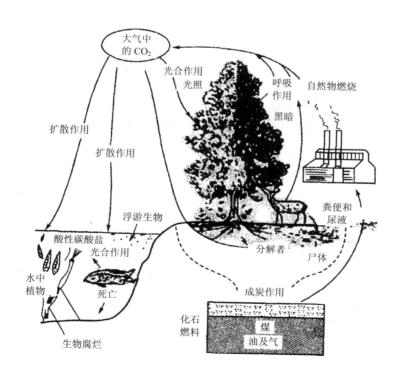

图 4-9 碳的循环（郝道猛，1978）

陆地和大气圈之间碳的交换几乎是平衡的，但人类的生产活动却不断地破坏着这种平衡。据估计，人为因素可使大气中的 CO_2 每年增加 7.5×10^9 t，这仅是人类向大气释放 CO_2 数量的 1/3，其余 2/3 则被海洋和陆地植物所吸收。CO_2 能阻止地球热量的散失，导致地球气温升高，成为当今全世界所忧虑的重要环境问题之一。

3. 氮的生物地球化学循环

在自然界，氮元素以分子态（氮气）、无机结合氮和有机结合氮三种形式存在。大气中含有大量的分子态氮，但是绝大多数生物都不能够利用分子态的氮，只有像豆科植物的根瘤菌一类的细菌和某些蓝绿藻能够将大气中的氮气转变为硝态氮（硝酸盐）加以利用。植物只能从土壤中吸收无机态的铵态氮（铵盐）和硝态氮（硝酸盐），用来合成氨基酸，再进一步合成各种蛋白质。动物则只能直接或间接利用植物合成的有机氮（蛋白质），经分解为氨基酸后再合成自身的蛋白质。在动物的代谢过程中，一部分蛋白质被分解为氨、尿酸和尿素等排出体外，最终进入土壤。动植物残体中的有机氮则被微生物转化为无机氮（氨态氮和硝态氮），从而完成生态系统的氮循环。

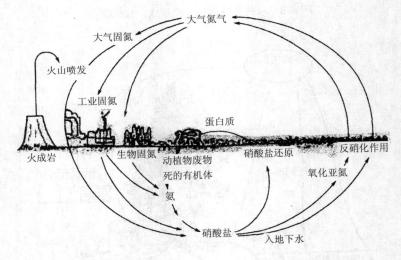

图 4-10 氮的循环（祝廷成，1983）

4. 氧的生物地球化学循环

氧的地球化学循环涉及的环节非常复杂，包括大气圈、生物圈、岩石圈，甚至整个地球的方方面面，是目前研究较多的领域之一。大气与海水的相互作用，生物的生理活动，地球内部的物质分异以及岩石圈表层的地质作用，大气圈臭氧层的变化等过程都发生着氧的交换。目前氧循环的研究主要通过分析氧同位素的构成、分馏机理等特征来探求氧的分异、固定、流动和混合的过程。至今科学家们还没有建立起氧循环系统的完整结构。但生物活动引起的氧循环已为人所知。

氧在大气圈和生物圈中主要是以水、二氧化碳和氧气的形式存在。在自然条件下，水中的氧很难分解成氧气。而二氧化碳则可以通过植物的光合作用而释放出氧气。因此，在生态系统中，氧循环与碳循环有着密切的联系。在大气中，氧含量占21%。在大气紊流的作用下，空气中的氧可以完全渗透到生态系统的各个角落：动物的呼吸作用、植物非光合器官的呼吸作用和光合器官在夜间的呼吸作用，以及地表物质腐败氧化等过程不断消耗着大气中的氧。但与此同时，大量绿色植物的光合作用却大量吸收着大气中的二氧化碳并将释放出的氧气排入大气。如此生生不息，构成了生态系统的氧循环，并保持了大气中氧含量的恒定，维持了整个生态系统的平衡。

5. 磷的生物地球化学循环

参与循环的物质中很大一部分又通过沉积作用进入地壳而暂时或长期离开循环。这是一种不完全的循环，属于这种循环方式的有磷、钾和硫等。首先介绍磷的循环过程。

磷主要储存于岩石和天然磷酸矿中，它的循环与水循环密切相关。磷必须形成可溶性磷酸盐才能进入循环。首先，存在于岩石和天然磷酸盐矿床中的磷，通过风化淋溶、侵蚀等作用及采矿而被释放出来，进入水圈和土壤圈，溶于水后形成可溶性磷酸盐。植物从环境中吸收磷，然后沿食物链在生态系统中传递并经分解者作用又归还到环境中，可被植物再次利用。在陆地生态系统中，土壤中的磷易于与钙、铁结合而形成不能为植物吸收利用的难溶性钙盐。陆地上的一部分磷可随水进入江河、湖泊和海洋，大部分以磷酸钙的形式沉积于海底或珊瑚岩中。水域生态系统中，从浮游植物吸收无机磷开始，浮游植物被浮游动物或食碎屑生物所食，与陆地一样沿食物链传递，但浮游动物代谢排出的无机态磷可被浮游植物再次利用，所以水体中磷的周转速度比陆地快。水体中的有机磷可被微生物所分解和利用，并能再次转变为无机态而被植物利用，但水体中也有相当一部分磷在浅水或深水中沉积下来（图4-11）。

磷循环的这种不完全性，使其在土壤中的含量因农作物的吸收利用而不断减少，常成为作物生长发育的限制因素。

三、生态系统的信息传递

生态系统的功能整体性除体现在生物生产过程、能量流动和物质循环等方面外，还表现在系统中各生命成分之间存在着信息传递，习惯上称为信息流（Information Flow）。这是生态系统生态学研究中的一个薄弱环节，同时也是一个颇具吸引力的研究领域，尤其是近几年关于行为信息的研究进展更为迅速。

从信息传递的角度看，生态系统中的各种信息主要可分为以下四大类。

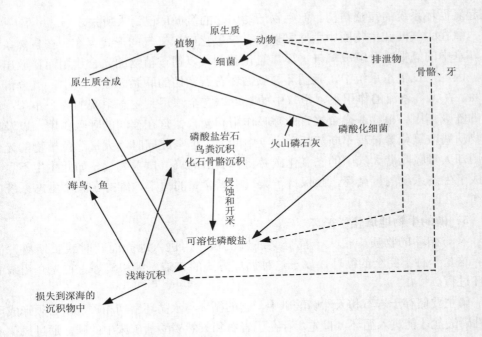

图 4-11　生态系统中的磷循环

（一）物理信息

以物理过程为传递形式的信息，如光、声音、颜色等。动物的求偶行为、恐吓、报警行为等都与物理信息有关。例如，鸟类在繁殖季节时，常伴有鲜艳色彩的羽毛或其他的奇特装饰以及美妙动人的鸣叫等，各种"特长"都在求偶时尽情显露。雄孔雀开屏的表演能促使雌孔雀自动地接近它，并摆出接受爱抚的某种姿态，而雄孔雀的表演动作也就能迅速地促使两者结为伴侣。

（二）化学信息

生物代谢产生的一些物质，尤其是各种腺体分泌的各类激素等均属传递信息的化学物质。同种动物间以释放化学物质传递信息是相当普遍的现象。如长爪沙鼠能从四种小型啮齿类的外激素中分出同种的气味；棕背鼠平（clethrionomys）可通过气味区别出本亚种和其他亚种。有些动物没有固定的领域，但它们却可利用特定方式交换情报，以调整区域的合理利用。如猎豹和猫科动物有着高度特化的用尿标志的结构，它们总是仔细观察前兽留下的痕迹，并由此传达时间信息，避免与栖居同一地区的对手相互遭遇。生物种间也存在着化学通信联系，而且这种联系不仅见于动物与动物之间，也常见于动物与植物之间，植物与植物之间。物种在进化过程中，逐渐形成释放化学信号于体外的特性。这些信号或对释放者本身有利，或有益于信号接收者。它们影响着生物的生长、健康或物种生物特征。黄鼬（黄鼠狼）有一种臭腺，释放出来的臭液气味难闻，它既有防止敌害追捕的作用，也有助于获取食物。再如烟草中的尼古丁和其他植物碱可使烟草上的蚜虫麻痹；成熟橡树叶子含有的单宁不仅能抑制细菌和病毒，同时它还使蛋白质形成不能消化的复杂物质，限制脊椎动物和蛾类幼虫的取食；胡桃树的叶表面可产生一种物质，被雨水冲洗落到土壤中，可抑制土壤中其他灌木和草本植物的生长。这些都是植物自我保护向其他生物所发出的化学信息。

尽管生态系统信息流的研究还存在许多困难，但生物间这种通信联系的作用对生态系统的影响是十分明显的，特别是化学信息物质的作用更为重要。在一个生态系统中，化学信息物质的破坏常导致群落成分的变化。同时它们还影响着群落的营养及空间结构和生物间的彼此联系。因为各种信息的作用不是孤立的，而是相互制约、互为因果关系的。另外，通过对生物信息传递的研究，还可以获得其他的生态信息。例如，狼也是用尿标记活动路线的动物，它们常用树桩作为"气味站"，在开阔地带，任何一凸起物都可以被狼选择为标记对象。有时一群狼依次排尿于同一标记处。在冬季，这种标记站常形成相当大的冰坨。人们可通过对冰坨的分析获得狼群大小和数量的信息。

（三）行为信息

许多植物的异常表现和动物的异常行为传递的某种信息，可统称为行为信息。如蜜蜂发现蜜源时，就有舞蹈动作的出现，以"告诉"其他蜜蜂去采蜜。蜂舞有各种形态和动作，来表示蜜源的远近和方向。如蜜源较近时作圆舞姿态，蜜源较远时作摆尾舞等。其他工蜂则以触觉来感觉舞蹈的步伐，从而得到正确的飞行方向的信息。又如地鸻中的一种鸟，当发现敌情时，雄鸟就会急速起飞，扇动两翼，给在孵卵的雌鸟发出逃避的信息。

（四）营养信息

在生态系统中生物的食物链就是生物的营养信息传递。各种生物通过营养信息关系连成一个相互依存、相互制约的整体。食物链中各级生物要求一定的比例，即生态金字塔规律。根据生态金字塔，养活一只草食动物需要几倍于它的植物，养活一只肉食动物需要几倍于它的草食动物。前一营养级生物的数量反映出后一营养级生物的数量。

在生物中，用做通信的形式和与之相连的感觉器官是多种的，据此可将生态系统中的信息流分成 3 类：（1）化学通信信息流：由嗅觉和味觉通路传导信息；（2）机械通信信息流：经触觉、听觉通路进行信息传导；（3）辐射通信信息流：由光感受或视觉来执行其通信机能。甚至超声波和电场也被生物用来传递信息。

生态系统的信息传递在沟通生物群落与其生活环境之间、生物群落内各种群生物之间的关系上有重要意义。这些信息最终都是经由基因和酶的作用并以激素和神经系统为中介体现出来的，它们对生态系统的调节具有重要作用。

第四节　生态系统平衡

从根本上讲，生态平衡问题是整个生物学科所研究的主要问题，但生态平衡作为一个科学的概念是现代生态学在发展过程中提出来的。从生态学角度看，平衡就是某个主体与其环境的综合协调。从这种意义上说，生命的各个层次都涉及生态平衡的问题。如种群的稳定不只受到自身调节机制的制约，同时也与其他种群及其许多因素有关，这是对生态平衡的广义理解。狭义的生态平衡就是指生态系统的平衡。本节所讨论的是后者，简称生态平衡。

一、生态系统发育的基本特征

生态系统不同发育期在结构和功能上是有区别的。在生态学中，把一个生态系统从幼年期到成熟期的发展过程称为生态系统发育。在没有人为干扰的情况下，生态系统发育的结果是结构更加复杂多样、各种组分间的关系协调稳定、各种功能渠道更加畅通。

（一）生态能量学特征

生态系统的总生产量与群落呼吸量之比 P/R 是表示生态系统营养特性和相对成熟程度的能量特征的主要指标。若系统早期的 P/R 大于 1，则为自养演替系统（Autotrophic Succession）；小于 1 则为异养演替系统（Heterotrophic Succession），而在上述演替中，P/R 随着演替发展之平衡状态而接近 1。也就是说，在生态平衡的系统中，固定的能量与消耗的能量趋向平衡。

（二）物质循环上的特征

在生态系统的发展过程中，主要的营养物质，如氮、磷、钾、钙，在生态系统生物地球化学循环中朝着更加稳定的方向发展，成熟的系统具有更大的网络和稳定的营养物质，营养物质丧失量少，因此输入量和输出量几乎相当。

（三）群落的结构特征

一般认为在演替过程中，物种多样性和均匀性增加，主要指物种数量的增加，而某一物种或个别物种占优势的情形并不多，但多样性最突出的时候未必是生态平衡的时候，因为物种多样性增加，可能带来更为激烈的种间竞争，并改变物种的生活史，系统可能在淘汰一些物种或竞争胜利的物种特征稳定后才达到平衡。

（四）稳态（Homeostasis）

这是生态系统自身的调节能力。成熟期的生态系统的稳态主要表现为系统内部生物的种内和种间关系复杂，共生关系发达，营养物质的保持能力增强。

（五）选择压力

这其实是生态系统发育过程中种群的生态对策（Ecological Strategies）问题。岛屿生态学研究证明：在生物移植早期，也就是说当物种数量少而不拥挤时，具有高增殖潜力的物种生存可能性是较大的。相反，在系统接近平衡的晚期，选择压力有利于低增殖潜力且具有较强竞争型的物种。因此，部分学者认为量的生产是幼年期生态系统的特征，而质的生产和反馈能力的增强是成熟期生态系统的标志，也是生态系统得以平衡的重要条件。

各类生态系统，当外界施加的压力（自然的或人为的）超过了生态系统自身调节能力或代偿功能后，都将造成其结构破坏、功能受阻，正常的生态关系被打乱以及反馈自控能力下降等，这种状态称之为生态平衡失调。

引起生态平衡失调的自然因素主要有火山喷发、海陆变迁、雷击火灾、海啸地震、洪水和泥石流以及地壳变动等。这些因素对生态系统的破坏是严重的，甚至可使其彻底毁灭，并具有突发性的特点。但这类因素常是局部的，出现的频率并不高。

二、生态系统平衡的调节

（一）生态系统内稳定及其含义

生态系统平衡实际上显示了生态系统的内稳定（Homeostasis）。生态系统的内稳定是生态平衡调节的基础。生态系统内稳定理论最初由生理学家和物理学家提出的，后来由控制论学者对其给予了发展并应用于以负反馈（Negative Feedback）为基础的自控系统。生态系统内稳定的概念就是在早期生物学平衡概念的基础上发展而来，它解释了包括生态系统稳定性、调节和抵抗力等内在的各种机制的结构和功能（Trojan，1987），强调内稳定是系统保持自身内部稳定的能力。由此可见，内稳定是现代生态学中所有理论和实践的核心问题。

（二）内稳定的基础

每个生态系统都在来自内部和外部两类因素的压力下运行。内部因素是生物群落自身发育及其引起的生境变化。外部因素一般与生物群落本身无关。目前，给生态系统带来最大压力的是人口种群（人类学因素）。当人类成为支配整个景观区域生态系统的组分时，人类因素是内部因素。而当生态系统因工业等各类化学物质或其他污染物排入使环境受到损害时，人类因素又转化为外部因素。

就各层次的生态系统而言，对任何环境条件的改变，系统都可通过调节机制来尽量维持自身的稳定，也就是说生态系统具有适应的能力。生态系统层次也具有这种适应能力。Trojan（1984）认为，每个完整群落的功能都与决定它的物质、生产和结构关系的四个基本原则相关：

（1）结构保护原则　生态系统的结构是内稳定机制的载体，所有生态系统都有趋于恢复因突变事件造成破坏的机制。农业生态系统生物群落次生演替系列就表明这种机制在起作用，当针对田间某种害虫大发生而采取措施后，生态系统又会迅速恢复到处理前的初始状态。

（2）生产保护原则　在一个生态系统中，内稳定机制特别是生产者亚系统的组成和结构，总可以通过调整来适应环境的变化。Reiohle（1975）曾经强调，生态系统净初级生产总是低于人们对该系统潜在生产力的期望值。因此，该亚系统有生产量储存，通常这些储存都自动地变为流通物。

（3）物质循环保护原则　在自然界中，没有物质循环就没有生态系统的存在，抑制或阻塞物质循环于生态系统的某一点，都将威胁整个系统的生态平衡，生态系统的内部机制主要是用以保证物质循环的连续性。

（4）生态平衡原则　发生在生态系统中的各种过程，均由承担结构稳定和物质循环及能量流动的群落机制控制。这也说明系统具有适当稳定的内环境及其与之相应的内部波动。

三、生态平衡的调节机制

生态系统平衡的调节主要是通过系统的反馈机制、抵抗力和恢复力来实现的。

（一）反馈机制

自然生态系统几乎都属于开放系统，只有人工建立的、完全封闭的宇宙仓生态系统才是真正的封闭系统。开放系统必须依赖于外界环境的输入，一旦这种输入停止，系统也就丧失了其功能。开放系统一般具有调节其功能的机制，即反馈机制。所谓反馈，是指当系统中某一成分发生变化的时候，它必然会引起其他成分出现一系列的相应变化。这些变化又反过来影响最初发生变化的那种成分。反馈的结果是抑制或减弱最初发生变化的那种成分所发生的变化。如草原上的食草动物因为迁入而增加，植物就会因过度啃食而减少，植物数量下降后，反过来就会抑制动物数量的增加。

反馈可分为正反馈（Positive Feedback）和负反馈（Negative Feedback），两者的作用是相反的。正反馈可使系统更加偏离置位点，因此它不能维持系统的稳态。生物的生长，种群数量的增加等均属正反馈，因此它不能维持生态系统的稳态；而负反馈是系统的输出变成了决定未来功能的输入。负反馈调节作用的意义在于通过自身的功能减缓系统内压力以维持系统的稳态。

事实上，正反馈比较少见，它的作用是加速最初发生变化的成分所发生的变化，正反馈的作用常常使生态系统远离平衡状态。在自然界中正反馈的实例并不多见，例如，如果一个湖泊生态系统受到污染，鱼类的数量就会因为死亡而减少，鱼体死亡腐烂后又进一步加重污染，并引起更多的鱼类死亡。由于正反馈的作用，污染加重，鱼类死亡速度加快。所以正反馈常具有破坏作用，但它是爆发性的，所经历的时间也很短，因此，从长远看，生态系统中的负反馈和自我调节将起主要作用。

后备力（Redundancy）也与生态系统平衡的调节有关。它是指同一生物群落中具有同样生态功能的物种的多少。在正常情况下，这些物种中仅有一个履行着同一功能的主要职能，其他的则显然并不那么重要或作用不明显，但它们是系统内储存的"备件"，一旦环境条件发生变化，它们可起到替代作用，从而保证系统结构的相对稳定和功能的正常进行。这些"备件"的存在实际上是系统反馈环的增加。因此，后备力可看做系统反馈机制复杂和完善与否的一种结构上的标志。

（二）抵抗力（Resistance）

抵抗力是维持生态平衡的重要途径之一，指生态系统抵抗外干扰并维持系统结构和功能原状的能力。抵抗力的强弱受系统发育阶段状况的影响，一般规律是：其发育越成熟、结构越复杂，其抵抗外干扰的能力就越强。例如，我国长白山红松针阔混交林生态系统，生物群落垂直层次明显、结构复杂，系统自身储存了大量的物质和能量，这类生态系统抵抗干旱和虫害的能力要大大超过结构简单的农田生态系统。系统抵抗力的表现形式有自净作用、环境容量等。

（三）恢复力（Resilience）

恢复力是指生态系统遭受外干扰破坏后，系统恢复到原状的能力。如污染水域切断污染源后，生物群落的恢复就是系统恢复力的表现。生态系统恢复能力是由生命成分的基本属性决定的，一般来说，生物的生活世代短，结构比较简单其恢复力就强。如杂草生态系统遭受破坏后其恢复速度要比森林生态系统快得多。生物成分（主要是初级生产者层次）生活世代越长，结构越复杂的生态系统，一旦遭到破坏则长期难以恢复。生态系统恢复力的表现形式是自净作用。

对于生态系统而言，抵抗力和恢复力是矛盾的两个方面，抵抗力强的生态系统其恢复力一般比较低；反之，抵抗力弱的生态系统其恢复力一般比较高。

生态系统是否能在受到干扰时保持平衡，除了与构成生态系统调节能力的几个方面有关外，还与外干扰因素的性质、作用形式、持续时间长短有很大关系。通常把不使生态系统丧失调节能力或未超过其恢复力的外干扰及破坏作用的强度称为"生态平衡阈值"（Ecological Equilibrium Threshold Limit）。生态平衡阈值的确定是自然生态系统资源开发利用的重要参量，也是人工生态系统规划与管理的理论依据之一。

四、生态平衡的失调

当外界干扰所施加的压力超过了生态系统自身的调节能力和补偿能力时，生态系统结构将被破坏，功能受阻，这种状态称为生态平衡失调。当今全球性自然生态平衡的破坏，主要表现为森林面积大幅度减少，草原的退化，土地沙漠化、盐碱化、水土流失严重，动植物资源锐减等。

（一）生态平衡失调的标志

1. 结构上的标志

生态平衡失调首先表现在结构上，一方面是结构缺损，即生态系统的某一个组成成分消失；另一方面是结构变化，即生态系统的组成成分内部发生了变化。

2. 功能上的标志

包括两个方面：一方面能量流动在生态系统某个营养层上受阻，初级生产者生产能力下降和能量转化率降低；另一方面表现为物质循环的正常途径中断。

（二）生态平衡失调的原因

生态平衡失调是各种因素的综合效应。大体可分为自然原因和人为因素。自然原因主要指自然界发生的异常变化。人为因素主要指人类对自然资源的不合理开发利用，以及当代工农业生产的发展所带来的环境问题等。人类对生态平衡的破坏主要包括以下三种情况：

（1）物种改变造成生态平衡的破坏。人类在改造自然的过程中，为了一时的利益，采取一些短期行为，使生态系统中某一种物种消失或盲目向某一地区引进某一生物，结果造成整个生态系统的破坏。

（2）环境因素改变导致生态平衡的破坏。这主要是指环境中某些成分的变化导致失调。随着当代工农业生产的快速发展，大量的污染物进入环境。它们不仅会毒害甚至毁灭某些种群，导致食物链断裂，破坏系统内部的物质循环和能量流动，使生态系统的功能减弱甚至丧失，而且会改变生态系统的环境因素。

（3）信息系统的改变引起生态平衡的破坏。因为信息传递是生态系统的基本功能之一。所以若信息通道堵塞，正常信息传递受阻，就会引起生态系统的改变，生态系统的平衡就会被破坏。生物都有释放出某种信息的本能，以驱赶天敌，排斥异种，取得直接或间接的联系以繁衍后代等。例如，某些昆虫在交配时，雌性个体会产生一种体外激素——性激素，以引诱雄性昆虫与之交配。当人类排放到环境中的某些污染物与这种性激素发生化学反应，使性激素失去了引诱雄性昆虫的作用，昆虫的繁殖就会受到影响，种群数量会下降，甚至消失。总之，只要污染物质破坏了生态系统中的信息系统，就会有因功能失调而引起结构改变的效应产生，从而破坏系统结构和整个生态的平衡。

因此我们应该充分地认识自然，在生产实践中应用生态平衡的理论知识。注意做到：正确处理资源开发与生态平衡之间的关系；利用再生资源，合理安排供需关系；当然还要注意生物间的相互制约作用，使生态系统处于相对平衡状态。

复习与思考题

1. 生态系统有哪些主要的组成成分？它们是如何构成生态系统的？
2. 什么是食物链和食物网？它们在生态系统中有何意义？
3. 生态系统中反馈机制是如何形成的？其意义何在？
4. 生态系统中信息传递主要有哪几种类型？
5. 结合某一具体生态系统，概述其组成成分、结构和功能。
6. 应用生态系统的概念解释生产、生活实际中的一些简单问题。

实验实习六　水体初级生产力的测定

一、实验目的

了解测定水生生态系统中初级生产力的方法和意义。

二、实验原理

生态系统中的生产过程主要是植物通过光合作用产生有机物的过程，水生生态系统的生产过程中起主要作用的是浮游植物。在光合作用与呼吸作用两个过程中，在单位时间、单位体积内所生产的有机物量，即为该生态系统的初级生产力。测定水生生态系统中初级生产力最通用的方法是黑白瓶测氧法，在黑瓶内的浮游植物在无光条件下只进行呼吸作用，瓶内氧气会因消耗逐渐减少，而白瓶在光照下，瓶内植物同时进行光合作用和呼吸作用两个过程，但以光合作用为主，所以白瓶内的溶解氧会逐渐增加。

光合作用的过程可用下列反应式表示：

$$H_2O+CO_2 \xrightarrow[\text{叶绿素、酶}]{\text{日光能}} CH_2O+O_2$$

由反应式可看出氧气的生成量与有机物的生成量之间存在一定的当量关系，所以可通过测定瓶中溶解氧的变化用氧气量间接表示生产量，也可以用氧气的量转化成 C 的量，从氧气的量转化成 C 的量的转化系数是 0.375。

三、实验器材

溶氧仪、照度计、电导率计、采水器、透明度盘、水桶、黑白瓶、pH 试纸、洗瓶、吸耳球、乳胶管、滤纸、卷尺、曲别针。

四、实验步骤

1. 本实验可在室内大水族箱内模拟进行，或者到现场（湖和河）进行。

2. 挂瓶。用采水器采 0～1 m 的水样（采样深度可分别用 0.05 m、0.10 m、0.15 m、0.20 m、0.25 m、0.30 m、0.40 m、0.60 m、0.80 m、1.00 m），装满实验瓶，灌水时要使水满溢出 2～3 倍，每组实验瓶 3 个，其中一瓶应立即进行溶解氧测定（称 IB 瓶），另一瓶白瓶（LB 瓶）与一黑瓶（DB 瓶）装满水后挂入与采水深度相同的水层，经过一定时间分别测定黑白两瓶中的溶解氧量，若测定光照强度与生产力的关系，可每 2～4 h 测定一次；若测定全天初级生产力，则可在挂瓶后 24 h 测定一次，本实验采用 6 h，一般是 10：00 挂瓶，16：00 测定。

在野外测定时要选择晴天，在室内进行时水族箱应放在靠窗位置，或加人工光源。不论室内外均用照度计测定光照强度，还要测定水温、pH、浊度、电导率等水质参数。野外进行时还要详细记录天气情况，如晴、阴、雨、风向、风力等。

6 h 后取瓶，用溶氧仪分别测定黑白瓶的溶解氧时，先测定黑瓶再测定白瓶，在取瓶的同时还要重复操作步骤 2。

五、数据计算

1. 各挂瓶水层日生产量的计算方法
   单位：mg O_2/（L·h）
   毛生产量=白瓶溶解氧－黑瓶溶解氧
   呼吸量=原初溶解氧－黑瓶溶解氧
   净生产量=白瓶溶解氧－原初溶解氧=毛生产量－呼吸量

2. 计算日生产量和日净产量
   单位：g O_2/（m^2·d）

3. 氧气的量转化成 C 的量

六、讨论

1. 分析黑白瓶法测定水体初级生产力的优缺点。
2. 初级生产力的测定方法还有哪些？
3. 水生生态系统初级生产力的限制因素有哪些？

附采样原始记录表

采样深度/m	各采样瓶挂瓶和取瓶的时间及溶解氧测定/（mg/L）					
	1（IB）		2（LB）		3（DB）	
	挂瓶	取瓶	挂瓶	取瓶	挂瓶	取瓶

环境污染与生物

【知识目标】

本章要求熟悉在生态环境中生物对环境污染物的迁移和转化作用，了解主要污染物质对生物的影响，掌握环境污染主要生物防治技术的方法原理，理解生物修复的概念、原理及常用的生物修复技术。

【能力目标】

通过本章的学习，学生能应用所学的生物防治技术及生物修复技术，选择合适的方法防治环境污染。

第一节　生物对污染物的吸收与降解

一、污染物在生物系统体内的吸收、分布与排泄

（一）污染物在生物体内的吸收

污染物进入动物体内通过表皮吸收、呼吸作用以及摄食等途径，伴随着有机体吸收氧和营养的过程发生。在大多数动物类群中这三种途径通常同时存在。

由于污染物在大气、水和土壤中的广泛存在，动物经常与许多外来污染物接触。作为机体防止外来侵袭的第一道屏障，动物皮肤通常对污染物的通透性较差，可以在一定程度上防止污染物的吸收。但是不同动物皮肤的屏障作用差异较大，腔肠动物、节肢动物、两栖动物等低级种类的表皮细胞防止外源污染物侵袭的能力较低，污染物渗透体表后可以直接进入体液或组织细胞。

呼吸吸收主要是针对一些高等动物而言的，环境中的许多污染物以气体、蒸气等形式存在于空气中，这些污染物易被肺吸收，到达肺泡后经过被动扩散透过呼吸膜进入血液。环境中的气溶胶和粒径小于 $1.0\ \mu m$ 的微粒会通过呼吸进入肺部，并附着在肺泡内；更小的微粒（$0.01\sim0.03\ \mu m$），会附着在支气管内。这些微粒会通过血液、胃肠道或继续滞留在肺泡内引起病变。

摄食吸收是污染物进入动物体内的最主要途径，许多污染物随同消化作用被动物吸收。其主要机理是由消化道壁内的体液和消化道内容物之间浓度差值引起的简

单扩散作用。消化道是动物吸收污染物的主要途径，肠道黏膜是吸收污染物的主要部位之一。整个消化道对污染物都有吸收能力，但主要吸收部位是在胃和小肠，一般情况下主要由小肠吸收，因小肠黏膜上有微绒毛，可增加吸收面积约 600 倍。环境污染物特别会通过食物链由水、大气、土壤进入人体，被消化管吸收，消化管吸收的多少与污染物的浓度与性质有关，浓度越高，则吸收越多，尤其是脂溶性污染物易被吸收。环境污染物还可通过皮肤吸收，如多数有机磷农药、四氯化碳等经皮肤吸收而引起肝损害，或透过皮肤进入血液等。

植物在生长过程中不断通过根系吸收、光合作用和呼吸作用等生命代谢过程为其提供物质和能量。植物对污染物的吸收也正是伴随着这些过程的发生而发生。植物吸收污染物的主要器官是根，污染物可以从土壤及土壤水沿根系吸收过程进入植物体，从根表面吸收的污染物能横穿根的中柱，被送入导管，进入导管后随蒸腾拉力向地上部分移动。植物还可以通过呼吸由植物叶片、茎、果实等吸收大气中的污染物。如大量的农药被喷施在植物叶片上，叶片通过气孔与角质层两种途径对农药进行吸收。通过叶片吸收的污染物也可从地上部分向根部运输。不同的污染物在植物体内的迁移、分布规律存在差异。由于污染物具有易变性，可通过不同的形态和结合方式在植物体内运输和储存。

（二）污染物在生物体内的分布与排泄

进入生物体内的污染物经过体内的分布、循环和代谢，部分生命必需的物质构成了生物体的成分，其余的生命必需和非生命必需的物质中，易分解的经代谢作用排出体外，不易分解、脂溶性较强、与蛋白质或酶有较高亲和力的，就会长期残留在生物体内。如 DDT 和狄氏剂等农药、多氯联苯、多环芳烃和一些重金属，性质稳定，脂溶性很强，被摄入动物体内后即溶于脂肪，很难分解排泄，随着摄入量的增加，这些物质在体内的浓度会逐渐增大。

污染物在生物体内的分布并不均匀。各种化合物在体内的分布也不一样，有些化合物极易透过某种生物膜，即可分布全身；有些化合物不容易透过生物膜，因此其分布受到限制。有些污染物由于具有高度脂溶性，可在机体某一器官浓集或蓄积。

污染物的排出方式随生物种类和污染物的不同而不同。植物一般通过淋散作用、蒸发、落叶、根分泌、植食动物的啃食等过程来完成。动物则通过呼吸作用、各种分泌物的分泌、脱毛、产蛋、蜕皮等过程。在高等动物中，还可以通过排汗、分泌唾液以及生殖分泌物排出。经过肝胆汁、鳃和肾的排出作用是动物排除污染物的基本方式。一般来说，大的非极性分子及其代谢产物主要是通过肝，进入胆汁，最后随粪便排除。哺乳动物中，肾是主要的排出器官，如 Co、Sn、Cd、Ni、Cr、Mg、Zn、Cu 都通过肾脏排出。

生物对不同污染物的排出方式有较大的差异，如挥发性有机物通过呼吸作用，亲脂性物质则通过产卵形式排出。节肢动物通过脱皮、鸟类通过脱毛、哺乳动物通过产奶等方式排出 DDT。

二、污染物在生物系统体内的转化

生物体内的不少有机体具有一定的毒性作用，需要及时清除才能保证生物的各种生理活动需要。很多污染物质能被生物吸收，这些物质进入生物体内在各种酶的参与下发生氧化、还原、水解、络合等反应，机体将这些非营养物质进行化学转变，这种在生物体内实现非营养物质变化的过程称为生物转化（Bio-transformation）。生物转化的生理意义在于对体内非营养物质的改造，使有毒物质转化降解成无毒物质，如许多高等植物吸收苯酚后生成复杂的化合物（酚糖苷等）而使毒性消失，植物对氰化物也有类似的功能，许多农药在生物体内发生不同程度的反应与转化。污染物在动物体内的转化主要是在肝脏中进行的，通过生物转化可使毒物的溶解度增高，促使其排出体外。需要指出的是，生物转化不一定对毒物起解毒作用，也可能反而使污染物的毒性增强。如在多环芳烃污染土壤的污染物降解过程中，某些中间产物的毒性要大于初始污染物的毒性。

生物转化过程主要有两大类：第一类为通过氧化、还原、水解作用将物质的某些基团转化，从而改变其生物活性及理化性质的反应；第二类是结合反应，即经第一类反应后，某些物质仍需与极性更强的物质结合反应，以使溶解度增大并失去原有毒性。这种结合反应是生物体内重要的生物转化方式，如含有羟基、羧基或氨基等功能基的药物、毒物或激素等可在肝细胞内实现结合反应，使它们失去原有作用并易于排泄。

三、污染物在食物链中的传递与放大

污染物在食物链中的传递是指污染物经生物的取食与被食关系沿食物链从低营养级传递到高营养级生物体内的过程。污染物的食物链转移途径是污染物环境行为的重要部分。由于这种转移发生在生物相内，并且直接对食物链中各个环节的物种产生效应，因而与污染物在无机介质（土壤、水体和大气）中的转移相比，这种转移具有特殊的生态毒理学意义。

化学污染物被动植物吸收后，有一个不断积累和逐渐放大的过程，这是非常典型的污染生态过程。生物机体或处于同一营养级上的生物种群，从周围环境中蓄积某种元素或难分解的化合物，使生物体内该物质的浓度超过环境中的浓度，这种现象称为生物浓缩（Bio-concentration），生物浓缩的程度可用浓缩系数来表示。生物在其整个代谢活跃期通过吸收、吸附、吞食等各种过程，从周围环境中蓄积某些元素或难分解的化合物，以致随着生长发育，浓缩系数有不断增大的现象，这就是生物积累（Bio-accumulation）。

生态系统中，由于高营养级生物以低营养级生物为食物，基于食物链关系的生物富集与积累，使某种元素或难分解毒物在生物机体中的浓度随营养级的提高而逐步增大的现象称为生物放大（Bio-magnification）。生物放大的结果使食物链上高营养级生物机体中积累毒物的浓度大大超过环境浓度。例如，浮游植物吸收、积累起水或沉积物中的污染物，尽管有时这些污染物在植物体内的含量并不高，但是当这些浮游植物不断被浮游动物食用和消化，浮游动物又不断被鱼类捕获和食用后，污染物就逐渐在食物链中积累起来，特别是在顶级食肉者中积累到很高的浓度。

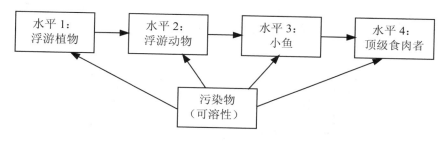

图 5-1　污染物的生物积累和放大过程
（柳劲松. 环境生态学基础. 化学工业出版社，2003）

大部分进入人体的有机污染物质可分解成简单的化合物，并被重新排放到环境中，但某些污染物会在生物体内转化成某种新的有毒物质，如含汞废液进入水体，通过食物链在鱼体中富集并甲基化，人和其他生物食用鱼后发生中毒，遭受毒害。因此，避免有毒物质进入食物链是预防污染物生物放大的最佳途径。

第二节　主要污染物质对生物的影响

污染物进入环境后使环境的正常组成发生变化，直接或间接危害生物的生长、发育和繁殖，其作用对象是包括人在内的所有生物。

一、重金属污染对生物的影响

汞、镉、铬、砷、铜等重金属污染已成为人类面临的严重环境问题之一。重金属污染物在环境中不能被微生物降解，而只能在各种形态之间相互转化，以及分散和富集，因此易于逐渐在环境和生物体内蓄积，当其含量超过了效应浓度后，就会对生物起到毒害作用。

在环境中只要有微量重金属即可产生毒性效应，一般重金属产生毒性的范围，在水体中为 1～10 mg/L，毒性较强的金属如汞、镉产生毒性的浓度在 0.001～0.01 mg/L。

环境中的某些重金属可在微生物作用下转化为毒性更强的重金属化合物，如汞的甲基化。

农作物常常通过根系吸收土壤中的重金属，也可通过茎、叶吸收来自大气干、湿沉降的重金属。动物吸收重金属的途径主要有三种：呼吸被重金属污染的空气、食用植物性饲料和动物性饲料、饮用水。此外，动物还可通过舐、啄毛皮等吸入重金属，特别是铅通过此途径进入动物体内。动物在摄入药物、除草剂、除虫剂的同时砷也随之进入体内，有些牲畜还会通过直接咽食土壤而使重金属进入体内。

生物从环境中摄取重金属可以经过食物链的生物放大作用，逐级在较高级的生物体内成千上万倍地富集起来，然后通过食物进入人体，在人体的某些器官中累积造成慢性中毒。

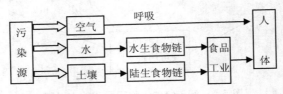

图 5-2 重金属进入人体的途径

以下以具有代表性的重金属为例，阐述重金属对生物的影响。

（一）汞

汞是典型的金属污染物。大气汞污染的重要来源是含汞金属矿物的冶炼和以汞为原料的工业生产所排放的废气。土壤汞污染主要来自施用含汞农药和含汞污泥肥料，另外含汞污水灌溉农田时，土壤也会遭到汞的污染。水体汞污染的主要来源是含汞的工业废水的排放，以汞作为电极的氯碱工业是环境汞污染的祸首，其次是以含汞的无机盐作为催化剂的生产化工原料氯乙烯和乙醛的塑料工业，电池工业和电子工业等排放的废水也是水体汞污染的原因。

在大气、水和土壤环境中，汞不断进行着迁移转化。大气中呈蒸气态的汞，在日光紫外线照射下可能生成甲基汞，大气中气态和颗粒状的汞，还可通过湿沉降或干沉降返回地面或水体。土壤中的汞挥发进入大气，或直接被植物吸附，或被水中胶状颗粒、悬浮物、泥土细粒、浮游生物吸附、吸收体内，或由降雨冲淋进入地表水和地下水。地表水中的部分汞可挥发进入大气，大部分汞以重力沉降，达到吸附共沉。底泥中的无机汞在细菌、微生物的作用下可转化为有剧烈毒性的甲基汞。水生生物摄入的甲基汞可在体内蓄积，并经食物链的生物浓缩和生物放大，在鱼体内浓缩为几万倍至几十万倍。1953 年日本熊本县水俣湾周围发生的水俣病就是当地居民食鱼摄入甲基汞而发生的中毒性疾病，甲基汞是汞公害的病因。汞的甲基化是水体污染危害的主要致毒机理。

汞及其化合物可通过呼吸道、消化道及皮肤等途径进入机体，虽然可分布于全身各个器官中，但均是以肾脏的汞含量为最高。各种汞化合物的通透性差异很大。金属汞被消化道吸收的数量甚微，通过食物和饮水摄入的金属汞一般不会引起中毒。金属汞蒸气侵入呼吸道时，可被肺泡完全吸收，并经血液运至全身。无机汞中的氯化汞为剧毒物质。有机汞中，以甲基汞和乙基汞为代表的烷基汞化合物毒性最大。汞进入机体后，对含硫化合物具有较强的亲和力，故汞离子与蛋白质包括酶中的—SH 基很容易结合，因此一般认为 Hg—S 反应是汞产生毒性作用的基础。一些参与体内物质代谢的重要酶类，如细胞色素氧化酶等，其活性中心是—SH 基，当汞与酶中的—SH 基结合时，就可使酶失去活性，影响酶的正常功能。汞与体内组织中一些功能基因结合，可使汞进入细胞内，造成对细胞的损害。烷基汞化合物通过破坏大脑和小脑的神经元而使动物死亡；甲基汞化合物易溶于脂肪中，易通过血脑屏障而侵犯中枢神经系统，使中枢神经系统受损。

（二）镉

镉是相对稀少的金属，未污染的大气、水和土壤环境中镉的含量很低。随着生产的发展，镉已被广泛用于电镀、汽车、航空工业以及用于氯乙烯稳定剂、颜料、油漆、电器制造、印刷等行业。空气中的镉污染可来自开采矿石、冶炼金属、石油和煤的燃烧等工业过程，城市垃圾的焚烧也可导致镉含量增高。

镉对水生物、植物以及动物的生长都会带来很大的害处。如镉在鱼类体内干扰铁代谢，使其肠道对铁的吸收功能降低，破坏血红细胞，从而引起贫血症，导致鱼类等水生动物死亡；镉在植物体内不仅会抑制菌根（植物与真菌形成的共生体，能大大增强植物对不良环境的抵抗能力）的形成，降低植物体的抗病虫害能力，而且还会传至其子粒中富集（像日本稻米中镉的平均含量约为 0.16 mg/kg；我国北京市东郊通惠河灌溉区的糙米中镉的平均含量约为 0.006 mg/kg），通过食物链进入人体，引起慢性中毒，诱发各种癌症。镉还可导致畜禽采食量下降，生产性能降低，对动物的繁殖性能也有不利的影响，若动物食物中镉含量达到一定程度，则能导致中毒，主要表现为缺硒、缺锌的病变。

水体镉污染可通过饮用水而直接被人体吸收，同时镉污染在水生态系统中可沿食物链不断浓缩放大，蓄积性是镉对机体作用的重要特点，水中生物对镉的富集力较强，如藻类可富集 $11 \sim 20$ 倍的镉，鱼类可富集 $1 \times 10^{3} \sim 1 \times 10^{5}$ 倍的镉。镉进入机体后主要可在肾、肝和脾中蓄积。当高浓度吸收镉时，临界器官是肺，主要症状是肺水肿。长期低浓度摄入镉时，临界器官是肾和肺，主要症状是肾功能损害，特别是低分子蛋白尿与肺气肿。人长期摄入受镉污染的饮水及食物，可使镉在体内蓄积并导致慢性中毒。日本著名的公害病之一痛痛病就是在这种条件下发生的慢性镉中毒的典型事例。

二、农药污染对生物的影响

农药是环境中分布很广的污染物。目前全世界常用农药种类约有 420 种，主要是有机氯、有机磷和氨基甲酸酯类农药。每年农药总投入量超过 1.8×10^6 t。虽然，农药为世界农业生产做出了重大贡献，但农药对环境产生的负面影响也是十分明显的。由于连年大量使用，特别是有些农药化学性质稳定，不易在环境和生物体内分解，因而造成大气、水体、土壤污染。同时，有机氯农药还可以从外界进入动植物体内，通过食物链，危害牲畜和人体健康。因此，农药对环境的污染问题引起了人们的普遍关注。

一般来说，使用化学农药时，黏附在作物上的只占约 10%，其余约 90%则通过各种方式扩散出去，或落于土壤，或飞散于大气，或溶解、悬浮于水体，流入湖、河，随水蒸气蒸发进入大气，再溶于雨水，然后又降落到地面上来。这样，它们可在水体、土壤和生物中进行迁移转化。农药在生态系统中的循环过程包括迁移、扩散、降解和生物富集等重要过程。它们进入环境之后，发生一系列的化学、光化学和生物化学的降解作用，残留量减少。环境中不同类型的农药由于其降解速度和难易程度不同，它们在环境中的持久性也是不同的，一般用半衰期和残留期两个概念来说明农药在土壤中的持续性。半衰期指施入土壤中的农药因降解等原因使其浓度减少一半所需要的时间；残留期指土壤中的农药因降解等原因含量减少 75%～100%所需要的时间。

农药的生物富集作用是农药在生态系统循环中的重要方面。在生态系统中各种动物为了维持其本身的生命活动，必须以其他动物或植物为食。农药就是在这种生态系统的食物链关系中被生物富集的。有些农药进入环境后，由于其残留化合物的化学生质稳定，脂溶性强，或者与酶、蛋白质有较高的亲和力，不易被生物消化与分解而排出体外，因此积累在生物体的一定部位，进而沿食物链转移，并逐级积累浓缩。食物链越复杂，逐级积累浓度就越高，呈倒金字塔形。在水域生态系统中，水体中的农药可被浮游生物吸收和被悬浮性颗粒物质所吸附，部分悬浮物质沉积后可成为底栖生物的饵料。在陆地生态系统中，农药会通过植物的吸收作用转移至植物体内。如吸收了农药的牧草被马、牛、羊等草食动物吃掉后，农药就在它们的肉里和奶里富集，再被人所食，给人类健康带来威胁。如在草原上喷洒低浓度有机氯杀虫剂 BHC，土壤中含量为 0.93 mg/kg，再加上前一年的残留量 0.05 mg/kg，总计为 0.98 mg/kg。其量虽然微不足道，但被牧草吸收后，在茎叶中含量为 5.9 mg/kg，浓缩了 6 倍多；牛吃牧草，牛肉含量为 13.36 mg/kg，浓缩了 14 倍；牛奶中含有 9.82 mg/kg，浓缩了 10 倍；而奶油中含有 65.1 mg/kg，浓缩了 66 倍多；对食用奶油的人进行分析，检出 BHC 为 171 mg/kg。以下是几类主要农药对生物的危害。

（一）有机氯农药

有机氯农药化学性质稳定，不易分解。在环境中的残留期长，可在动物体内长时间蓄积。我国虽然已于 1983 年停止生产并于 1984 年停止使用有机氯杀虫剂，但由于有机氯杀虫剂的长期环境效应，其影响需要很长时间才能得以消除。

DDT 是一种人工合成的有机氯农药，它的问世对农业的发展起了很大的推动作用。但 DDT 是一种易溶于脂肪、难分解、残留性强、易扩散的化学物质。现在生物圈内几乎到处都有 DDT 的存在，在远离使用地点的南极动物企鹅和北极一些无脊椎动物体内也发现了它，证明 DDT 已进入了全球性的生物地球化学循环。

由于 DDT 化学性质与脂肪类似，因而很容易被吸收而积累于生物体内，通过食物链逐级浓缩，积累到毒害程度（图 5-3）。如水中的 DDT 通过浮游生物、小鱼、大鱼、水鸟等捕食生物形成食物链。DDT 在逐个生物体中积累，最终在水鸟体内的含量比水体中高出许多倍。美国的密歇根湖，湖底淤泥中的 DDT 浓度为 0.014 mg/L，而在浮游动物体内已增加 10 倍，最后在吃鱼的水鸟体内，DDT 浓度已升高到 98 mg/L。显然，营养级越高，富集能力越强，积累量越大。又如水草—蜗牛—燕鸥食物链中，水草中的 DDT 质量分数为 0.08×10^{-6}，在蜗牛体中升高到 0.26×10^{-6}，到燕鸥就升高到 $3.15 \times 10^{-6} \sim 6.40 \times 10^{-6}$，燕鸥中的 DDT 质量分数比水草中的高出 40～80 倍。

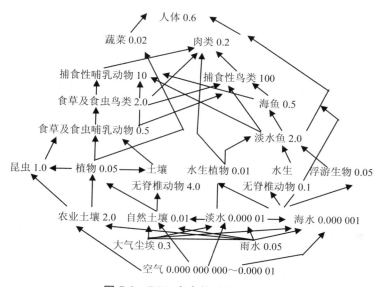

图 5-3　DDT 在食物链中的浓缩

（卢升高. 环境生态学. 浙江大学出版社，2004）

通过对各大洲人体脂肪的抽样分析发现，人体脂肪组织中已普遍含有 DDT，英格兰人脂肪中 DDT 的浓度为 2.2 mg/kg，德国人 2.3 mg/kg，法国人 5.2 mg/kg，美国人 11 mg/kg，印度人 12.8～31.0 mg/kg，加拿大人 5.8 mg/kg。根据我国各地调查表明，在各大中城市人体脂肪中也含有不同浓度的 DDT。

有机氯农药一般主要经消化道进入机体，主要蓄积于脂肪组织。有机氯农药属神经毒和细胞毒，可以通过血脑屏障侵入大脑和通过胎盘传递给胚胎。主要损害中枢神经系统的运动中枢、小脑、脑干和肝、肾、生殖系统。有机氯农药蓄积在实质脏器的脂肪组织中，能影响这些器官组织细胞的氧化磷酸化过程，尤其对肝脏有较大的损害，可引起肝脏营养性失调，发生变性以致坏死。

由于有机氯农药化学性质稳定，能在人体及动物体内长期蓄积，因而它的蓄积毒性及远期毒性作用越来越引起了人们的注意。

（二）有机磷农药

有机磷农药在我国目前使用较为广泛，特别是在我国停止使用有机氯农药以后，有机磷农药逐步上升为最主要的一类农药。有机磷农药的化学性质较不稳定，故残留时间比有机氯农药短。有机磷农药主要残留在谷粒和叶菜类的外皮部分，故粮食经加工后，残留农药可大幅度下降。

有机磷农药可经消化道、呼吸道和皮肤吸收进入机体，吸收后迅速分布到全身各组织器官，其分布以肝脏最多，其次为肾、肺、骨等。

大多数有机磷农药可通过血脑屏障，在体内代谢较快，故一般没有明显的蓄积作用。有机磷农药进入机体后，很容易与机体内的胆碱酯酶结合，使胆碱酯酶的活性受到抑制，使其失去分解乙酰胆碱的能力，造成乙酰胆碱在体内大量积聚，引起一系列神经功能紊乱的中毒表现。研究证明，有机磷农药对胆碱酯酶的抑制作用是不可逆的。某些有机磷农药同时使用具有联合作用，可导致毒性增强。

（三）氨基甲酸酯类农药

氨基甲酸酯类农药是继有机氯、有机磷农药之后应用越来越广泛的一类农药，一般对人、畜其毒性属于中等程度至低毒范畴。与有机磷农药相比，毒性一般较低。在土壤中的滞留时间不长，半衰期多数仅 1～4 周。过去认为氨基甲酸酯类农药的残留毒性问题不大，但近年来研究认为它是否存在严重的残毒问题还有待进一步探索。

（四）拟除虫菊酯类农药

拟除虫菊酯类农药，是与天然除虫菊素相似的化合物，大多数品种为黄色黏稠状液体或无色结晶，挥发度低，不溶于水，易溶于多种有机溶剂，有遇碱分解的特性。该类农药在体内代谢快，蓄积程度低。拟除虫菊酯类农药是一类神经毒剂，其作用机理十分复杂。目前认为主要作用方式为抑制神经细胞离子通道，使神经传导受阻，可直接作用于中枢神经系统的敏感部位，表现为神经系统兴奋性异常。

第三节　环境污染防治中的生物技术

一、水体污染防治的生物技术

（一）水体自净

由于人类活动而排放的污染物进入水体，使水体和水体底泥的物理性质、化学性质或生物化学性质发生变化，从而降低了水体的使用价值，这种现象称为水体污染（Water Pollution）。

我们知道，自然环境对污染物质具有一定的容纳能力，水环境对污染物质也具有一定的承载能力，即所谓的水环境容量。水体能够在其环境容量的范围内，经过物理、化学、生物等方面的作用，对水体中的污染物质进行分离或分解，降低污染物质的浓度，使水体基本上或完全地恢复到原来的状态，这个自然净化的过程称为水体自净（Self-purification of Water Body）。水体自净过程十分复杂，按其净化机制，可分为物理净化、化学净化及物理化学净化、生物净化。在实际水体中，这几项作用往往是交织在一起综合进行的。一般来说，物理和生物化学过程在水体自净中占主要地位。物理自净作用是指污染物质在水体中扩散、稀释、挥发、沉淀等；生物自净作用是指污水中的有机物质在水体中微生物的作用下，进行氧化分解，逐渐转化为简单的、稳定的无机物，如二氧化碳、水、硝酸盐和磷酸盐等，使水体得到净化。在此过程中，随着有机物的分解，生化需氧量（BOD_5）逐渐降低，而水体中溶解氧（Dissolved Oxygen，DO）的含量也在发生相应的变化。

以河流的生化自净为例，当河流接纳有机废水后河水的溶解氧含量就会发生变化，其变化情况如下。

受污染前，河水中的溶解氧一般是饱和的或很少缺氧的。在受到污染之后，开始时河水中有机物大量增加，好氧分解剧烈，消耗大量溶解氧，同时河流又从水面上获得氧气（复氧），不过这时耗氧速度大于复氧速度，河水中的溶解氧迅速下降。随着有机物被分解而减少，耗氧速度减慢，在最缺氧点，耗氧速度等于复氧速度。接着耗氧速度小于复氧速度，河水的溶解氧逐渐回升。最后，河水溶解氧恢复或接近饱和状态。这条曲线称为氧垂曲线，如图5-4所示。

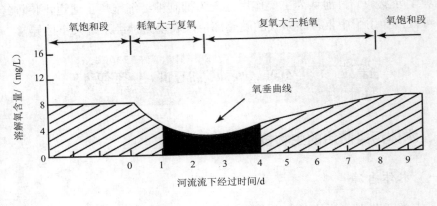

图 5-4　氧垂曲线

当有机物污染程度超过河流的自净能力时，河流将出现无氧河段，此时氧垂曲线中断，开始厌氧分解，产生硫化氢、甲烷等，使河水变黑，并有臭气产生。

（二）废水处理的生物方法

废水的生物处理方法是利用微生物的代谢作用，使污水中呈溶解、胶体及微细悬浮状态的有机污染物转化为稳定无害物质的方法。根据微生物的不同，生物处理法又可分为好氧生物处理和厌氧生物处理两大类，前者又可分为活性污泥法和生物膜法两类。

1．活性污泥法

（1）机理　活性污泥法是利用悬浮生长的微生物絮体处理有机污水的一种好氧生化处理方法。活性污泥是人工培养的生物絮体，它有很强的吸附和氧化分解有机物的能力，通常为黄褐色（有时呈铁红色）絮绒状颗粒，也称为"菌胶团"或"生物絮凝体"，是由微生物群体及它们所吸附的有机物质和无机物质组成，这些微生物群体构成了一个相对稳定的生态系统和食物链（图 5-5）。微生物以细菌为主，包括真菌、藻类、原生动物等。细菌是承担净化功能的主体，是一个混合群体，常以菌胶团的形式存在，而原生动物常见的有肉足类、纤毛类及鞭毛类，原生动物可以捕食游离细菌，使出水更清澈，有助于出水水质的提高。

废水与活性污泥混合曝气后，废水中的有机物被活性污泥所吸附，被活性污泥吸附的有机物作为微生物的营养源，经氧化作用和同化作用，被微生物所利用，从而降低了废水中有机物的含量。

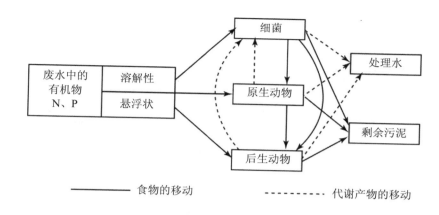

图 5-5　活性污泥微生物集合体的食物链

（蒋辉. 环境工程技术. 化学工业出版社，2003）

氧化作用是指对一部分有机物进行氧化分解，最终生成 CO_2 和 H_2O 等稳定的无机物质，并提供合成新细胞及维持其生命活动所需的能量。这一过程可用下式表示：

$$C_xH_yO_z + (x + \frac{y}{4} - \frac{z}{2})O_2 \rightarrow xCO_2 + \frac{y}{2}H_2O + 能量$$

式中：$C_xH_yO_z$——有机污染物。

同化作用是指微生物利用氧化所获得的能量，将有机物合成新的细胞物质，这个过程可用下式表示：

$$nC_xH_yO_z + nNH_3 + n(x + \frac{y}{4} - \frac{z}{2} - 5)O_2 + 能量 \rightarrow (C_5H_7NO_2)_n + n(x-5)CO_2 + \frac{n}{2}(y-4)H_2O$$

式中：$(C_5H_7NO_2)_n$——活性污泥中微生物的细胞物质。

当废水中有机物含量很少时，由于营养物质的匮乏，微生物对其自身的细胞物质进行代谢反应，并提供能量，即内源呼吸或自身氧化。当有机物充足时，大量合成新的细胞物质，内源呼吸作用并不明显，但当有机物消耗殆尽时，内源呼吸就成为提供能量的主要方式，其过程可用下式表示：

$$(C_5H_7NO_2)_n + 5nO_2 \rightarrow 5nCO_2 + 2nH_2O + nNH_3 + 能量$$

（2）基本流程　活性污泥法是应用最广的污水好氧生物处理技术，是目前处理有机废水的主要方法，其基本工艺流程如图 5-6 所示。它一般是由曝气池、二次沉淀池、曝气系统以及污泥回流系统等组成，曝气池和二次沉淀池是活性污泥系统的基本处理构筑物。

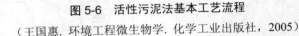

图 5-6　活性污泥法基本工艺流程

（王国惠. 环境工程微生物学. 化学工业出版社，2005）

在曝气池中，首先培养和驯化出具有适当浓度的活性污泥，然后引入待处理的废水与池中活性污泥相混合，其混合体称为混合液。在曝气的作用下，混合液得到足够的溶解氧并使活性污泥与污水充分接触。污水中的可溶性有机污染物为活性污泥所吸附并为存活在活性污泥上的微生物群体所分解，使污水得到净化。然后进入二沉池进行泥水分离，大部分污泥再回流到曝气池，维持净化污水中的有机物所必需的活性污泥浓度，以实现连续的净化过程，多余部分则排出活性污泥系统。

2．生物膜法

生物膜法和活性污泥法一样，同属于好氧生物处理方法。但在活性污泥法中，微生物处于悬浮生长状态，所以活性污泥系统又称悬浮生长系统。而生物膜中的微生物则附着生长在某些固体物的表面，所以生物膜处理系统又称为附着生长系统。常用的生物膜反应器有生物滤池、生物接触氧化池、生物转盘等，它们的构造差异很大，但作用原理相同。

（1）生物膜的形成及特点。

在净化构造物中，填充着数量相当多的挂膜介质（也称为滤料），当有机废水均匀地淋洒在介质表层上时，便沿介质表面向下渗流，在充分供氧的条件下，接种的或原存在于废水中的微生物就在介质表面增殖。这些微生物吸附水中的有机物，迅速进行降解有机物的生命活动，逐渐在介质表面形成黏液状的生长了极多微生物的膜，即生物膜。

生物膜不仅具有很大的表面积，能够大量吸附污水中的有机物，而且具有很强的降解有机物的能力。在有机物被降解的同时，微生物不断进行自身的繁殖。随着微生物的繁殖增长，以及废水中悬浮物和微生物的不断沉积，使生物膜的厚度和数量不断增加，从而使生物膜的结构发生变化。膜的表层和废水接触，由于吸取营养和溶解氧比较容易，微生物生长繁殖迅速，形成了由好氧生物和兼氧生物组成的好氧层（1～2 mm）。在其内部和介质接触的部分，由于氧及养料传递不到较厚的生物膜中，使好氧生物死亡并发生厌氧作用，厌氧微生物开始生长。厌氧层是在生物膜达到一定厚度时才出现的，随着生物膜的增厚和外伸，厌氧层也随着变厚。当厌氧层不断加厚，由于水力冲刷、膜增厚造成重量的增大、原生动物的松动等原因，生物膜会从挂膜介质表面脱落下来，随着污水流出池外。由此可见，生物膜总是在不断地增长、更新和脱落。去除有机物的活性生物膜，主要是表面的一层好氧膜。

参与生物膜净化反应的微生物在种类方面与活性污泥基本相同，但在组成和数量上有较大差异。生物膜上的微生物，包括细菌、真菌、藻类以及某些原生动物甚至后生动物的生态体系，其组成相当复杂。生物膜由于固着在滤料上，因此能在膜上生长增殖速度慢、世代时间长的细菌和较高级的微型生物，如丝状菌、轮虫、线虫、寡毛虫等。某些微生物在生物膜上的存在及优先生长等情况，常与被处理污水水质和生物膜所处的环境条件有关。如污水浓度适当时，出现独缩虫属、聚缩虫属、累枝虫属和钟虫等；而当污水浓度过高时，真菌类增加。

（2）生物膜的废水净化机理。

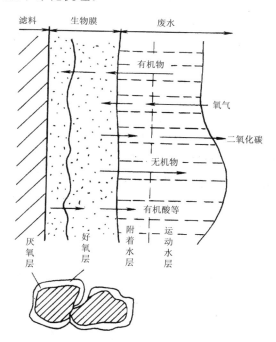

图 5-7 生物膜对废水的净化作用

（蒋辉. 环境工程技术. 化学工业出版社，2003）

图 5-7 是将一小块滤料放大了的示意图。由图上可以看出，由于生物膜的吸附作用，在其表面有一层很薄的水层，称为附着水层。附着水层内的有机物被生物膜所氧化，其浓度比滤池进水的有机物浓度低得多。因此，进入池内的废水在滤料表面流动时，由于浓度差的作用，有机物会从运动中的污水中转移到附着水层中去，

进而被生物膜所吸附。同时，空气中的氧也将经过污水而进入生物膜。在此条件下，生物膜上的微生物在氧的参加下对有机物进行分解和机体新陈代谢，产生了包括二氧化碳等的无机物，它们又沿着相反方向从生物膜经过附着水排到流动着的污水及空气中去。如此循环往复，使废水中的有机物不断减少，从而得到净化。

3．生物塘法

生物塘是一个自然的或人工修整的池塘，主要依靠自然生物净化功能使污水得到净化。污水在塘中的净化过程与自然水体的自净过程相近。污水在塘内缓慢地流动、较长时间地储留，通过在污水中存活的微生物的代谢活动和包括水生植物在内的多种生物的综合作用，使有机污染物降解，污水得到净化。

生物塘是一种比较古老的污水处理技术，从 19 世纪末开始使用，在 20 世纪 50 年代以后得到较快的发展。其构造简单、易于管理且处理效果稳定可靠。

根据生物塘内微生物的种类、溶解氧含量及来源不同分为好氧塘、兼性塘、曝气塘和厌氧塘四种。

（1）好氧塘　是一种主要靠塘内藻类的光合作用供氧的氧化塘。它的水较浅，一般在 0.5 m 左右，阳光能直接射透到池底，藻类生长旺盛，加上塘面风力搅动进行大气复氧，全部塘水都呈好氧状态。

好氧塘净化反应中的一个重要特性是好氧微生物与植物性浮游生物——藻类共生。藻类利用透过的太阳光进行光合作用，合成新的藻类，并在水中放出游离氧。好氧微生物即利用这部分氧对有机物进行降解，而在这一活动中所产生的二氧化碳又为藻类在光合作用中所利用，其净化机理如图 5-8 所示。好氧塘是各类稳定塘的基础，一般各种稳定塘的最终出水都要经过好氧塘。

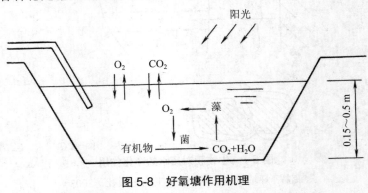

图 5-8　好氧塘作用机理

（蒋辉. 环境工程技术. 化学工业出版社，2003）

（2）兼性塘　水深一般在 1.2～2.5 m，塘内好氧和厌氧生化反应兼而有之。从塘面到一定深度（0.5 m 左右）为好氧层，阳光能够透入，藻类光合作用旺盛，溶解氧比较充足，呈好氧状态，其净化机理和各项运行指标与好氧塘相同。在塘底，由可沉固体和藻、菌类残体形成了污泥层，由于缺氧而进行厌氧发酵，主要由厌氧菌对不溶性的有机物进行代谢，称为厌氧层。在好氧层和厌氧层之间，存在着一个兼性层，大量的兼性菌存在其中，随环境条件的变化以不同的方式对有机物进行分解代谢。兼性塘的污水净化是由好氧、兼性、厌氧微生物协同完成的，其作用机理如图5-9所示。

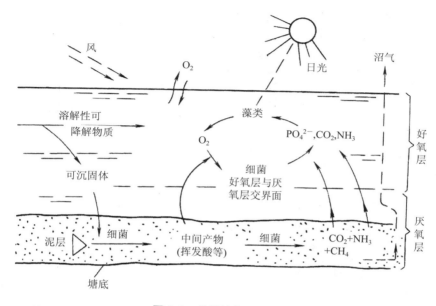

图 5-9　兼性塘作用机理

（蒋辉. 环境工程技术. 化学工业出版社，2003）

兼性塘中三个不同区域相互之间存在着密切关系。厌氧层中生成的 CH_4、CO_2等气体将通过上部两层的水层逸出，且有可能被好氧层中的藻类所利用；生成的有机酸、醇等会转移到兼性层、好氧层，由好氧菌对其进一步分解。好氧层、兼性层中的细菌和藻类，也会因死亡而下沉至厌氧层，由厌氧菌对其进行分解。

兼性塘是氧化塘中最常用的塘型，常用于处理城市一级沉淀或二级处理出水。在工业废水处理中，常在曝气塘或厌氧塘之后作为二级处理塘使用，有的也作为难生化降解有机废水的储存塘和间歇排放塘（污水库）使用。

（3）厌氧塘　水深一般在 2.5 m 以上，最深可达 4～5 m。全塘大都处于厌氧状态，在其中进行水解、产酸以及甲烷发酵等厌氧反应全过程，作用机理如图 5-10 所示。因而，厌氧塘是一类高有机负荷的以厌氧分解为主的生物塘，其表面积较小而深度较大，水在塘中停留 20～50 d。它能以高有机负荷处理高浓度废水，污泥量少，但净化速率慢，停留时间长，并产生臭气。厌氧塘一般作为高浓度有机废水的首级处理工艺，继之还设兼性塘、好氧塘等。

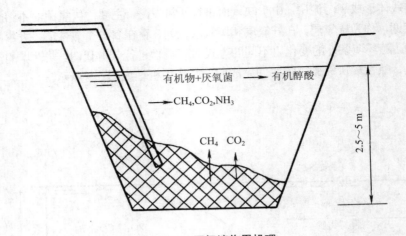

图 5-10 厌氧塘作用机理

（蒋辉. 环境工程技术. 化学工业出版社，2003）

（4）曝气塘 处理污水的原理如同活性污泥法。塘深在 2.0 m 以上，由表面曝气器供氧，并对塘水进行搅拌，使塘水得到不同程度的混合而保持好氧或兼氧状态。曝气塘有机负荷和去除率都比较高，占地面积小，但运行费用较高。

除上述几种类型的生物塘外，在应用上还存在一种专门用以处理二级处理后出水的深度处理塘。这种塘的功能是进一步降低二级处理水中残余的有机污染物（BOD、COD）、SS、细菌以及氮、磷等植物性营养物质等，在污水处理厂和接纳水体之间起到缓冲作用。深度处理塘一般采用大气复氧或藻类光合作用的供氧方式。

（三）水体富营养化防治的生物技术

1. 水体富营养化概述

富营养化（Eutrophication）是指水体中营养物质过多，特别是氮、磷过多而导致水生植物（浮游藻类等）大量繁殖，影响水体与大气正常的氧气交换，加之死亡藻类的分解消耗大量的氧气，造成水体溶解氧迅速下降，水质恶化，鱼类及其他生物大量死亡，加速水体衰老的进程。富营养化属于有机污染类型，在湖泊、河口、海湾等水流较缓的区域最易发生。

当水体发生富营养化时，在适宜的外界环境（水域的物理化学环境等）综合因素作用下促使水体中的藻类过量繁殖，大多呈红色、绿色、褐色，使淡水发生"水华"，海洋发生"赤潮"。水体富营养化的危害主要表现在：恶化水源水质，增加给水处理难度和成本；水体感官恶化；破坏水体生态平衡，降低水体的经济价值；水中溶解氧的减少，影响鱼类及其他需氧生物的生存直至死亡，造成经济损失。另外，富营养化的湖泊中，由于浮游藻类大量繁殖，以其为生的水生原生动物大幅度地增加，它们的排泄物、残体和过剩的浮游植物残体伴随流入湖泊的泥沙，不断在湖底堆积，使湖床逐渐抬高，湖水变浅，沼泽化，加速了衰老过程。我国目前富营养化程度较为严重的湖泊，淤积现象十分严重。

2. 富营养化的生物治理

富营养化的治理可以通过控制外源性营养物质输入以及物理、化学和生物的方法除去污水中的氮、磷和有机物，这里主要介绍生物防治法。

（1）微生物脱氮　微生物脱氮一般采用异养型微生物将水中的含氮有机物（如蛋白质、氨基酸、尿素、脂类、硝基化合物等）氧化分解为氨氮，然后通过自养型硝化细菌将其转化为硝态氮，再经反硝化细菌将硝态氮还原为氮气，从而达到脱氮的目的。生物脱氮过程如图 5-11 所示。

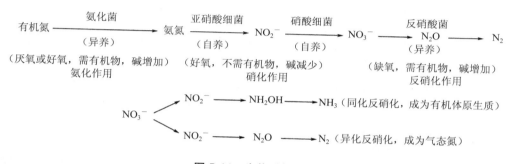

图 5-11　生物脱氮过程

（李军等. 微生物与水处理工程. 化学工业出版社，2002）

（2）微生物除磷　微生物除磷主要利用聚磷菌等一类细菌，过量地摄取水中的磷，并将其以聚磷酸盐的形式积累于胞内，然后作为剩余污泥排出，从而实现废水除磷的目的。

聚磷菌是一种适应厌氧和好氧交替环境的优势菌群，在好氧条件下，不仅能大量吸收磷酸盐合成自身的核酸和 ATP，而且能逆浓度梯度地过量吸收磷合成储能的多聚磷酸盐。

（3）种植水生植物　植物能降低水体中的 BOD 和 COD，并能大量吸收水体中的氮和磷。以水葫芦为例，它降低水体中的 BOD 主要是因为它覆盖水面，降低水体光照强度，影响藻类光合作用，同时它又吸收大量的营养盐，从而抑制藻类生长。通过人为捞取水葫芦可减少水中有机物量，降低水体中 BOD 含量。当水葫芦的覆盖度达到 20%以上，具有明显的效果。大型水生植物包括凤眼莲、芦苇、狭叶香蒲、加拿大海罗地、多穗尾藻、丽藻、菱草等均能有效地防治水体富营养化，可根据不同的气候条件和污染物的性质进行适宜的选栽。

水生植物净化水体的特点是以大型水生植物为主体，植物和根区微生物共生，产生协同效应，净化污水。经过植物直接吸收、微生物转化、物理吸附和沉降作用除去氮、磷和悬浮颗粒，同时对重金属也有降解效果。水生植物一般生长快，收割后经处理可作为燃料、饲料，或经发酵产生沼气。这是目前国内外治理湖泊水体富营养化的重要措施。

二、大气污染防治的生物技术

（一）大气污染的植物防治

绿色植物是生态平衡的支柱。绿色植物不仅能美化城市、吸收二氧化碳制造氧气，而且具有吸收有害气体、吸附尘粒、杀菌、改善小气候、避震、防噪声和监测空气污染等许多方面的长期和综合效果。

1．绿色植物对有害气体的吸收作用

绿色植物具有庞大的叶面积，吸收有害气体主要是靠叶面进行的。植物受到大气污染的影响，因种类不同而有所差异。其中有些植物对某些污染物很敏感，极易受其害，例如，紫苜蓿、唐菖蒲、鸡冠花、连翘、秋海棠等；只有那些对有害气体抗性强、吸收量大的绿色植物才能在大气污染较严重的地区顽强地生长，并发挥其净化作用，如夹竹桃、金合欢、构树、银桦、海桐等。

（1）对 SO_2 的吸收。

SO_2 是大气中主要的污染物之一，对植物的影响很大。凡是烧煤的地方几乎都有 SO_2 的污染物。目前世界上仅各种燃料的燃烧，每年就产生约 1.5 亿 t 的 SO_2，是当前最普遍、危害较大的大气污染物质。

植物对 SO_2 的净化作用大致包括两部分，一方面是植物表面附着粉尘等固体污染物而吸附一部分 SO_2；另一方面，SO_2 通过植物体表面被吸收到体内后进而转化或排出体外。SO_2 从植物气孔进入叶片，溶解在细胞组织的水分里成为亚硫酸盐，然后再进一步降解为毒性较小的硫酸盐从而减轻了毒害。只要大气中 SO_2 不超过一定的限度（吸收 SO_2 的速度不超过亚硫酸盐转化成硫酸盐的速度），植物就不会被伤害并能不断吸收 SO_2。正常植物体如叶中含硫量在 0.1%～0.3%（干重），但如果植物处于 SO_2 污染的空气中时，其最高可达正常含量的 5～10 倍。如柑橘是抗性较强的植物，它的叶片吸收积累硫可达 0.77%以上。1 hm^2 柑橘树每年能吸收 SO_2 达 1.4 t 之多，松林每天可从 1 m^3 空气中吸收 20 mg SO_2，100 km^2 的紫苜蓿每年可吸收 SO_2 600 t 以上。

各种植物吸收 SO_2 的能力是不同的。一般认为，落叶树吸收硫的能力最强，常绿阔叶树次之，针叶树较差。要使绿地发挥较大的净化效果，首先要选择吸收量较大的种类，同时还要注意选择那些对 SO_2 同化、转移能力强的植物种类。经国内有关园林部门对 12 个树种测定的结果表明，国槐、银杏、臭椿对硫的同化、转移能力较强；毛白杨、油松、紫穗槐较弱；新疆杨、华山松和加拿大杨变化趋势不明显。

（2）对 HF 的吸收。

HF 主要来自化肥、冶金、电镀等工业产生的废气。HF 对植物的毒性比 SO_2 大，它是氟在大气中存在的主要形式。HF 通过气孔进入叶片后向叶缘和叶尖转移，并在那里积累而导致植物中毒。在同一浓度下，HF 的伤害比 SO_2 大 10 倍。当人畜吸收并积累了一定量的氟，就会引起中毒及死亡。空气中氟浓度超过 1 μg/g 时，会对人的呼吸器官产生影响。

对 HF 抗性强的植物主要有 40 余种，如白皮松、松柏、侧柏、银杏等。植物吸收 HF 净化大气的作用是很明显的。植物对 HF 的最大吸氟量可达 1 000 mg/kg 以上，不同植物的最大吸氟量一般相差 2～3 倍，不同树种每公顷树木的吸氟量见表 5-1。

表 5-1　不同树种每公顷树木吸氟量

树种	吸氟量/kg	树种	吸氟量/kg	树种	吸氟量/kg
白皮松	40	拐枣	9.7	杨树	4.2
华山松	20	油茶	7.9	垂柳	3.5～3.9
银桦	11.8	臭椿	8.8	刺槐	3.3～3.4
侧柏	11	蓝桉	5.9	泡桐	4
滇杨	10	桑树	4.9～5.1	女贞	2.4

（金岚. 环境生态学. 高等教育出版社，1992）

（3）对氯气的吸收。

氯气是一种具有强烈臭味的黄绿色气体，主要来自化工厂、制药厂和农药厂。它对人和植物的伤害能力也很大。Cl_2 对植物叶细胞有强烈的毒害作用。Cl_2 进入植物叶肉细胞后能形成酸性物质，使叶片汁液中的 pH 降低，破坏叶绿素，从而抑制植物的光合作用。

植物对氯气有一定的吸收和积累能力。在氯气污染区生长的植物，能不断地从环境中吸收 Cl_2，使其含量远高于本底值，一般能高出数倍到几十倍。实验证明，大麻黄、大叶女贞、樟叶槭、细叶榕、红柳、木槿、合欢、橡树、槐树等都具有较强的净化大气氯气污染的能力。

2. 绿色植物的减尘作用

绿色植物都具有减尘的作用，其滞尘量的大小与树种、林带、草皮面积、种植情况以及气象条件等均有密切的关系。

树木滞尘的方式有停着、附着和黏着三种。叶片光滑的树木其吸尘方式多为停着；叶面粗糙、有绒毛的树木，其吸尘方式多为附着；叶或枝干分泌树脂、黏液等，其吸尘方式为黏着。

绿地、林带对减少大气降尘量和飘尘量的效果非常显著。据各地测定，一年中无论哪个季节，绿地中的降尘量都明显低于工业区、商业区和生活居住区。绿地对减少空气飘尘量的效果也显著。据国内有关资料的介绍，以公园绿地飘尘量为最低。

草坪也具有减尘效果。生长茂盛的草皮，其叶面积为其占地面积的 20 倍以上。同时，其根茎与土壤表层紧密结合，形成地被，有风时也不易出现二次扬尘，对减尘有特殊的功能。如有草皮的足球场比无草皮足球场上空含尘量低 2/3～5/6。

一般来说，树叶的总叶面积大、叶面粗糙多绒毛，能分泌黏性油脂或汁浆的树种都是比较好的防尘树种，如核桃、毛白杨、构树、板栗、臭椿、侧柏、华山松、刺楸、朴树、重阳木、刺槐、悬铃木、女贞、泡桐等。

3. 绿色植物的杀菌作用

一般细菌大多附着于尘埃而悬浮于大气中。一方面，通过绿色植物的减尘作用，也就减少了空气中的细菌；另一方面，绿色植物本身也具有杀菌作用。

在林区，大气中的尘埃少，各种细菌数量也少，这是因为林木能分泌挥发性杀菌物质，如丁香酚、松脂、肉桂油等，这些物质均具有杀菌作用。$1\,hm^2$ 松柏树或松林，一昼夜可分泌出 $30～60\,kg$ 的这种杀菌素，足以清除一个中等城市空气中的各种细菌。据调查，林内空气中的含菌量只有 $300～400$ 个$/m^3$，约为城区百货商店的 $1/100\,000$。

4. 绿色植物吸收二氧化碳放出氧气的作用

绿色植物是吸收二氧化碳、放出氧气的天然加工厂。通常 $10\,000\,m^2$ 的阔叶林在生长季节一天能消耗 $1\,t$ 二氧化碳，放出 $0.73\,t$ 氧气。据有关材料说明，生长良好的草坪，在进行光合作用时，每平方米每小时可吸收二氧化碳 $1.5\,g$，所以白天如有 $25\,m^2$ 的草坪就可以把一个人呼出的二氧化碳全部吸收。由此可以看出，绿色植物特别是树木能吸收利用大量的二氧化碳并放出氧气，这对全球生物的生存与气候的稳定有着很大的影响。

除此之外，绿色植物还具有消减噪声、减少空气中放射性物质含量及辐射危害的作用。据测定，城市公园的成片树林可降低噪声 $10～20\,dB$。对于高层建筑的街道，没有树木的人行道比有树木的噪声高 5 倍。沿街房屋与街道之间，留有 $5～7\,m$ 宽的地带植树绿化，可以减低交通车辆的噪声 $15～25\,dB$。因此，树木对噪声的传播具有机械的阻隔和吸收作用，是一种"绿色的消声器"。此外，绿色植物也具有吸滞放射性物质的作用。据有关试验表明，在有辐射性污染的厂矿周围，设置一定结构的绿化林带，可明显地防止和减少放射性物质的危害。

5. 森林对大气污染防治的作用

森林是"地球的冰箱"，也有人把它称为"地球之肺"。光合作用的过程告诉我们，森林可以吸收制造"温室效应"的主要成分 CO_2，控制着地球气温的升高；同时还释放 O_2，吸收大气中的多种有害物质，对防治大气污染起着至关重要的作用。

此外，森林还具有保持水土、涵养水源的功能。

（二）大气污染的微生物防治

1. 有机废气的生物净化

废气的处理方法有很多，如属于物理化学方法的吸附、吸收、氧化和等离子体转化法。废气的生物处理法是近年来发展起来的空气污染控制技术，与常规的废气处理方法相比，生物处理法具有处理设备简单、投资及运行费用低、处理效果好、易于管理等优点。

气态污染物质的净化过程与废水净化过程很相似，即利用微生物的生命活动将废气中的有害物质转化为简单的无机物（如水、二氧化碳等）以及细胞质。由于微生物将废气中的有害物质进行转化的过程在气相中难以进行，所以废气生物净化过程与废水生物处理过程又有很大的区别，其最大区别在于：气态污染物首先要经历由气相转移到液相或固相表面的液膜中的传质过程，然后溶解于液相中的有机成分在浓度差的推动下，进一步扩散至生物膜，进而被其中的微生物捕捉吸收。在此条件下，进入微生物体内的污染物在其自身的代谢过程中作为能源和营养物质被分解，产生的代谢物一部分溶入液相，一部分作为细胞物质或细胞代谢能源，还有一部分（如 CO_2）则析出到空气中。如图 5-12 所示，工业废气中的有机物通过上述过程不断减少，从而被净化。

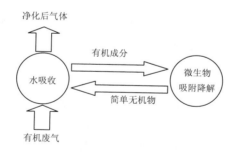

图 5-12　生物法净化处理工业废气的过程

（周少奇. 环境生物技术. 科学出版社，2003）

用于有机废气生物处理的微生物分为自养菌和异养菌两大类。自养型微生物可在没有有机碳的情况下，依靠 NH_4^+、H_2S、Fe^{2+} 等作为电子供体获取能量，通过 CO_2 等无机碳获取碳源。因此，它特别适合于无机物的转化，但新陈代谢较慢，负荷不是很高，这就使其应用受到一定的限制。异养菌则是通过对有机化合物的氧化来获取营养物质和能量，适合进行有机物的转化。异养菌主要有细菌、真菌、放线菌等。目前适合生物处理的气态污染物主要有乙醇、硫醇、酚、甲酚、吲哚、脂肪酸、乙醛、酮和胺等。

有机废气的生物处理方法主要有三种：生物滤池法、生物滴滤法及生物吸收法，其应用范围及优缺点见表 5-2。

表 5-2　废气生物处理工艺应用范围与比较

工艺名称	应用范围	优点	缺点
生物滤池法	污染物浓度<1 000 mg/m³，亨利常数<10	操作、启动容易，运行费用低	反应条件不易控制，对波动敏感，占地多
生物滴滤法	污染物浓度<500 mg/m³，亨利常数<1	反应条件易控制，产物不积累，占地少，压力损失小，可截留生长缓慢生物	传质表面小，起运过程复杂，剩余污泥需处理，运行费用较高
生物吸收法	污染物浓度<5 000 mg/m³，亨利常数<0.01	反应条件易控制，产物不积累，占地小，压力损失小	传质表面小，剩余污泥需处理，易冲击微生物，投资大，维护管理费用高

（周少奇. 环境生物技术. 科学出版社，2003）

2. NO$_x$ 的生物净化

氮氧化物是污染大气的主要污染物之一，主要来自化石燃料燃烧和硝酸、电镀等工业废气以及汽车排放的尾气，其特点是量大面广，难以治理。全球每年排放的 NO$_x$ 总量达 3 000 万 t，而且还在不断增长。通常所说的 NO$_x$ 主要包括 N$_2$O、NO、NO$_2$、N$_2$O$_3$、N$_2$O$_4$、N$_2$O$_5$，其中污染大气的主要是 NO 和 NO$_2$。含有 NO$_x$ 的废气的排放会给生态环境和人类生活生产带来严重的危害，早已引起人们的广泛关注和重视，世界各国都在努力寻找和研究高效低成本的 NO$_x$ 治理技术。

传统的 NO$_x$ 转化法有催化转化、燃烧、吸附等物理化学方法，这类方法一般费用较高，操作烦琐。生物转化法是一种新型高效的处理方法，是利用微生物的生物化学作用，使污染物分解，转化为无害和少害的形式。生物净化 NO$_x$ 具有设备简单、能耗低、费用低、不消耗有用的原料、安全可靠、无二次污染等优点。

微生物处理 NO$_x$ 与微生物处理有机挥发物和臭气有很大的不同。NO$_x$ 构成中不含碳元素，属于无机气体，因此，微生物净化 NO$_x$ 时需外加碳源，实际上是以 NO$_3^-$ 为电子受体的生物反硝化生成 N$_2$ 的过程。所以在反硝化之前，应先使 NO$_x$ 气体与水接触形成 NO$_3^-$。

用于生物净化 NO$_x$ 气体的脱氮菌包括异养菌和自养菌，以异养菌居多，如无色杆菌属、产碱杆菌属、杆菌属、色杆菌属、棒杆菌属、盐杆菌属、生丝杆菌属、假单胞菌属等。自养菌有亚硝化单胞菌、脱氮硫杆菌等。

处理 NO_x 的装置可分为两类：一类是固定式反应器，它是把微生物固定在填料上，微生物培养液在外部循环，待处理的废气在填料表面与微生物接触，并被微生物捕获去除；另一类是悬浮式反应器，是把微生物培养液装填在反应器中，待处理废气以鼓泡等方式通入反应器内，再被微生物捕获并去除。

3. SO_2 的生物净化

燃煤引起的 SO_2 排放问题是当前国际上最关注的热点环境问题之一。SO_2 不仅带来严重的环境污染，而且由于 SO_2 具有水溶性，是引起酸雨的主要物质。目前对 SO_2 气体常用的处理方法多为物理方法和化学方法，虽然处理效果好，但成本较高，存在二次污染等问题，相比之下生物法具有运行成本低、能耗少、二次污染少等优点。近年来，国际上采用生物技术进行烟气脱硫取得了重要进展。

荷兰 Pagues 公司和 Hoogovens 能源环境技术服务公司开发了 Biostar 工艺。先吸附 SO_2 气体并使之与 NaOH 反应转化为亚硫酸盐，然后由硫酸还原菌将其转化为 H_2S，最后采用硫醚杆菌将 H_2S 转化为元素硫。该技术在荷兰一家造纸厂的工业应用表明，可将废气中的 H_2S 由 1 200 μg/g 降至 40 μg/g，产硫 0.2 t/d。另外，美国爱达荷国家工程实验室也开发出了采用硫酸盐还原菌处理烟气 SO_2，产生 H_2S，再将 H_2S 转化为单质硫的工艺。

这些研究进展将为烟气脱硫开辟新的途径。

三、固体废物处理的生物技术

固体废物（Solid Waste）是指在生产、生活和其他活动中产生的在一定时间和地点无法利用而被丢弃的污染环境的固态、半固态废弃物质。

固体废物来源广泛，种类繁多，组成复杂。按其化学组成可分为有机废物和无机废物；按其危害性可分为一般固体废物和危险性固体废物；按其形状可分为固体废物（粉状、粒状、块状）和泥状废物（污泥）；通常按其来源的不同分为矿业废物、工业废物、城市垃圾、农业废物和放射性废物五类。

固体废物对人类环境危害很大，主要表现为侵占土地、污染土壤、污染水体、污染大气、影响环境卫生，另外还可能造成燃烧、爆炸、接触中毒、严重腐蚀等特殊损害。

固体废物处理方法包括物理处理、化学处理、固化处理、焚烧处理、热解处理、生物处理六类。生物处理是指依靠自然界广泛分布的微生物的作用，通过生物转化，将固体废物中易于生物降解的有机组分转化为腐殖质肥料、沼气或其他转化产品（如饲料蛋白、乙醇、糖类等），从而达到固体废物无害化或综合利用的一种处理方法。这是处理固体废物的有效而经济的技术方法。许多环境污染物往往含有大量的生物组分大分子有机物及其中间代谢物，如碳水化合物、蛋白质、脂肪、氨基酸、脂肪酸等，这些物质一般都较容易为微生物降解，常用的可生物处理的固体废物见表 5-3。

表 5-3　可生物处理废物的种类和来源

废物种类	主要来源
城市废物	主要有污水处理厂剩余污泥和有机生活垃圾
工业废物	主要包括含纤维素类废物、高浓度有机废水、发酵工业残渣（菌体及废原料）
畜牧业废物	主要指禽畜粪便
农林业废物	主要是指植物秸秆，如稻麦等的秸秆、壳、蔗渣、棉秆、向日葵、玉米芯、油茶壳等
水产废物	主要指海藻、鱼、虾、蟹类加工后的废物
泥炭类	包括褐煤和泥炭

（王国惠. 环境工程微生物学. 化学工业出版社，2005）

目前，固体废物的生物处理法主要包括好氧堆肥化和厌氧发酵技术。

（一）堆肥化

堆肥化（Composting）是指在人工控制条件下，利用自然界广泛分布的细菌、放线菌和真菌等微生物将固体废物中可生物降解的有机组分分解，向比较稳定的腐殖质进行生化转化的微生物过程。适用于堆肥化处理的废物主要有城市垃圾、粪便、城市污水及某些工业废水处理过程中产生的污泥、农林废物等。

堆肥工艺是一种很古老的有机固体废物的生物处理技术，早在化肥还没被广泛施于农业之前，堆肥一直是农业肥料的来源，人们将杂草落叶、动物粪便等堆积发酵，其产品称之为农家肥。随着科技的进步，这一古老的堆肥方式已逐步实现机械化和自动化。

根据堆肥化过程中微生物对氧气的需求情况不同，可区分为好氧堆肥和厌氧堆肥。好氧堆肥是在通气条件好、氧气充足的条件下通过好氧微生物活动使有机废弃物得到降解和稳定的过程。此过程速度快，堆肥温度高（一般为 50~60℃，极限可达 80~90℃），故又称为高温堆肥。厌氧堆肥是在通气条件差、氧气不足的条件下借助厌氧微生物进行的一种发酵堆肥。该过程堆肥速度慢，堆肥时间是好氧堆肥法的 3~4 倍甚至更多。现代化的堆肥工艺基本上都是好氧堆肥法。

1. 好氧堆肥化原理

好氧堆肥化是在有氧的条件下，好氧菌对有机物进行吸收、氧化、分解。微生物通过自身的生命活动——新陈代谢过程，把一部分被吸收的有机物氧化分解成简单的无机物，并提供生命活动所需要的能量，把另一部分有机物转化合成新的细胞物质，使微生物增殖，产生出更多的生物体。好氧堆肥过程可用图 5-13 来表示。

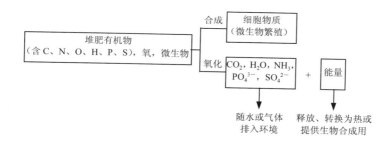

图 5-13 有机物的好氧堆肥分解

（蒋辉. 环境工程技术. 化学工业出版社，2003）

有机物在生化降解的过程中，伴有热量产生，由于热量不能全都散发出去，就必然会造成堆肥物料的温度升高。这样就会使部分不耐高温的微生物死亡，耐高温的细菌快速繁殖。好氧分解中，发挥作用的主要是菌体硕大、性能活泼的嗜热细菌群。该菌群在大量氧分子存在下将有机物氧化分解，同时释放出大量能量。根据堆肥过程中温度的变化，可大致分为三个阶段。

（1）中温阶段（产热阶段） 这是堆肥化过程的起始阶段，堆层呈中温（15～45℃）。此时，嗜温型微生物活跃，利用可溶性物质如糖类、淀粉等不断增殖，在转换和利用化学能的过程中产生的能量超过细胞合成所需的能量，加上物料的保温作用，堆层温度不断上升，以细菌、真菌、放线菌为主的微生物迅速繁殖。

（2）高温阶段 堆层温度上升到 45℃以上，便进入高温阶段。从废物堆积发酵开始，不到 1 周时间，堆层温度一般可达到 65～70℃，或者更高。这一阶段，堆肥起始阶段的嗜温型微生物受到抑制甚至死亡，取而代之的是一系列嗜热型微生物。它们生长所产生的热量使堆肥温度进一步升高。除前一阶段残留的和新形成的可溶性有机物继续被分解转化外，半纤维素、纤维素、蛋白质等复杂有机物也开始强烈分解。在温度上升的过程中，嗜热型微生物的类群和种类是互相接替的。在 50℃左右活动的主要是嗜热型真菌和放线菌；在 60℃时，仅有嗜热型放线菌与细菌活动；70℃以上，对大多数嗜热型微生物已不适宜，从而大批进入死亡或休眠状态，只有嗜热型芽孢杆菌在活动。在高温阶段，嗜热型微生物按其活性，又可分为三个阶段：对数增长期、减速增长期和内源呼吸期。微生物经三阶段的变化后，堆层便进入与有机物分解相对立的腐殖质形成阶段，堆肥物料逐步进入稳定状态。

高温对于杀死大多数病原菌和寄生虫也是极其重要的。一般认为，堆层温度在 50～60℃、持续 6～7 d，可达到较好的杀灭虫卵和病原菌的效果。

（3）降温阶段（腐熟阶段） 经过高温阶段的主发酵，大部分易于分解或较易分解的有机物（包括纤维素等）已得到分解，剩下的是木质素等较难分解的有机物以及新形成的腐殖质。这时，微生物活性下降，发热量减少，温度下降，嗜温型微生物占有优势，可对残余较难分解的有机物作进一步分解，腐殖质不断积累且稳定化，堆肥便进入腐熟阶段，需氧量大大减少，含水率也有所降低，物料孔隙增大，氧扩散能力增强，此时只需自然通风。

在冷却后的堆肥中，一系列新的微生物（主要是真菌和放线菌），将利用残余有机物（包括死掉的细菌残体）进行生长繁殖，最终完成堆肥过程。可以认为，堆肥过程既是微生物生长、死亡的过程，也是堆肥物料温度上升与下降的动态过程。

2. 好氧堆肥化方法

好氧堆肥化方法有间歇堆肥法和连续堆积法两种。

（1）间歇堆肥法（野积式堆肥法）　又称为露天堆肥法。是我国长期以来沿用的一种方法。是把新收集的垃圾、粪便、污泥等废物混合分批堆积，一批废物堆积之后不再添加新料，让其中的微生物参与生物化学反应，使废物转变成腐殖土样的产物，然后外运。前期大约需要5周，1周要翻动1～2次，然后再经过6～10周熟化稳定，全过程需要30～90 d。这种方法要求场地坚实不透水。

（2）连续堆积法（工厂化机械堆肥）　现代化的堆肥操作，多采用成套密闭式机械连续堆制，使原料在一个专门设计的发酵器或生物稳定器的设备内完成动态发酵过程，经动态发酵的产物运往后发酵室堆成堆体，再静态发酵。这种堆肥方法具有发酵快、堆肥质量高，能防臭、能杀死全部细菌、成品质量高、成本较低等特点。连续堆积法采用的发酵器很多，一般分为立式发酵器和卧式发酵器。

（二）制取沼气

随着天然能源的日渐匮乏，以及固体废物对环境污染的日趋严重，利用有机垃圾、植物秸秆、人畜粪便、污泥等制取沼气，除了能使有机污染物的降解达到稳定外，还具有许多其他优点，如工艺简单、质优价廉，而且严格密封好的沼气池还能提高原料的肥效和杀灭寄生虫卵等，可改善环境卫生。

1. 制取沼气的原理

沼气发酵是利用人畜粪便、垃圾、杂草、落叶等有机物质在厌氧的条件下，通过厌氧微生物（或兼性微生物）的作用——发酵，将有机物分解转化为沼气（主要是甲烷和二氧化碳）。

沼气发酵过程可分为液化、产酸和产甲烷三个阶段，可概括为下式：

$$\text{复杂的有机质} \xrightarrow{\text{细菌分解}} \text{简单的有机酸、醇、}CO_2\text{、}H_2O\text{ 等} \xrightarrow{\text{产生甲烷细菌作用}} \text{甲烷}$$

（1）液化阶段　在这一阶段，主要是发酵细菌在起作用，固体有机物受微生物胞外酶的体外酶解作用，使多糖类水解成单糖，蛋白质转变成肽和氨基酸，脂肪转变成甘油和脂肪酸，都形成可溶性物质。

（2）产酸阶段　主要是醋酸菌起作用。产酸细菌将液化阶段的液化产物降解成低级挥发性脂肪酸、醇、酮、醛、二氧化碳及氢气等，产物80%为醋酸。

（3）产甲烷阶段　主要是产甲烷细菌，将产酸阶段中产生的挥发性有机物降解成甲烷和二氧化碳，同时利用产酸阶段产生的氢将二氧化碳还原成甲烷。

上述三个阶段相互衔接，相互保持动态平衡，基质的组成和浓度、中间产物的浓度相对稳定，相应的有机物的降解速度与产甲烷的速度也随之稳定。如果平衡被破坏，产气将停滞，应采取措施使之迅速恢复正常。

2．沼气发酵的主要控制因素

沼气发酵的主要控制因素包括以下几个方面：

（1）严格的厌氧环境　在沼气发酵中起主要作用的是产酸菌和产甲烷菌，它们都属于厌氧菌，特别是产甲烷菌对氧特别敏感，在氧气中暴露几秒钟就会死亡。因此沼气池必须严格密封，做到不漏水、不漏气，这是制取沼气的关键。

（2）发酵原料要充足　沼气发酵需要充足的有机废弃物作为原料。一般来讲，人畜粪便、含有机物较多的下水道污泥、腐烂的动物残体、沼气池沉渣、屠宰场、酒厂、味精厂的污水和污泥中均含有丰富的沼气菌种，只有具备足够优良的接种物才能保证沼气发酵高效运行。

（3）要有适宜的发酵浓度和碳氢比　料液在发酵过程中需要保持一定的浓度，如果浓度过大，就会使料液酸化，使发酵过程受阻；浓度过低，料液中有机物含量较少，沼气产量就低。最适宜的发酵浓度为6%～10%。沼气菌的繁殖靠碳元素提供能量，靠氮元素构成细胞，因此需要有适当的碳与氮的比例，适宜的碳氮比为20：1～30：1。根据季节的不同，发酵浓度和碳氮比在夏季可适当低一些，在冬季可适当高一些。

（4）要有适宜的pH　pH对沼气菌的活动有影响。沼气菌适宜在中性或微碱性的环境中繁殖，发酵液的pH保持在6.8～7.5为宜。pH过高或者过低都会对发酵过程产生抑制作用，甚至使发酵过程不能正常进行。

（5）要有适宜的温度　一般来说，沼气菌在8～60℃的范围内均能发酵产气，但是随着温度的升高，沼气菌生长、繁殖的速度加快，从而使产气量增加。我国广大农村普遍采用的是常温发酵。

四、土壤污染防治的生物技术

农业生态环境中，土壤是连接生物与非生物、有机界与无机界的枢纽。当工农业生产中所产生的"三废"（废水、废气、废渣）污染物通过水体、大气或直接向土壤中排放转移，并积累到一定程度，超过土壤自净能力时，会导致土壤生态功能降低，进而对土壤动植物产生直接或潜在的危害，就称为土壤污染。由于现代工农业生产的飞跃发展，有的地方农药、化肥过度使用，工矿企业固体废弃物向土壤倾倒和堆放，城市污水、工业废水、大气沉降物也会进入土壤，使土壤污染日益严重。

土壤污染物质笼统地可分为无机和有机两大类。无机的有汞、铬、铅、铜等重金属离子、非金属中的砷、氟、过量的氮、磷和硫等元素及其有毒化合物、放射性元素等；有机物有酚类、腈化物、有机农药、原油和部分矿物油等。这些污染物通过不同的方式和途径进入土壤系统中，给土壤生态系统带来危害。

土壤是人类及一切陆生动植物赖以生存和发展的物质基础之一，土壤一旦受到污染，不仅土质变差，降低农产品的产量和质量，使土壤中生物多样性降低，更重要的是污染物通过食物链进入牲畜及人体内，直接危害人体健康和牲畜的生长发育及繁殖。

（一）土壤自净作用

土壤是环境系统中一个重要的净化体。土壤中存在大量的有机胶体和无机胶体、微生物和土壤动物，具有同化和代谢外来物质的能力，使有毒有害物质转化为无毒无害物质。土壤自净作用是指以各种方式进入土壤的污染物，通过土壤的物理、化学和生物的复杂作用，使污染物质逐渐转化、减毒、消失，最终使土壤恢复到原有的生态功能的过程。土壤的自净作用对维持土壤生态平衡起着重要的作用。

污染物进入土壤系统后常因土壤的自净作用而使污染物在数量和形态上发生变化，使毒性降低甚至消失。但是，对相当一部分种类的污染物如重金属、固体废弃物等毒害很难被土壤自净能力所消除，因而在土壤中不断地被积累最后造成土壤污染。

土壤自净能力是有一定限度的，受到很多因素的制约，一方面与土壤自身理化性质如土壤黏粒、有机物含量、土壤温湿度、pH、阴阳离子的种类和含量等因素有关；另一方面受土壤系统中微生物的种类和数量制约。当进入土壤系统的污染物的量低于土壤容量（土壤对污染物的最大承受能力或负荷量）时，土壤能发挥正常的净化作用，不被污染，一旦污染物超过土壤最大容量将会引起不同程度的土壤污染，进而影响土壤中生存的动植物，最后通过生态系统食物链危害牲畜及人体健康。因此，应根据不同土壤污染类型进行治理。

土壤自净作用包括三种方式：物理自净、化学自净和生物自净。物理自净只改变污染物的物理性状、空间位置，如土壤颗粒表面吸附作用；化学自净是指污染物的性质、形态和价态发生改变，如重金属元素与 S^{2-} 离子形成沉淀而降低污染物毒性；生物自净是指生物降解、生物转化和生物富集污染物质的过程，如微生物将农药降解为小分子化合物。土壤的自净作用是上述三种过程共同作用的结果。

（二）土壤污染的生物治理

我国是耕地资源极其匮乏的国家，近年来其数量又在不断减少，然而，我国的土壤污染问题日趋严重，并已成为限制农业可持续发展的重大障碍，因此采取有效措施防治土壤污染对于合理利用土地、保护人民身体健康、提高人民生活质量具有极其重要的意义。

对于土壤污染的防治，首先要控制和消除土壤污染源，即控制进入土壤中各种污染物的数量和速度，通过其自然净化，而不致引起土壤污染，这是防止土壤污染的根本措施。同时，对已经污染的土壤要采取一切有效措施，消除土壤中的污染物，或控制土壤中污染物的迁移转化，使其最终不能进入食物链。

长期以来，被污染土壤的改造多是采用物理和化学方法，如换土、深翻以及施用化学性物质，使它们和化学性污染物起反应，使污染物降解或降低它们的活性。但是这些处理方法往往需要消耗大量的人力和物力，同时还有可能造成二次污染。生物方法治理土壤污染作为一种行之有效又不污染环境的方法，正越来越得到人们的重视，研究范围越来越广泛。

土壤中存在有大量的微生物，可对土壤污染起到一定的净化作用。土壤中的某些微生物对重金属具有吸收、沉淀、氧化和还原等作用，降低土壤中重金属的毒性。如Citrobacter sp 产生的酶能使 Cu、Pb、Cd 形成难溶磷酸盐；原核生物（细菌、放线菌）比真核生物（真菌）对重金属更敏感，革兰氏阳性菌可吸收 Cd、Cu、Ni、Pb 等。

微生物对土壤中有机物，如酚、氰及某些有机农药具有降解、转化、生物固定化等作用。如人们经常用低浓度酚水灌溉，土壤的微生物系发生明显的变化，吃酚的微生物群落生机勃勃，酚氧化酶活跃，微生物对酚类的分解作用使土壤中酚很快得到净化。接种某些微生物于土壤可促使部分农药的分解，微生物对有机氯农药可起脱氯作用，可使酰胺类除草剂水解、还原、络合等，从而使土壤污染得到治理。

另外，还可以利用植物治理方法降低土壤中重金属的含量，即利用某些植物能忍耐和超量积累某种重金属的特性来清除土壤中的重金属。在长期的生物适应进化过程中，少数生长在重金属含量较高土壤中的植物产生了适应重金属胁迫的能力。这些植物对重金属胁迫的适应方式有三种，即不吸收或少量吸收重金属元素；将吸收的重金属元素结合在植物地下部分使其不向地上部分转移；大量吸收重金属元素并保存在体内，同时植物仍能正常生长。因此，可利用第三种类型植物（超积累植物）来去除土壤中的重金属。

由于不同植物对不同金属的吸收积累差别显著，人们针对被污染土地的主要方法是种植容易吸收、积累该金属的植物，借以降低土壤中该重金属含量而达到去污目的。例如，印度芥菜可吸收 Zn、Cd、Cu、Pb 等，在 Cu 为 250 mg/kg、Pb 为 500 mg/kg、Zn 为 500 mg/kg 条件下能生长，在 Cd 为 200 mg/kg 时出现黄化现象；

高山甘薯类植物可吸收高浓度的 Cu、Co、Mn、Pb、Se、Cd 和 Zn 等重金属元素；某些蕨类植物对土壤中镉的吸收率达 10%，而水稻则仅为 0.2%，通过种植蕨类植物可以吸收被镉严重污染的土壤中的镉，使土壤污染较快得到改造。被硒严重污染的土壤，则可栽种紫云英类，它的吸收能力可达 $1 \times 10^3 \sim 1 \times 10^4$ mg/kg，并且紫云英地上部分的硒积累量大于地下部分，收获地上部分即可相当程度地减轻一些土壤污染。据现有的研究资料发现，禾本科、石竹科、茄科、十字花科、蝶形花科及杨柳科等科中的部分植物物种具有这一特性。

吸收积累了污染物的植物体，必须进行妥善处理，防止污染物重返土壤，由于许多植物吸收的重金属主要积累在根部，收获时根部较难回收，所以它较易返回土壤，给用植物方法吸收污染物去除土壤污染的方法带来一定局限性。此外，还要防止污染物从食物链上传到人、畜，因而需依污染物种类、污染物在植物体内情况及植物种类而分别采取各自恰当的措施。

总之，在土壤污染的治理改造中生物治理已占据了极为重要的特殊位置，人们对生物治理的研究越来越广泛深入。生物治理土壤污染的发展方向将是用生物工程方法培养具有多功能高降解能力的生物或是用酶固定化技术制备若干功能催化剂来降解污染物，同时继续寻找自然界中存在的降解、防治污染的生物种群。

第四节　污染环境的生物修复

一、生物修复的概念

生物修复（Bio-remediation）是指利用微生物、植物或动物，吸收、转化受污染场地（水体、土壤）中的有机污染物或其他污染物，去除其毒性，使受污染场地恢复生态功能的一种生物处理过程，是改善环境质量最有效的方法。生物修复技术以其安全、经济以及能够治理大面积污染的特点而成为一种可靠的环保技术，得到世界环保部门的认可和工业界的关注。

生物修复可以消除或减弱环境污染物的毒性，减少污染物对人类健康和生态系统的危害。这项技术的创新之处在于它精心选择、合理设计操作的环境条件，促进或强化在天然条件下本来发生很慢或不能发生的降解或转化过程，从而加速污染物的降解与去除。

与传统的污染物生物处理（好氧或厌氧）工程不一样，生物修复是针对受污染场地（面源污染及污染物已经进入环境）利用生物自净功能或强化生物净化能力对污染物进行降解的过程。而传统的污染物生物处理工程是建造成套的处理设施，对排放污染物（点源污染及污染物排入环境之前）进行集中处理后再排入环境中。

与化学修复、物理修复等方法相比，生物修复具有如下优点：

（1）处理费用低。生物修复技术是所有处理技术中最经济的，其费用仅为化学修复、物理修复的 30%～50%，植物修复土壤的费用更低，比物理、化学方法处理低几个数量级。

（2）对环境影响小，不产生二次污染。生物修复是一个经强化或不经强化的自然过程，其最终产物是水、二氧化碳和脂肪酸等，因此不会产生二次污染，也不会导致污染物的转移，且可将污染物永久性去除。

（3）能尽可能地降低污染物的浓度，恢复并提高自然环境的自净能力。

（4）应用范围具有独特的优势。适用于在其他技术难以应用的场地，如位于建筑物或公路下受污染的土壤，而且能同时处理受污染的土壤和地下水。

二、污染环境的微生物修复

（一）微生物修复原理

环境中存在着各种降解、净化有毒有害有机污染物的微生物，通过微生物的降解和转化，将有机污染物转化为无害的小分子化合物以及二氧化碳与水。但是，由于环境条件的限制，微生物自然净化速度很慢，不可能降解进入环境的所有污染物。微生物修复主要是利用天然存在的或特别培养的微生物在精心选择、合理操作、人工强化的环境条件下，促进或强化在天然条件下原本发生很慢或不能发生的降解反应，使之能够快速有效地进行，从而将有毒污染物转化成无毒物质的处理技术。例如，通过提供氧气，添加氮、磷营养盐，接种经驯化培养的高效微生物等来强化微生物的降解过程，达到迅速去除污染物的目的。

根据生物修复利用微生物的情况，可以分为使用污染环境土著微生物、外来微生物和基因工程菌来对污染环境进行修复。

（1）土著微生物 是指污染环境中自然存在的降解微生物，这些土著微生物在遭受有毒有害污染物污染过程中，存在一个驯化选择的过程，一些特异的微生物在污染物的诱导下产生分解污染物的酶系，将污染物降解转化。目前大多数实际的生物修复工程中使用的都是土著微生物，因为土著微生物降解污染物的潜力巨大，与外来微生物和基因工程菌相比，具有更高的生物活性。

（2）外来微生物 虽然土著微生物在环境中广泛存在，但其生长速度较慢、代谢活性不高，或者由于污染物的存在而造成土著微生物的数量下降，这就需要接种一些降解污染物的高效菌，来提高受污染环境的修复能力。

（3）基因工程菌 随着化学工业的迅猛发展，大量的合成有机化合物进入环境，其中很大部分难以生物降解或降解缓慢，如多氯联苯、多氯烃类化合物等。采用基因工程技术，通过降解性质粒 DNA 的体外重组、质粒分子育种、原生质体融合技术，可以将多种降解基因转入同一微生物中，获得具有广泛降解能力的基因工程菌。这样可使一种微生物具有降解多种污染物的能力，或使微生物具有快速降解转化某种特殊污染物的能力。尽管利用基因工程菌可有效地提高对污染物的降解能力，但基因工程菌释放到环境中是否会给人和其他生物带来新的疾病或影响其遗传基因而引起生物安全隐患，是颇受关注和争论的问题。

（二）影响微生物修复的因素

生物修复过程中，影响微生物生长、活性及存在的因素包括物理、化学及生物因素。这些因素影响微生物对污染物的转化速率，也影响生物降解产物的特征和持久性。研究表明，污染现场环境条件对生物修复的效果有很大影响。对微生物而言，自然条件下影响其生物降解速率及产物的因素主要有以下几个方面：

（1）非生物因素　非生物因素包括温度、pH、湿度（对土壤而言）、盐度、有毒物质、静水压力（对土壤深层或深海沉积物而言）等。

（2）营养物质　许多有机物可作为微生物的碳源和能源，而无机营养物质氮、磷是限制微生物活性的重要因素，为了使污染物达到完全的降解，在多数情况下需添加营养物质以促进生物代谢的进行。如在石油污染的海洋中不断提供 N 和 P，可促进石油的生物降解。

另外，许多细菌及真菌还需要一些低浓度的生长因子，如氨基酸、B 族维生素、脂溶性维生素及其他有机分子。

（3）电子受体　微生物的活性除了受到无机营养物质的限制外，污染物氧化分解的最终电子受体的种类和浓度也极大地影响着污染物生物降解的速率和程度。微生物的生物降解过程是一个氧化还原反应，即有机物不断丢失电子的过程，需要有特定的电子受体来接受这些丢失的电子。在好氧条件下的电子受体是氧气，在厌氧条件下的电子受体是无机氧化物，如硝酸盐、硫酸盐和二氧化碳、三价铁、中间代谢产物等。

（4）共代谢基质　共代谢作用是微生物降解一些难降解污染物的重要途径，因此，共代谢基质对生物修复也有影响。如以甲醇为基质时，一株洋葱假单胞菌能对三氯乙烯共代谢降解；某些分解代谢酚或甲苯的细菌也具有共代谢降解三氯乙烯、1,1-二氯乙烯、顺-1,2-二氯乙烯的能力，特别是某些微生物菌还能共代谢降解氯代芳香类化合物。

（5）微生物的协同作用　自然环境中存在众多的微生物种群，多数生物降解过程需要两种或多种不同种类的微生物的协同作用，这种协同作用有利于将某些微生物作用产生的中间产物或有毒产物进行转化，提高生物修复作用的效果。

（6）污染物与污染环境的物化性质　污染物的物化性质主要指参与生物修复的特性，如化合物的物性、迁移转化、反应性、降解性等，了解污染物的理化性质是判断能否采用生物修复技术，采用何种技术加速生物修复过程的重要方面。

　　污染环境的性质包括污染现场的地质、气象、水文、生物等因素，土壤的理化性质等。如土壤特性可影响污染物和微生物的相对活性，进而影响生物修复速度和氧的浓度。

三、污染环境的植物修复

（一）植物修复原理

　　植物修复，是以植物具有忍耐和超量积累某种或某些化学元素能力的理论为基础，利用植物及其共存微生物体系，包括植物对污染物的吸收与富集、根系分泌物以及土壤微生物对污染物的降解等综合因素清除环境中污染物的一种治理技术。植物修复技术是一个更经济、更适于现场操作的去除环境污染物的技术。它不仅可以去除环境中的有机污染物，还可去除环境中的重金属和放射性核素，并且植物修复适用于大面积、低浓度的污染位点。因此，植物修复在富营养化地表水体的修复和土壤重金属污染修复方面有一定的优势，有的已达到商业化水平，是生物修复中的一个研究热点。

　　由于污染物的理化特性和环境行为不同，加之植物新陈代谢的各异，污染物植物修复的作用机理也不尽相同，主要修复类型及原理见表5-4。

表5-4　某些植物修复类型及其基本原理

类型	去除污染物的原理
植物提取	可积累污染物的植物将土壤中的金属或有机物富集于植物可收获的部分
植物降解	植物或植物与微生物共同作用降解有机污染物
植物挥发	植物挥发污染物
植物固定	植物降低环境中污染物的生物有效性
根系过滤	植物根系吸附和吸收水中或废水中污染物
植物激活	植物分泌物激活微生物的降解行为

（陈欢林. 环境生物技术与工程. 化学工业出版社，2003）

（二）重金属和有机污染物的植物修复

1. 重金属的植物修复

　　重金属污染不同于有机物污染，它不能被生物所降解，只有通过生物的吸收得以从环境中去除。利用植物对重金属污染环境进行原位修复是解决环境中重金属污染问题的一个很有前景的选择。

　　植物修复技术根据其原理可分为以下几种类型。

139

（1）植物吸收（植物提取）　植物吸收是目前研究最多并且最有发展前景的一种方法。它是利用一些植物对重金属离子进行吸收并将它们输送储存在植物体的地上部分，通过收获地上部分来达到减少土壤重金属含量的目的。

重金属污染的植物吸收修复过程主要是利用重金属超累积植物（Hyperaccumulation Plant）来实现的。重金属超累积植物是指对重金属的吸收量超过一般植物 100 倍以上的植物。超累积植物积累的铬、钴、镍、铜、铅含量一般在 0.1% 以上，积累的锰、锌含量一般在 1% 以上。能用于污染土壤植物修复的超累积植物应具备以下几个特性：即使在污染物浓度较低时也有较高的积累效率；能在体内积累高浓度的污染物；能同时积累多种重金属；生长快、生物量大；抗虫抗病能力强。

目前，人们已经找到了 400 多种能超量积累各种重金属的植物，重金属超累积植物可通过根部直接吸收水溶性重金属，重金属作用离子通过扩散作用到达植物根系表面后，可被植物吸收、浓缩。研究表明，重金属在超累积植物中的临界标准远远高于一般植物及土壤中的平均浓度值，见表 5-5。用植物提取的方法来修复重金属污染土壤，其成功与否取决于植物体内重金属含量的高低和植物生物量的大小。

（2）植物挥发　植物挥发是利用植物去除土壤中的一些易挥发性污染物，即植物将污染物吸收到体内后又将其转化为气态物质，释放到大气中。如硒、砷、汞等金属可以生物甲基化而形成可挥发性的气态。利用某些芥子科植物去除土壤中的 Hg，这些植物能将从环境中吸收的 Hg 还原成气体而挥发；一些农作物如水稻、花椰菜、胡萝卜、大麦、苜蓿及一些水生植物等具有较强的吸收并挥发硒的能力。

由于植物挥发只适用于挥发性污染物，应用范围很小，并且将污染物转移到大气和生物中有一定的风险，因而限制了它的应用。

表 5-5　重金属在土壤普通植物中的平均浓度及其在超累积植物中的临界标准　　单位：mg/g

重金属元素	土壤	普通植物	超累积植物临界标准
Cd			100
Co	10	1	1 000
Cr	60	1	1 000
Mn	850	80	1 000
Cu	20	10	1 000
Ni	40	2	1 000
Pb	10	5	1 000
Zn	50	100	10 000

（周少奇. 环境生物技术. 科学出版社，2003）

（3）植物固定　植物固定是利用植物和土壤的共同作用，将污染物固定为稳定的形态，使其不能为生物所利用，以减少对生物和环境的危害。如植物枝叶分解物、根系分泌物对重金属的固定作用、腐殖质对金属离子的螯合作用等。研究表明：一些植物可降低铅的生物可利用性，缓解铅对环境中生物的毒害作用。植物还可以通过根际微生物改变根际环境的 pH 和 E_h 来改变重金属的化学形态，固定土壤中的重金属。如印度芥菜的根能使有毒的、生物有效性高的 Cr^{6+} 还原为低毒的、生物有效性低的 Cr^{3+}。

在植物固定过程中，重金属含量并不减少，只是形态发生了变化。植物固定并没有将环境中的重金属离子去除，只是暂时将其固定，使其对环境中的生物不产生毒害作用，没有彻底解决环境中的重金属污染问题。如果环境条件发生变化，金属的生物可利用性可能又会发生改变。因此植物固定不是一种很理想的去除环境中重金属的方法。

（4）植物过滤（根系过滤）　利用植物根系的吸收能力和巨大的表面积或利用整个植株来去除废水中的重金属。水生植物、半水生植物和陆生植物均可作为根系过滤的材料。目前已筛选出几种较理想的植物，如向日葵和印度芥子菜等。

2. 有机污染物的植物修复

有机污染物的植物修复是利用植物及其相关的微生物区系将有机污染物转化为无毒物质的过程，可用于石油污染、炸药废物、燃料泄漏、氯代溶剂、填埋渗滤液及农药有机污染土壤的治理。植物修复的成功与否与有机污染物的生物利用性有很大关系。这种生物利用性是通过植物—微生物系统吸收和代谢的能力，与化合物的亲脂性、土壤的类型和污染物类型有关。有机物的植物修复主要通过如下三种机制：

（1）有机污染物的直接吸收和降解　植物从土壤中直接吸收有机物，然后将没有毒性的代谢中间体储存在植物组织中，这是植物去除环境中的中等亲水性有机污染物的一个重要机制。有机物被吸收后，可以通过木质化作用转化为无毒的木质素，储存于植物细胞中。也可通过生物化学反应，矿化为二氧化碳和水，甚至挥发。概括起来，植物对污染物的吸收受三个因素的影响：化合物的化学特性、环境条件和植物种类。因此，要提高植物对环境中有机污染物的去除率，应从这三方面入手。

（2）植物酶的作用　研究表明，植物释放出的酶（如硝酸还原酶、脱卤酶、过氧化物酶、漆酶和腈消解酶）对有机污染物的降解有重要作用。这些酶可使相关的有机污染物降解速度大大加快，使化学污染物从土壤中的解吸和质量转移成为限速步骤。植物死亡后酶释放到环境中还可以继续发挥分解作用。硝酸还原酶和漆酶能分解炸药废物（TNT），并将破碎的环状结构结合到植物材料或有机物残片中，变成沉积有机物的一部分。植物来源的脱卤酶，能将含氯有机溶剂三氯乙烯还原为氯离子、二氧化碳和水。

（3）根际的生物降解作用　植物根际在有机物生物降解中起重要作用。植物根系给微生物提供了生境，在植物根际微域，根系分泌物和分解产物为微生物繁殖提供了营养，使根域附近存在大量微生物，植物根系还可以强化根际的矿化作用，通过细根的迅速腐解可向土壤中补充有机碳，从而促使根际微域中有毒有害有机物的降解。此外，植物根系有丰富的菌根真菌生长，菌根真菌与植物根系形成共生体——菌根，具有独特的酶系统和代谢途径，使自生细菌不能降解的有机物得以降解。据报道，植物根际可以加速脂肪烃类、多环芳烃类和农药的降解。

植物修复是一项正处于发展之中，并且具有广阔应用前景的新技术，具有良好的生态效益。但该技术研究和应用时间较短，在理论体系、修复机理及技术工艺上仍需进一步完善。

复习与思考题

1. 生物对污染物的吸收主要有哪些途径？
2. 什么是生物转化、生物放大？
3. 简述重金属及农药污染对生物的影响。
4. 什么是水体自净作用？
5. 污水生物处理技术主要有哪些？它们的基本原理是什么？
6. 为什么活性污泥能降解有机污染物？试述活性污泥法的基本工艺流程。
7. 生物膜是如何形成的？它处理废水的机理是什么？
8. 生物塘主要分为几类？其处理有机废水的机理有何不同？
9. 什么是水体富营养化？富营养化的生物治理措施有哪些？
10. 为什么绿色植物能够净化大气污染物？
11. 简述好氧堆肥化原理及主要堆肥化方法。
12. 简述制取沼气的原理及主要控制因素。
13. 什么是土壤自净作用？如何利用生物技术来治理土壤重金属污染和有机污染？
14. 什么是生物修复？生物修复技术具有哪些优点？
15. 简述微生物修复的原理及主要影响因素。
16. 植物修复的原理是什么？

实验实习七　活性污泥生物相的观察

一、目的与要求

（1）通过对活性污泥中生物相的观察，了解活性污泥中存在的主要微生物。
（2）通过对活性污泥中存在的微型动物进行计数，判断微型动物演替变化状况。

二、原理

活性污泥法是利用悬浮生长的微生物絮体处理有机污水的一种好氧生化处理方法。活性污泥中生长有大量的微生物，能分解污水中所含有的有机物。污泥中微生物生长、繁殖和代谢活动以及它们之间的演替情况，往往直接反映了处理的状况。所以，在操作管理中，除了利用物理、化学手段来测定活性污泥的性质外，还可借助于显微镜观察微生物的状态来监视污水处理的运行情况，以便及时发现异常情况，尽早采取适当的对策和措施，保证处理设施稳定运转，提高处理效果。为判断微型动物演替变化状况，还需要定时进行计数。

三、仪器用品

① 显微镜；② 载玻片；③ 盖玻片；④ 微型动物计数板；⑤ 活性污泥样品。

四、方法步骤

1．活性污泥压片标本的制作

（1）取活性污泥曝气池中的混合液一滴，加在洁净的载玻片中央。若混合液中污泥较少，可待其沉淀后，取沉淀后的一滴污泥加在载玻片中央；若混合液中污泥较多，应适当稀释后加在载玻片上。

（2）盖上盖玻片，即制成活性污泥压片标本。在加盖玻片时要先使盖玻片的一边接触水滴，然后轻轻放下，否则会形成气泡，影响观察。

2．显微镜观察

（1）低倍镜观察　观察生物相的全貌，注意污泥絮体的大小、污泥结构的松紧、菌胶团和丝状菌的比例及其生长状况、微型动物的种类、活动情况。加以记录并作必要的描述。

（2）高倍镜观察　用高倍镜可进一步看清微型动物的结构特征，要注意原生动物的外形和内部结构。观察菌胶团时，应注意胶质的厚薄和色泽，以及新生菌胶团出现的比例。观察丝状菌体内是否有类脂类物质和硫粒积累，以及丝状菌生长、细胞的排列和运动特征，以判断丝状菌的种类，并进行记录。

3．微型动物的计数

（1）取活性污泥曝气池中的混合液注入烧杯中，用玻璃棒搅匀。若混合液太浓，则稀释成1∶1的比例，以便于观察。

（2）取洗净的滴管一支（滴管每滴水的体积应预先标定，一般每滴水的体积约为0.05 mL），吸取搅匀的混合液，加一滴到计数板的中央方格内，然后加上一块洁净的大号盖玻片使其四周正好搁在计数板四周凸起的边框上。

（3）用低倍镜进行计数。注意所滴加的液体不一定布满整个100格小方格，在显微镜下计数时，只要把充有混合液的小方格依次计数即可。同时记录下各种动物的活动能力、状态等。

（4）计算。假设在一滴样品中测得钟虫 40 只，每滴样品经 1∶1 的比例稀释，则每毫升混合液中含钟虫的数目为：40×20×2=1 600 只。

五、分析与思考

1．试描述污泥絮体的形态、结构及生物相概貌。

2．微型动物计数结果。将观察结果记录于下表中：

动物名称	每滴混合液中的个体数	每毫升混合液中的个体数	状态描述

第六章 生态退化与生物

【知识目标】

本章要求熟悉生态退化的概念、类型和特征；理解森林破坏和土地退化的概念、原因以及对生物的影响；了解森林的功能；掌握森林破坏和土地退化的生态恢复的理论与技术。

【能力目标】

通过本章的学习，能分析人类活动对森林破坏和土地退化的影响，能制订森林破坏和土地退化的生态恢复初步方案，具备森林破坏和土地退化的生态恢复技术。

在一定时间和相对稳定的条件下，生态系统内各组成要素的结构与功能处于协调的动态平衡状态。当外界干扰使得系统的结构和功能发生变化时，可能导致这种平衡状态的改变，系统逆向演替，这就是生态退化（Ecological Degradation）。人类过度地、不合理地干扰生态系统就会导致生态退化。在生态退化的诸多类型中，森林破坏和土地退化是最突出的问题。本章在学习生态退化的基本概念、类型和特征的基础上，理解森林破坏和土地退化的概念、原因以及对生物的影响，掌握生态退化的生态修复理论与技术。

第一节　生态退化的概念及特征

生态退化是人类活动引起的环境问题的一个重要方面，也是环境生态学研究的主要内容。本节主要学习生态退化的基本概念、类型和现状，讨论生态退化的特征。为本章学习森林破坏和土地退化对生物的影响，以及生态退化的生物修复奠定基础。

一、生态退化的概念和现状

（一）生态退化的概念

生态退化是指由于人类对自然资源过度以及不合理利用而造成的土地资源丧失、土地生产潜力衰减、生态系统结构破坏、功能衰退、生物多样性减少和生物生产力下降等一系列生态环境恶化的现象。

生态系统是生物群落与自然环境在一定的时间和空间范围内保持平衡，达到一种动态平衡的状态。若在干扰的作用下，生态系统的结构和功能会发生变化，当变化的范围超过了自我调节的能力，就会导致生态退化。

生态退化主要有自然原因和人为原因两种原因。气候、土壤、地形、地质和植被等自然因素是产生生态退化的自然原因，自然原因引起的生态退化也可称为灾害。人类的活动是造成生态退化的主要因素，例如，坡耕地开垦、森林砍伐、草地过度放牧、矿产资源过度开发、水资源过度开发等。在环境保护领域人们所说的生态退化主要是指人为原因引起的生态退化。根据退化过程及生态学特征，生态退化可分为裸地、森林采伐迹地、沙漠及荒漠化、采矿废弃地、弃耕地、垃圾堆放场及富营养化等几种类型。

裸地是指无植被覆盖的土地，通常具有较为极端的环境条件，如潮湿、干旱或盐渍化等；荒漠化是指在干旱地区人为干扰下土地沙漠化的现象；森林采伐迹地是指人为干扰所形成的退化类型，其退化状态随采伐强度和频度而异；弃耕地是指人为干扰形成的退化类型，这种退化类型也是相对于自然生态状态而言的；采矿废弃地是指采矿活动所破坏的、非经治理而无法使用的土地；垃圾堆放场或填埋场是指人为干扰形成的家庭、城市、工业等废弃物堆积的地方，对生态环境的影响不仅仅是对耕地的占用，更为严重的是对生活环境的二次污染；富营养化是指过多的营养物质（主要是 N、P）进入天然水体，导致藻类大量繁殖，消耗大量溶解氧，使水生动植物缺氧大量死亡，破坏水体的生态平衡，最终导致并加速湖泊类水域的衰亡。

（二）生态退化的现状

森林破坏是陆地生态退化的一个重要的方面。虽然人工林面积有所增加，但是世界自然森林面积和世界森林总面积正在减少（表 6-1）。据统计，由于人们大量使用木材，特别是用于造纸和饲养牲畜，以及森林火灾等原因，迄今为止，世界原始森林有 2/3 已消失。

表 6-1　1990—2000 年森林面积的变化　　　　　　单位：100 万 hm^2/a

地区	自然森林	人工森林	森林面积变化
热带	−14.2	+1.9	−12.3
非热带	−0.4	+3.3	+2.9
世界	−14.6	+5.2	−9.4

（FAO. 全球森林资源评估 2000 年主报告. 2004）

据估计，由于人类对土地的开发导致了全球 50 亿 hm^2 以上土地的退化，使全球 43%的陆地生态系统的服务功能受到影响。联合国环境规划署的调查表明（Daily，1995），全球有 20 亿 hm^2 土地退化，占全球有植被分布土地面积的 17%，其中，农业生产力稍微下降、恢复潜力很大的中轻度退化占 7.5 亿 hm²，农业生产力下降更多、要通过一定的经济和技术投资才能恢复的中度退化占 9.1 亿 hm²，没有进行农业生产、要依靠国际援助才能进行改良的严重退化占 3.0 亿 hm²，不能进行农业生产和改良的极度退化占 0.09 亿 hm²。

由于人口增长过快，加之历史上的诸多原因，我国的生态退化面积占国土总面积的比例较大（表 6-2）。我国水土流失面积约为 180 万 km²，占国土总面积的 18.8%，其中，约有 80% 的黄土高原地区存在水土流失，北方沙漠、戈壁、沙漠化土地面积为 149 万 km²，占国土总面积的 15.5%。目前，尚有 393.33 万 hm² 农田和 493.33 万 hm² 草场受到沙漠化的威胁。草原退化面积为 8 666.67 万 hm²，且每年还以 133.33 万 hm² 的速度在增加。

表 6-2 中国主要生态系统及其生态退化面积（1995 年）

生态系统类型	总面积/10^6 hm²	退化面积/10^6 hm²	比例/%
农田	140	28	20
草地	400	132	33
林地	165.2	31.2	25
荒漠	0.13	—	—
废弃矿地	2	—	—
淡水面积	0.743	0.245	32

（彭少麟. 热带亚热带恢复生态学研究与实践. 2003）

二、生态退化的特征

从生态学角度分析，生态退化具有以下 7 个方面的主要特征。

1. 物种组成的变化

退化生态系统中的生物物种的组成发生明显的变化。变化程度与不同地区的环境条件、不同的生物类型、不同的物种组成、不同类型的繁殖更新方式、不同的破坏或干扰类型及强度有关。当受到强烈干扰时，往往会导致物种数量减少，原有的某些物种消失，随之而来的是一些动物和微生物的种类消失。如森林砍伐后，原有的森林植物种类消失。生态系统物种组成的变化是生态退化的关键过程。

2. 群落结构和演替的变化

生物群落是一个由植物、动物和微生物组成的体系，这个体系具有特定的结构和演替规律。当植物群落受到外界因子的干扰时，群落结构会发生重大变化，使群落的演替发生改变。在相同的干扰下，不同的群落对干扰的反应不同。草原对干扰的抵抗能力差，但恢复能力较强；相反，森林的抵抗能力强，恢复能力弱。如在森林生态系统中，受砍伐、火烧等干扰的影响，使森林的演替重新回到次生演替阶段。

3．能量流动的变化

由于退化生态系统食物关系的破坏，能量转化及传递效率会随之降低。主要表现为：系统光合作用能力减弱，能流规模减小，能流格局减弱；能流过程发生变化，捕食过程减弱或消失，腐化过程弱化，矿化过程加强而储藏过程减弱；能量损失增多，能流效率降低。

4．生态系统生产力的变化

生态系统具有特定的结构和功能。根据生态系统结构与功能统一的原则，受损生态系统物种组成和群落结构的变化，必然会导致能流和物流的改变，通常表现为生态系统生产力明显的下降，包括生态系统初级生产力的降低和次级生产力的下降。

5．土壤和生境的变化

植被是土壤形成和发育的一个重要因素。植被的变化可以直接影响土壤的性质，所以植被受到干扰和破坏的生态系统，土壤退化较严重，退化的类型有土壤侵蚀、地力衰退、土壤荒漠化、土壤盐渍化、泥石流等，这些现象基本上都与植被的消退有关。土壤的这种损失对生态系统的恢复甚至区域环境的影响是极其深刻的。退化系统的大面积出现，还可能影响生境小气候，甚至区域性气候。如热带雨林被大面积改种林相结构简单的橡胶林后，会使原来的土壤和区域性气候发生改变。

6．种间关系的变化

在稳定的群落中，生物之间保持一种稳定的、动态平衡的关系。物种的种类、数量都相对较为固定。在生态系统受到干扰后，原有的种间关系被打破，从而影响生态系统结构、功能以及生物多样性。如珊瑚礁遭到破坏后，降低了环境空间的异质性，使当地一些鱼类的保护地消失，鱼类更容易遭到捕食者的捕食，种间关系改变，生物多样性降低。

7．系统稳定性变化

稳定性是生态系统最基本的特征。在正常生态系统中，生物相互作用占主导地位，环境的随机干扰较小，系统在某一平衡附近波动。有限的干扰所引起的偏离将被系统固有的生物相互作用（反馈）调节，系统会很快回到原来的状态。在退化生态系统中，由于其结构和功能的改变，导致自我调节能力降低，稳定性减弱。

第二节　森林破坏对生物的影响

森林是由树木为主体的许多生物所组成的生物群落。在《中华人民共和国森林法实施条例》中规定："森林资源，包括森林、林木、林地以及依托森林、林木、林地生存的野生动物、植物和微生物。"森林是地球陆地生态系统的主体，森林资源是人类赖以生存的基础资源，具有维护地球生命、改善人类生存环境的重要功能。森林破坏对生物具有巨大的影响。

一、森林的功能

森林具有重要的作用和功能，森林既产生直接的经济效益，还发挥巨大的生态环境效应。世界上许多国家的研究表明，森林的生态环境价值大约是直接生产木材和林副产品经济价值的 10 倍。因此，森林对于衡量一个国家的生态环境质量是十分重要的。概括来说，森林的功能主要为生产功能和生态功能两个方面。

（一）森林的生产功能

1. 初级生产

森林中的绿色植物又称为生产者，通过光合作用将来自太阳的光能转变为化学能，固定为消费者和分解者能够利用的有机物，这是最初的能量储存过程，也是形成生态系统特有的物质循环的动力，称为初级生产或第一性生产。在初级生产中还应包括自养细菌通过化学合成作用所进行的有机物生产，但其数量很少，故在此一般不予以考虑。森林作为一种自然资源，它能生产出我们必需的原材料，如木材、薪柴、纸浆原料、化工原料、食品和中药材等。世界森林的消费总量大约为平均每年 37 亿 t，这就是森林巨大的初级生产的产出。

2. 次级生产

次级生产或第二性生产是指除初级生产之外的其他有机体的生产，包括消费者和分解者的生产，这是利用初级生产的有机物进行同化作用的再生产。森林植物为各种动物和微生物提供了良好的栖息环境和食物来源，它所孕育的动物和微生物种群的丰富程度要高于其他任何生物群落。森林次级生产能为人类提供大量的动物和微生物，丰富了人类资源，如大量的皮毛、化工原料、食品和中药材等。

（二）森林的生态功能

1. 调节氧和二氧化碳的平衡

森林是陆地生态系统中对气候影响最显著的部分。全球森林约占陆地面积的 1/3，在吸收 CO_2 减缓全球温室效应方面作出了巨大贡献。森林通过光合作用吸收并固定 CO_2，合成有机物，释放氧气，调节大气中氧和 CO_2 的平衡，满足人、动物和微生物对有机物和氧气的需要。据估计，全球森林每年通过光合作用固定的碳为 1 000 亿～1 200 亿 t，占大气总储量的 13%～16%，释放的 O_2 为 730 亿～876 亿 t。全世界森林吸收 CO_2 并放出的 O_2 超过了世界人口呼吸所需 O_2 的近 10 倍。通过吸收 CO_2、放出 O_2，森林植物可影响大气中的 O_2、CO_2 的循环和平衡。

2．保护生物多样性

地球上有 500 万～5 000 万种生物，其中一半以上在森林中栖息和繁衍。因此，森林是陆地上最丰富的生物物种资源库和基因资源库。森林能够有效地保护生物多样性，防止物种减少。科学家分析，森林面积减少 10%，能继续在森林中生存的物种就将减少一半。物种的减少就会导致遗传多样性和生态系统多样性的降低。因此，保护物种的最有效途径就是保护森林。

3．保持水土

森林具有良好的地表覆盖、强大的植物根系以及良好的土壤渗透系统，从而使得森林生态系统成为涵养水分和防止水土流失的最佳系统。当降雨时，森林凭借它庞大的树冠可截流部分雨水，减轻雨水对地表的冲刷，其地表深厚的枯枝落叶层和发达的根系可减少地表径流，改善土壤性质，增强土壤渗透力，从而使落到地面的雨水流速减慢，并迅速渗入土壤，使地表水转变为地下水。据测定，每公顷森林可以含蓄降水 1 000 m^3。森林涵养了水分，防止了水土流失。

据测定，在降雨 340 mm 的情况下，每公顷林地的土壤冲刷量仅为 60 kg，而裸地则为 6 750 kg，流失量比有林地高出 110 倍。只要地表有 1 cm 厚的枯枝落叶层，就可以把地表径流减少到裸地的 1/4 以下，泥沙量减少到裸地的 7%以下。林地土壤的渗透力更强，一般为 250 mm/h，超过了一般降水的强度，一场暴雨一般可被森林完全吸收。森林可保护地表免受雨水冲刷，从而防止水土流失。

4．防止风蚀

森林是防止风蚀、抵挡风沙的屏障。一般情况下，防护林的防护距离与防护林带的高度成正比。当风向垂直于林带时，林带减低风速、改变气流结构的效果最好。风向与林带的交角变小时防护距离也随之减小，一般交角不得小于 45°。在通常情况下，一亩防护林可保护 100 多亩农田免受风灾。在森林附近风速降低后，风的动能也随之减弱，可使沙粒堆积于弱风地带，减弱了沙丘的移动速度，起到了固沙的作用，减少了风沙对生物和建筑物的沙蚀作用。

5．净化环境

森林能吸收、富集和降解污染物，对大气、土壤和水具有较好的净化作用。森林中的许多树木能吸收 SO_2 等有毒有害气体，在体内通过氧化还原过程转化为无毒物质，从而净化环境。据测定，SO_2 通过高 15 m、宽 15 m 的法国梧桐林带，其浓度可降低 25%～75%。森林能降低风速并吸附飘尘，从而降低大气中的粉尘量，而在滞尘后，经过雨水的淋洗冲刷又可恢复滞尘能力。据测算，一般针叶林的滞尘能力为 33.2 t/hm^2，阔叶林的滞尘能力为 10.11 t/hm^2。森林对土壤和水也具有显著的净化功能。利用超累积植物去除土壤和水中的污染物质的原理，用蜈蚣草去除土壤中的 As，水葫芦去除水体中的 N 和 P。

6．杀菌作用

有些森林植物分泌出挥发性的物质，即各类次生代谢产物，这些物质可以杀死或抑制周围的细菌，起到杀菌作用，如桉树的挥发性油能杀死结核菌和肺炎菌，紫茎泽兰的挥发性物质能抑制甲烷杆菌及多种致病菌。据估算，1 hm² 阔叶林整个夏季可以分泌出 3 kg 杀菌素，针叶林可以分泌出 5～10 kg 杀菌素。此外，森林的滞尘作用，减少了细菌的载体，使细菌不能在空气中单独存在和传播，从而使空气中的细菌减少。

7．降低噪声

森林能减弱噪声，保持环境安静。森林或林带就像一堵隔音墙，噪声投射到林冠层时，被树叶散射、反射和过滤而减弱，枝叶愈小愈密集，其减弱的作用就愈大。调查表明，通常声音在经过 30 m 宽的树木及灌丛后可消减 7 dB，而通过 40 m 宽的林带可减低 10～15 dB。

二、森林破坏及其原因

（一）森林破坏的概念

森林破坏是指由于人为原因或自然原因引起的森林生态系统的结构和功能改变，森林面积减少，森林生产力下降，生物多样性降低。森林破坏是地球陆地上最严重的生态退化，会对陆地生物、生态环境及人类生存和发展产生重要的影响。乱砍滥伐、毁林开垦等人为干扰是造成森林破坏的主要原因。

据推测，地球上森林面积最多的时候约为 72 亿 hm²，占陆地面积的 2/3，覆盖率为 60%；到 19 世纪初，全球森林面积已减少到 55 亿 hm²；据联合国粮农组织 1990 年的调查，全球森林面积已减少到 43 亿 hm²。由于森林的砍伐速度大大超过了其生长速度，世界上的几个文明古国大都变为林木稀少之地，甚至成为荒漠和半荒漠地区。由于人口压力和经济发展，近几十年来热带森林的砍伐速度也大大增加，使热带雨林成为森林毁坏最严重的地区。

我国森林破坏的现象也很严重。全国很多重要林区，由于长期重采轻种，导致森林面积锐减。例如，云南省是我国森林面积较大的省份，20 世纪 50 年代时天然林覆盖率为 50%，到 1980 年天然林覆盖率已下降到 24.9%。

（二）森林破坏的原因

森林破坏的原因很多，总体上可分为人为原因和自然原因两大类。

1．人为原因

（1）乱砍滥伐。

乱砍滥伐等森林的不合理开发和利用是森林破坏的重要原因之一。在中美洲，将近 2/3 的原始热带森林已经破坏，从 1983 年起，几乎所有保留下来的主要森林区都是国家公园或是在其他自然保护区内。自 20 世纪 50 年代以来，我国东北林区经历着严重的过度采伐，三江平原从 1962 年到 1976 年，天然林面积减少了 25%。

此外，伐木还会破坏森林的结构。伐木工人往往只对最有价值的上等木材感兴趣，比如，柚木、桃花木、檀香木、乌木。在砍伐和运输上等木材时，会导致大面积的森林被毁坏。显而易见的是，复杂的生物群落会因此而导致严重的破坏。林间道路的建设会破坏森林，侵占大面积的土地。

据估计，全世界近一半人口以薪材为主要燃料。每年有 1 亿 m³ 的林木从热带林区运出做燃料。特别是发展中国家，薪材消耗量随人口增长而增长，使林区采伐压力越来越大。我国林区每年烧掉的木材约 6 500 万 m³。砍伐薪材是森林破坏的一个重要因素。

（2）毁林开荒。

森林遭到破坏的另一个主要原因往往是伐木业和来自其他地区急需土地的移民对土地的需要，从而导致了毁林开荒。大量移民涌入，将森林改造为农田或牧场，其生态功能下降，很多情况导致了生态灾难，导致水土流失，使它成为几乎对农业毫无用处的不渗透的硬质土壤。小兴安岭南部的岭脊，已成为垦荒点，从而使小兴安岭南部的兴安岭主脉，已接近被垦通，成为大小兴安岭天然防护林体系的弱点。

在过去 30 年里，中美洲国家把森林转变成畜牧区，是森林面积在总土地面积中所占比例减小的主要原因（图 6-1）。

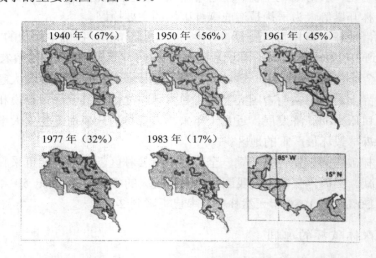

1940 年（67%）　1950 年（56%）　1961 年（45%）

1977 年（32%）　1983 年（17%）　85°W　15°N

图 6-1　哥斯达黎加从 1940—1983 年原始森林减少情况

[William P. Cunningham 等. 环境科学：全球关注（上册）. 2004]

2．自然原因

（1）森林火灾　火灾是森林的大敌。火灾带来的高温、干旱会严重影响森林植物、动物和微生物的生存，甚至导致生物的死亡，导致森林生态系统衰退和消失。火灾可能是由于人为用火不慎引起的，也可能是由于高温、干旱引起的森林植物挥发物自燃而导致的。1987 年发生在黑龙江大兴安岭的特大森林火灾，受害林木总蓄积量达 3 960 万 m^3，使该地区森林后备资源至少要 7～10 年才能恢复。在澳大利亚的夏天，由桉树组成的森林产生大量易燃的挥发性物质，在强烈阳光照射下，自燃形成大面积的森林火灾已成为澳大利亚森林面临的最大危险。

（2）有害生物　森林病虫害也是影响森林发展的重要因素，我国每年因病虫害受损失的森林生长量至少达 0.1 亿 m^3。次生人工林物种单一，结构简单，自我调节能力差，受病虫害的危害也最为严重。如云南松林易受到松毛虫、松材线虫的危害。此外，外来有害生物也是森林破坏的主要因素。外来有害生物会竞争本地物种的资源，而导致本地物种生长困难和死亡，或释放次生代谢产物影响本地种生长。外来有害生物还会成为病菌和害虫，导致新的森林病虫害的发生，如松材线虫。

（3）酸雨　酸雨对森林的危害令人担忧。酸雨会影响森林土壤和植物。酸雨会影响森林植物的生长、发育和繁殖，甚至导致森林植物死亡、生态系统衰退和消失。在 1950—1965 年间，酸雨使瑞典森林生产率下降 2%～7%。美国东部森林受酸雨影响而生长减慢。Johnson 等（1981）对刚松、长短叶松和火炬松的生长样木进行研究，观测到近 25 年来，样木生长率有不正常的降低，提出酸沉降在近 25 年来已成为树木生长的一个限制因子。前联邦德国 1983 年有 34%的森林受酸雨危害，其中云杉、松树、白冷杉、山毛榉和栎树等都出现受害的症状。

三、森林破坏对生物的影响

森林是植物、动物和微生物的栖息环境，森林破坏会严重影响植物、动物和微生物的种类、数量以及生物多样性。

（一）森林破坏对植物的影响

森林的主体是植物。森林破坏直接导致植物种类和数量的减少，甚至植物物种的消失。森林破坏还会影响森林生态环境，致使大量野生植物难以生存。植物减少或消失，会导致有机物合成的减少和食物链、食物网的破坏，影响动物和微生物的生存。一般来说，一种植物的绝种，常常导致 10～30 种生物的生存危机。据世界生物保护监测中心估计，在 20 世纪末，全世界有 6 万种以上的植物受到不同程度的威胁，中国至少有 4 000～5 000 种植物受不同程度的威胁。从这个意义上说，森林的破坏将会给植物带来巨大的灾难。

（二）森林破坏对动物的影响

森林动物是森林生态系统中一个必不可少的组成部分。庞大的陆地森林植物群落，为各类野生动物的生存、繁衍和进化提供了优良的食物和生态环境。森林动物依赖于森林环境而存在，是森林资源中重要的组成部分。森林动物对森林生态环境的长期适应，使其与环境形成一个稳定的相互作用和相互制约的统一体。一旦森林受到破坏，森林动物将由于没有足够的食物和正常的生境而受到严重影响。

森林是动物良好的栖息场所。20世纪50年代云南省西双版纳的天然森林覆盖率为55%，到80年代减少到28.7%。热带森林的破坏严重威胁着亚洲象的生存，种群数量降低，生态系统失去平衡，丰富的生物多样性开始降低。

（三）森林破坏对微生物的影响

森林也是多种多样的微生物生活的场所。微生物在分类上包括真菌、细菌、放线菌、病毒、藻类等，它们在森林中都有存在。森林微生物与森林植物、动物一样，都是森林生态系统的重要组成部分。森林微生物与森林中的植物、动物之间具有各种复杂的联系，共同维持着森林生态系统的稳定和发展。

森林的破坏导致森林微生物丧失生活场所，而使微生物种类减少，甚至可能使一些珍稀微生物物种陷入灭绝。我国的一些珍稀微生物种类，如虫草和松口蘑等，其资源已开始随着森林的破坏而急速减少。虫草具有特殊的药用价值，特产于西藏、青海及川滇高原的森林分布区。由于森林破坏和滥采，其种群数量已急剧下降。总之，森林的破坏正在导致我国微生物资源的大幅度减少，保护森林已成为保护我国微生物资源的重要前提。

（四）森林破坏对生物多样性的影响

森林是陆地生态系统中物种最丰富的类型，具有最复杂的时空结构，既有较强的反馈调节能力，又有较强的弹性和稳定性。森林能为森林生物提供发育、生存和进化的环境条件和有机物。

全世界500万~1 000万种生物中，一半以上的生物都栖息或生长在森林之中，仅热带雨林中就有200万~400万个物种。森林的破坏使得在其中生活的生物失去了生存环境和食物，引起世界物种多样性的急剧降低，从而引起遗传多样性和生态系统多样性的损失。

第三节　土地退化对生物的影响

自 1970 年世界粮农组织（FAO）提出土壤退化，并出版《土壤退化》专著以来，土地退化问题日益受到关注。目前土地退化已经是一个全球性的问题，土地退化及治理是环境生态学研究的重要内容。

一、土地退化及原因

（一）土地退化的概念及现状

土地退化是指土壤理化性质变化而导致土壤生态系统功能的降低。正常的土壤生态系统处于一种动态平衡状态，具有稳定的结构和良好的功能。如果土壤结构和功能发生变化并产生障碍，就会使土壤肥力不断下降，生产力降低。土地退化的核心是土壤的退化，其主要指标是土地所承载的生产力下降。

根据土地退化的原因可将土地退化分为侵蚀化、沙化、石漠化、贫瘠化、污染化 5 种类型。土壤侵蚀化是土地退化的主要原因，也是导致生态环境恶化的最严重的问题。地表径流带走土体中的黏粒，使表土层砂粒和砾石量相对增多，土壤质地逐渐沙化，土壤侵蚀导致土壤沙质化，是土壤退化最重要的特点。石漠化过程是土壤退化的最后阶段，在我国许多侵蚀区，特别是在南方喀斯特地貌地区，石漠化过程不断加剧，水土流失，岩石突出，可导致土地完全失去生产力和承载能力。水土流失从土壤中带走大量营养物质，使得物质循环得不偿失，造成了土壤贫瘠。污染化就是土壤被污染的过程。

全球约 65%的陆地表面正经历着不同程度的土地退化，并且有逐年增长的趋势。我国的土地退化问题也不容忽视，干旱的北方以黄土高原的荒漠化、侵蚀化为代表，湿润的南方则以红土的淋溶和由此造成的贫瘠化最为典型，而西南喀斯特地貌地区的石漠化也日趋严重。全球范围内的土地退化见表 6-3。

人类对土壤的破坏，已引起了全球土壤资源的退化。按照联合国环境规划署的全球土壤退化评价分类标准，在过去几十年间，全球大约 12 亿 hm^2 的有植被覆盖的土地发生了中等程度以上的土壤退化，相当于中国国土和印度国土面积的总和，其中 3 亿 hm^2 土地发生了严重退化，其固有的生物功能完全丧失。

图 6-2 显示了世界土壤退化的区域。在严重的区域，中度退化或局部的严重退化已经发生，资源缺乏或环境恶劣使恢复变得十分困难或不可能。在其他区域，目前的退化程度轻，恢复的潜力大。

表6-3　全球范围内的土壤退化　　　　　　　　　单位：10^6hm^2

退化形式	非洲	亚洲	拉丁美洲	北美洲	欧洲	大洋洲	全世界
水蚀	227	440	169	60	114	83	1 093
风蚀	187	222	47	35	42	16	549
养分衰退	45	14	72	—	3	+	134
盐渍化	15	53	4	+	4	1	77
污染	+	2			19	—	22
酸化	2	4	—	+	+		7
压实	18	10	4	1	33	2	68
水涝	+	+	9	—	1		11
降低有机质	—	2	—	—	2	—	4
总计	495	748	305	97	218	102	1 965
受影响的土地面积比例	17%	18%	15%	5%	23%	12%	15%

（彭少麟. 热带亚热带恢复生态学研究与实践. 中国科学技术出版社，2003）

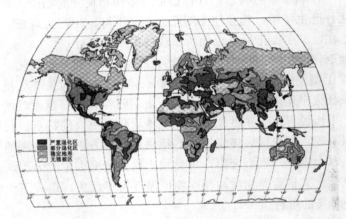

图6-2　全球土地退化分布

[William P. Cunningham 等. 环境科学：全球关注（上册）. 2004]

（二）土地退化的原因

在自然状态下，土壤的生成过程极其缓慢，生成 2 cm 厚的土壤需要 200～1 000 年的时间。土壤有产生、发展及消失的自然过程，没有外来的干扰，土壤也会最终进入退化及衰亡的过程。由内在原因导致的土壤退化是一个漫长的过程，而绝大多数的土壤退化则主要是来自外来的干扰。土地退化有多方面的原因，主要包括自然原因和人为原因。

1. 自然原因

（1）气候　气候对土壤的影响非常大，是成土因素之一，我国南北分布着不同的土壤类型，主要是由气候差异造成的。俄国土壤学家道库恰耶夫（1899）提出土壤是自然的过程，是母质、气候、生物、地形及时间这五大成土因素共同作用的产物。全球气候变化会使土壤沙化、酸化及盐碱化等退化过程进一步加剧。降雨稀少、气温高、蒸发量大造成的异常干旱是形成沙漠化的重要原因，沙漠的分布与干旱气候的分布基本是一致的。

（2）水文　水文对土壤盐渍化的影响最为明显，当对土地进行漫灌，又未能进行良好的排水时，就会使地下水位升高，深层的可溶性盐类随水到达地表，当水分蒸发，地下水下降时，很多盐被表层土吸附，土壤中的盐分积累到一定的浓度，就形成次生盐渍化。

在干旱地区，地下水会在夜晚升到地表，白天则降到深层土中，而且由于降雨量少，蒸发量大，土壤中的水分以上行水流为主，不断带来盐分，在这种运动过程中，深层的盐分不断地被运到表层积累，形成盐渍化。而且，这些地方水分少，土壤黏结性能差，易引起侵蚀。在沿海地区，当海水上涨，侵入土壤，海水中的盐分滞留在土壤中，也会形成盐渍化。洪水和泥石流的爆发会使植物窒息死亡，带走地表的土壤和其中的养分，或者带来大量的沉积物，造成土壤短期内的急剧退化。

（3）地形　在坡面上的土壤容易受到水蚀，形成严重的水土流失，侵蚀后形成的残积物和坡积物结构差，缺少养分而成为退化土壤。一般来说，坡度越大，侵蚀作用越强烈。此外，盐碱土的产生多与平坦低凹的地形有关，这些地区土层厚，地下水丰富，且排水不畅，可溶性盐分迁移到这里积累，形成盐碱土。

（4）生物　干旱地区的一些植物根系特别发达，长期从深层土壤中吸收和积累大量盐分，有的体内含盐量占到干重的50%，植株死亡后，这些盐分就留在了表层土壤中，从而导致了土壤盐碱化。在生态环境脆弱的草原地区由于各种鼠、虫等大爆发，导致大量的植物消亡，引起植被退化，地面裸露，发生沙漠化。

生活污水和医院的废弃物中，有不少致病微生物，在土壤中与其他原生物种竞争资源，或使这些物种致病死亡，造成土壤的生物退化。

（5）其他因素　火山喷发的尘灰可以使附近大片土壤的化学组成遭到极大破坏，从地球内部带来的元素和化合物可能使土壤受到污染。火灾不但毁坏了地表的植被，改变了土壤生态系统的结构，而且造成土壤物质循环和能量流动的破坏。臭氧层减薄，致使大剂量的紫外线照射地表，加速土壤中养分的分解和流失，导致土壤贫瘠化，土壤生产力下降。

各种形式的退化相互伴生。荒漠化的土壤一般有可溶性盐类的积累，增加土壤的盐渍化。土壤的酸化会通过影响土壤的物理结构、水分和地表植被而产生荒漠化。土壤结皮引起地表径流增加，导致土壤结构稳定性减弱、土壤通透性和持水力下降。

2．人为原因

人类活动是影响土壤退化的重要原因之一。人的活动能影响自然成土作用，改变土壤肥力和土壤质量的发展方向。在人类只对环境进行简单利用的远古阶段，环境很少被破坏，人为的土壤退化几乎不发生。而真正的人为土壤退化出现于人类有能力改变自然之后。在农业文明时代，虽然曾经有几个文明古国变成了沙漠，但总的来说，人为的土壤退化只限于局部地区。进入工业文明后，土壤的退化迅速地成为全球化的问题。人对土壤的作用具有两种结果，即促进或减缓土壤退化。但就当前的情况来看，人的改良作用力度不大，土壤退化表现为"局部好转，整体退化"的趋势。

土壤退化是与人类的经济活动密切相关的。土壤有一定的承载容量，超过这一容量利用土地，就会引起退化（表 6-4）。因人类不合理的行为造成的土壤退化已经占全球土地面积的 20%。具体主要有：滥垦、滥伐、滥牧、滥采、水资源的不合理利用、农业管理不当、城市化和工业化及其他方面。

表 6-4　世界土壤退化的原因　　　　　　　　　　　　　　单位：%

地区	过度采樵	过度放牧	农业活动	工业化
全世界	30	7	35	28
欧洲	38	23	29	9
非洲	14	13	49	24
亚洲	40	6	26	27
北美洲	4	26	66	4
中美洲	22	18	15	45
南美洲	41	5	28	26
大洋洲	12	80	8	—

（毛文永，文剑平. 全球环境问题与对策. 中国科学技术出版社，1993）

（1）滥垦、滥伐　耕地的来源主要是森林和草地。耕地的群落结构单一，生态功能差，耕地自身就是一种脆弱的不断走向退化的土壤，需要不断地向其提供水和养分以保证它不断地生产。因此大量的伐林铲草，开垦耕地，又缺乏科学的管理措施，就使土壤生态系统中的物质、能量和信息的动态平衡发生改变，在干旱地区容易产生荒漠化，在湿润地区则往往因养分流失而产生土地贫瘠化，造成生产力下降。森林破坏是造成土壤退化的最主要原因。森林可以涵养水源、保持水土，能有效地防止侵蚀。如果对森林大量砍伐，其保持水土的功能大大下降，很容易引起沙漠化。过度采挖具有较高经济价值的野生植物如甘草、发菜等，使大片的地表植被遭到破坏，地表裸露，也易引起土壤退化。

（2）滥牧　在草原地区，滥牧是沙漠化形成的主要原因。由于条件比较恶劣，加之长期超载放牧，引起土壤质地变粗，结构破坏，硬度变大，容重增加，通气性变差，有机质不能归还土壤，持水量下降，N、P、K 等营养元素含量降低，破坏了本来就很脆弱的平衡，使草原群落物种结构趋于简单，草原土壤的生产能力和可持续利用性下降，很容易产生沙化。

（3）采矿 采矿造成的土壤退化日趋严重，采矿对土壤的影响是多方面的（图6-3）。露天开采造成地表植被的大面积破坏，表土被移走，土地也随之退化。矿井开采移出的土壤，自身结构在挖掘过程中大多已被破坏，没有充分发育的母质往往堆在最上层，一方面破坏了堆积地的植被，另一方面新的表土又因缺乏种子库，结构和养分状况太差，无法维持合理的生物群落，缺乏植被保护的堆土很容易被侵蚀。采矿将地层深处的元素翻挖到地表，进入周围的土壤，就会使土壤受到污染；尾矿场、废石场和矸石场占用大量土地，造成土壤污染；采矿造成地下空洞，容易引起地表下陷，导致土壤退化。

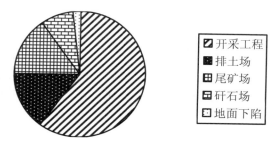

图例：
- 开采工程
- 排土场
- 尾矿场
- 矸石场
- 地面下陷

图6-3　采矿活动造成的土壤退化状况

（4）水资源的不合理利用 土壤是由固相、液相和气相组成的综合体，过量地抽取地下水，会使其水位下降，严重时发生土地沉降，土壤结构破坏，生产力下降，地表植物缺水死亡，形成荒漠化。在沿海地区，过量开采地下水还会引起海水倒灌，造成土地盐碱化。地表水的分布是不均匀的，与之相对应的是，不同的区域分布有不同的植被类型。人为建造大坝截流或过量地抽水，会引起上游土壤的盐渍化和下游土壤的荒漠化。

（5）不合理的农业管理 农业用地退化是土地退化的一个重要方面。农业土壤利用的不合理，甚至将旱地改成水田等都会造成土地退化。农业耕作不当会引起土壤板结、土壤酸化和土壤污染。坡地耕作不当会造成严重的水土流失。连续在同一土地上种植同一种作物，由于作物对养分的吸收具有选择性，会破坏养分平衡，使土壤肥力很快衰减。在干旱地区，氮肥能使表土层严重酸化，并降低其渗透性。长期施用硫酸铵或氯化钾也会使土壤酸化。施肥结构比例不当，会造成某些元素的缺失和另一些元素的积累，降低土地的生产力。

（6）不合理的林业生态系统 不合理的造林也会引起土壤退化。大面积单一树种的人工林，不利于土壤肥力的发育，容易引起土地退化，如云南松林。有些树种还会影响土壤养分循环和水分循环，产生土壤退化。如桉树会大量吸水，使地下水位下降，同时消耗掉大量的养分，使土壤发生贫瘠化。在林间空地，一些外来植物物种的入侵，并且大面积的繁殖和扩展，排斥了本地植物物种，形成单一物种群落，也会引起土地退化。

（7）城市化和工业化　城市用地形成的土壤退化问题日趋严重。以城市为中心的污染不断加剧，并有向农村蔓延的趋势。城市中，绝大部分的土地覆盖着不透水层，形成地表封闭，丧失了自然土壤的生产功能。城市生态系统需要不停地从外界输入物质和能量，增加了周边地区土壤的压力，加速土壤肥力消耗。

酸雨是随着城市化和工业化的发展而产生的，工业生产排放的 SO_2 和 NO_x 等，会形成酸雨，造成土壤酸化。土壤酸化时，物理、化学性质均发生变化，矿物质风化加快，营养元素流失，有毒有害元素活化。同时，土壤是沉降的主要接受者，每年工业生产造成的沉降，给土壤带来大量的重金属和其他污染物，造成土壤污染。

二、土地退化对生物的影响

当土地退化时，其结构和功能已经发生较大的改变，必然引起其他生态因子的改变，从而造成对生物的长期影响。土地退化对作物和植物的影响是直接的，对动物和微生物的影响是间接的。

（一）土地退化对作物的影响

土壤退化的核心是土壤肥力的下降，每年仅土壤侵蚀损失的养分几乎等于世界商品肥料生产量。人类是依靠地表约 20 cm 的土壤层的生产力而生存的，因此土壤的退化对人类赖以生存的农业的影响是重大的。

1．土地退化对作物产量的影响

退化的土壤中，营养贫瘠，缺水干旱，不能满足植物正常生长的需要，作物产量较低。退化的土壤大多缺乏植被的保护，地表温度变幅较大，不利于作物新陈代谢作用的进行，作物的产量受到影响。

土壤酸化会使大量的盐基离子和微量元素流失，造成土壤中养分失衡，影响土壤生产力，进而影响作物的产量。酸化土壤基本的特征是铝元素积累，铝通过损伤根系使作物生长缓慢。酸化的土壤能抑制硝化和氨化作用，造成硝态氮的减少和氨态氮的积累，使固氮菌活性下降，影响正常的氮代谢，降低作物的产量。酸化土壤还会活化土壤中镉等重金属污染物，植物吸收重金属后，其正常生长发育受到影响。

2．土地退化对作物品质的影响

由于土壤退化，导致土壤贫瘠，营养物质缺乏，干旱缺水，作物不能正常发育，所生产的农产品品质下降。酸化土壤上种植出来的稻谷各种营养成分都相应降低；而酸化土壤中大量积累的铝离子，能使作物对钙的吸收受影响，导致作物缺钙，作物品质受到影响。土壤酸化造成交换态锰的含量发生变化，引起作物锰中毒。污染土壤中生产的作物，产品中残留污染物，如镉污染作物导致的"镉米"，严重地影响了籽粒品质，甚至威胁到人类健康。

（二）土地退化对自然植物群落的影响

群落是与气候和土壤相适应的，土壤退化会造成某些敏感物种的衰退和消失，从而影响自然植物群落的结构、演替和生产力。

1. 土地退化影响群落结构

退化的土壤形成一种胁迫或极端环境，减少植物种类，改变种群数量，影响植物群落结构，降低生物多样性水平。土壤酸碱度是土壤化学性质的重要指标，酸化的土壤中，低 pH 影响各种元素的合成、分解、转化和释放，影响植物种类组成，改变群落结构。土壤中的农药能抑制植物的生长、发育和繁殖，改变植物种类，引起植物群落衰退，从而影响动物和微生物群落结构。

2. 土地退化影响群落演替

土壤是植物群落发生演替的重要决定因素，由于土壤退化，导致土壤性质改变，影响植物群落的演替，甚至导致逆行演替。土壤中的种子库是群落演替的重要基础。土壤退化破坏种子库后，导致群落演替的变化。土壤退化也不利于其他物种进入森林，从而使整个森林结构不能正常演替。在沙漠地区，由于气候日益干燥，生长的植被可能会被更耐干旱的物种取代，而外来的物种种子要经历长期的干旱，很难遇到合适的发芽、扎根和幼苗生长条件，使得群落演替几乎不可能向中生化方向发展。

土地退化影响群落演替的进程。能在荒漠化土壤中定居的植物都是阳性旱生，且对土壤环境要求不高的先锋物种，如梭梭（*Haloxyion Anmodedron*），但经过数千年后，整个群落未演替到更高水平。胡杨林也只有在适宜的环境条件下建立起来，随后如果没有适宜的条件，林内幼苗的更新十分困难，植被对土壤的作用很弱，群落只停留在演替的早期阶段。污染物尤其是重金属，能对植物的种子造成伤害，影响其活力和繁殖能力，影响种群的更新和演替。

3. 土地退化影响群落生产力

生物对任何一种环境因子都有一定的适应范围，环境因子不足或过量都会对生物的生长发育，甚至对群落生产力产生影响。土壤退化，如酸化土壤，表现为养分的减少、污染物有效性的增加，使植物生长发育不良，出现过早衰亡的趋势，土壤微生物和土壤动物的生长受到影响。盐碱化的土壤中含有很多不利于植物生长的元素，植物容易发生生理中毒，不能正常生长发育。同时，这些植物会采取增加地下部分长度来避开表层的积盐，因此，地上部分的生长受到限制。荒漠化的土壤中，水分极少且变化很大，当植物受水胁迫时，水分代谢减弱，降低植物对无机营养的吸收和利用，影响生长。土地退化引起的各种环境因子的改变，导致植物群落结构简单、植物生长缓慢，动物群落和微生物群落受到影响，群落生产力降低。

第四节　生态退化的生物修复

生物与环境之间存在着相互关系，相互作用，协同进化。生态退化影响生物，反过来，也可以利用生物来进行生态退化的修复。生态退化的生物修复，是利用生物来保护和改善环境的一个重要方面，是未来环境生态学研究的一个重要内容。

一、生态退化的生物修复的概念

生物用于生态退化和环境污染的改良工作中，一般来说，被称为生物修复（Bioremediation），包括生态退化的生物修复和环境污染的生物修复，植物、微生物和动物在生物修复中都具有重要的作用。生物修复的主要目的是通过人工作用，采用生物的方法加速受损生态系统的恢复进度，改良更新退化的生态系统。生态退化的生物修复指用生物的方法改良更新退化和破坏了的生态系统，使得部分原有的生物种类和生态系统的部分结构和功能得以恢复。如矿山废弃地的植被恢复。另外，环境污染的生物修复是指通过生物的方法使得引起环境污染的因素降低或消除，使受到污染的环境的质量得到改善，从而使污染的环境能够部分或完全地恢复到原始状态。利用超累积植物进行土壤和水体重金属污染的植物提取修复就是环境污染的生物修复的典型例子。

生态退化的生物修复主要指植物修复，通过植物群落的恢复带来微生物群落和动物群落的发展，然后共同完成生物修复的功能。这一修复过程是生物和环境协同进化的过程。根据生态退化的类型可将生态退化的生物修复分为森林生态退化的生物修复、水域生态退化的生物修复、草地生态退化的生物修复、湿地生态退化的生物修复等类型。通过对热带亚热带退化森林进行生物修复，在几乎是寸草不生的裸土壤上，种植速生、耐旱、耐瘠的桉树、松树和相思树等先锋树种启动演替，然后配置多层多种阔叶混交林，逐步恢复了植被，并向着持续森林生态系统的方向发展。

二、生态退化的生物修复的作用

生物在生态退化的生物修复中起着重要的作用，通过生物与环境的相互作用，使得生态退化的环境得到改善。具体来说，在生物修复过程中，生物具有如下作用。

（一）生物的涵养水分和减少水土流失的作用

许多研究和实践表明，有着良好的植物群落的生态系统，具有较强的涵养水分和减少水土流失的作用。因为良好的植物群落能减少地表径流的总流量，增加地下径流的流量和停留在土壤中的水量。在海南岛尖峰岭热带山地雨林天然更新林中，地表径流仅占降雨量的 0.9%，地下径流占降雨量的 41.21%，而在无植被或植被较差的情况下，地表径流往往比天然林区高 34.0%～68.5%。以上说明生物群落能在很大程度上避免水分以地表径流急剧地离开生态系统，使水分更多地储存在生态系统内，从而起到了涵养水分的作用。

（二）生物的改良土壤的作用

土壤在退化过程中，其物理、化学和生物性质会发生变化，导致土壤颗粒组成不合理、土壤板结、持水性下降等，引起土壤养分的贫瘠化和土壤酸碱性失衡，影响土壤微生物和土壤酶的作用。

1. 改善土壤的物理性质

植物的生长及植物群落的建立能有效地减少土壤中粗砂和石块的含量，也会极大地改变地表的覆盖状况。随着群落的构建和优化，枯枝落叶层会越来越厚，地表的覆盖程度大大增加，这使得地表土壤不易受到冲刷。植物根系的生长对增加土壤的孔隙有明显的效果。植物根系向地下伸长的过程中，能促使土体形成孔隙。孔隙的增加有利于提高水分的渗透性能。另外，蚯蚓等土壤动物的活动能使土壤疏松，有效地改良土壤结构，改善土壤的物理性质。

2. 改善土壤的化学性质

随着生物在退化土地上的定居、活动以及生物群落的构建和演替，会对土壤养分状况产生很大的影响。随着生物的生长以及生物群落向着更高层次演替，土壤营养元素含量和土壤养分有效性都会得到很大程度的提高，各种养分间也变得更加平衡和协调。生物对土壤营养状况的改良主要通过生物活动增加养分的输入，如生物固氮增加土壤中的氮含量；增加养分的可利用性，如土壤微生物可使元素活化为有效态而更易被植物吸收；减少养分流失，如植物根系、土壤动物和土壤微生物的活动改良土壤团粒结构，有利于吸附养分。另外，通过种植耐盐碱的土壤改良植物，能对改良中轻度盐碱土有良好的效果。

3. 改善土壤的生物性质

土壤微生物和土壤酶系统一起构成土壤的生物特性。土壤微生物的种类和数量会对土壤的养分供给水平和植物的生长状况产生重大的影响，而土壤酶对有机质的形成及营养元素的矿化有着重要的作用。生物修复对土壤生物性质的改良，一般是借助动植物的生长，为土壤微生物的生长和土壤酶的产生创造良好的环境。

植被状况对土壤微生物数量有明显的影响。植被的存在和优化会极大地改变地表的水热条件，使土壤温度波动减少，水分增加，局部微环境得到改善，同时植物产生的大量凋落物也增加了营养物质的来源。土壤酶是由植物根系以及土壤动物和微生物在生命活动中分泌到土壤中的具有生物活性的催化物质。通常生物多样性的增加会促进土壤酶多样性的提高，生物生命活动强度的提高，可以有效提高土壤酶活性。

（三）生物对小气候的改善作用

小气候是指在近地表、小范围地域内，由于下垫面的辐射特征不同而形成的局部气候。小气候取决于小地形环境，如坡向、坡度、土壤性质和植被覆盖程度等。由于局部下垫面条件是造成小气候差异的根本原因，于是在不同的下垫面上就形成了不同类型的小气候，如农田小气候、森林小气候、城市小气候等。下面以防护林小气候为例，说明生物对小气候的改良作用。

光对植物的生长发育影响很大，特别是光照强度，直接影响植物光合作用的强弱。太阳光照射在防护林上，有的被反射，有的被吸收，只有少数光能直接到达地面，造成林下较荫蔽的小环境。对温度来说，由于林带的遮阴作用和植物蒸腾作用，防护林间比空旷地的温度低。林间带的总蒸发量比空地大，因此，防护林对空气湿度具有明显的改善作用。由于植物根系吸收了大量的水分，林带内的水分在土壤表层湿度高，在土壤深层却低于空旷地的含水量。林带小气候最显著的影响是使风速和乱流交换减弱。

三、生态退化的生物修复的主要措施

生态退化的实质是生态系统结构和功能的退化，其表现形式是生物多样性的丧失，导致了环境退化。生态退化的关键和核心是生物多样性的丧失，因而生态退化的生物修复途径应从保护和恢复生物多样性入手，引入植物、动物和微生物先锋物种，恢复植物群落及食物链，重建人工生态系统。人工植物群落及其植被的建设是生态退化的生物修复的关键，包括农业群落、混农林业群落、森林、灌丛、草地等，形成复合的人工生态体系。因此，生物措施是生态系统恢复和重建的主要措施。此外，工程措施、耕作措施和管理措施等也是必要的，在生态退化的治理中必须有机结合这些措施，才能有较好的持续效果。

以矿区废弃地的恢复为例，人工作用下的生物修复与重建，包括土壤改良、植物种类选择、植物种植和生态系统管理等主要措施。

（一）土壤改良措施

土壤是生态系统与生物多样性的载体。因此，生物恢复过程中首先要解决的问题就是如何将废渣或新土转变成植物能够生长的土壤。迄今为止，有关土壤改良的措施包括表土覆盖、施用石灰、垃圾、化肥、有机肥等改善土壤的性质。

1. 表土覆盖

表土覆盖是一种常用且最为有效的土壤改良措施。表土覆盖指采矿前的表土的回填或客土的覆盖。研究表明，在无表土覆盖的矿地，植物种子萌发、幼苗生长、植物群落形成与植被发育都受到抑制，动物与微生物的定居速度及种群动态都受到影响。因此要想在短时间内将无表土覆盖的矿地实施生物修复是不大可能的。表土是当地物种重要的种子库，它为植被恢复提供了重要的种源。除了提供土壤储藏的种子库外，表土覆盖也保证了根区土壤的高质量，包括良好的土壤结构、较高的养分与水分、参与养分循环的微生物群落与土壤动物群落。表土层的覆盖在 10～15 cm 就可能产生良好的效果。覆土厚度还应考虑恢复的植被类型，草本植物根系浅，覆土厚度可比恢复木本植物的相对薄一些。

表土覆盖需要考虑多方面的因素。表土覆盖，特别是客土法，工作量大，成本高。当矿地面积较大时，表土覆盖几乎难以实现；有些矿区的采矿时间过长，导致堆置一旁的表土丧失了原有的特性，结果就可能导致表土失去回填价值；客土法需要从异地采用新的表土，导致新的土地退化的产生；如果表土是覆盖在有一定坡度的矿山上，由于质地的不连续性与层次的松散性，有可能导致由降雨引起的滑坡；掩埋在表土下的盐分与重金属等有害物质，有可能通过如毛细管作用上升到表土层甚至地表，继续产生危害。

2．土壤性质改善

由于表土覆盖有一定的局限性加上成本较高。人们便希望能够根据土壤存在的具体问题寻找到相应简单、廉价、有效的改良措施。在改善紧实或坚硬的土壤状态、增加土壤渗透性方面，有效的措施是深耕土壤。Dunker 等（1995）观测到矿地恢复后的作物的产量与翻耕深度呈良好的相关性。

在降低酸度方面，传统的办法是施用石灰。矿地恢复初期，施肥能显著促进植物生长，提高植被的覆盖度。Ye 等（2000）观测到每公顷使用 80 t 以上的石灰配合施用 100 t 有机肥，不仅显著提高土壤 pH，降低 Pb、Zn 的有效性，而且有效促进植物种子萌发和生长发育，增加生物量。

（二）植物种类选择

用于矿地恢复的植物通常应该是抗逆性强、生长迅速、改土效果好、净化功能强的种类。被种植以形成植被覆盖的植物称为先锋植物。禾草与豆科的草本植物大多是恢复过程中的先锋植物。因为这两类植物大多有顽强的生命力和耐瘠能力，生长迅速，而且豆科的草本植物具有固氮能力。在干旱、半干旱地区开展生态修复时，所选用的植物除了能忍受干旱、强光、贫瘠的环境外，还必须能忍耐高浓度矿物元素的胁迫。通常，从矿区和邻近地区的优势植物中筛选耐性植物和先锋植物，是比较容易获得成功的。

在热带亚热带地区，植被的顶级群落往往是森林。根据植物群落学原理，物种多样性是生态系统稳定性的基础。在生态修复中，将乔、灌、草、藤多层配置结合起来进行恢复的效果比单一种或少数几个种的效果好，因为前者能为适应环境变化提供比后者大得多的生存机会，并能产生稳定的生态系统。因而，矿地恢复时，除了选择禾本科与豆科植物外，还应将其他种类的植物，包括乔木、灌木等结合起来种植，形成一个多物种的生态系统。

（三）植物种植

当矿地面积较大，且欲采取多种类、多层次的植物搭配时，人工播种的优势就充分体现出来。表土内一般不可能含有当地开矿前所生长的全部物种，且土壤中的种子密度与发芽率也都是不够的，因此，为了保证恢复的快速与成功，就必须考虑人工播种。把乔、灌、草、藤多层配置植物的种子按设计要求播入土壤，或育苗后移栽，这对于矿地生物修复显得尤为重要。用种子育苗和营养繁殖体育苗，通常在苗圃集中完成。野生植物种子育苗和营养繁殖体育苗比作物困难得多，必须进行研究以确定育苗条件，这是植物种植的关键技术。

（四）生态系统管理

生态系统管理是指对生态系统的恢复过程进行管理。管理内容包括抚育、施肥、灌溉、病虫害控制等。植物种植后，要定期观察植物的生长状况，必要时要施加肥料，进行灌溉，控制病虫害，满足植物生长所需的养分和水分条件，以保证植物生长、群落构成和植被恢复。调控生态系统中土壤微生物和动物的种类和种群动态，维持生态系统的合理恢复和演替，也是生物修复中生态系统管理的一个重要方面。

生物修复的过程与应采取的措施需要根据各个矿区的具体情况来确定。此外，为了使恢复的生态系统能自我维持下去，可能还要对它进行一些其他方面的管理来维持生态系统的物种结构，如清除外来入侵植物。如果想将系统维持在某一演替状态或植被状态，也要控制物种结构，如草地，要清除乔木和灌木。

其他生态退化的修复与重建也有与矿业废弃地生物修复类似的过程，只是具体操作上会有所不同。要实现生态系统的全面恢复与持续稳定的发展绝不是一蹴而就的事，只有经过合理的恢复步骤与长期的恢复过程，才能实现生态系统的全面恢复。

复习与思考题

1. 什么是生态退化？生态退化有哪些主要类型？
2. 森林破坏的主要原因有哪些？
3. 简述土地退化的概念及其发生的主要原因。
4. 简述生态退化的生物修复的主要措施。
5. 分析我国森林破坏和土地退化的现状，提出可能的生物修复方案。

第七章　生物多样性与生物安全

【知识目标】

本章要求熟悉生物多样性和生物安全的定义；理解生物多样性保护和生物安全对环境保护的重要性；掌握生物多样性保护的措施和生物安全采取的措施。

【能力目标】

通过本章的学习，明确生物多样性保护和加强生物安全保护措施的重要性。

第一节　生物多样性

一、生物多样性的概念

生物多样性（Biodiversity）是近年来生物学和生态学研究的热点问题，但对"生物多样性"一词的理解却各有不同。一般接受的定义是"生命有机体及其赖以生存的生态综合体的多样化和变异性"（U. S. Office of Technology Assessment，1987）。按此定义，生物多样性是指生命形式之间及其环境之间的多种相互作用，以及各种生物群落、生态系统及其生境与生态过程的复杂性。

二、生物多样性的等级

目前，一般将生物多样性区分为三个不同的等级，即遗传多样性、物种多样性和生态系统多样性。三个等级的相互关系如图 7-1 所示。

（一）物种多样性

物种多样性（Species Diversity）代表物种演化的空间范围和对特定环境的生态适应性，它指一个地区内物种的多样化。物种多样性的现状（包括受威胁状况）和物种多样性的形成、演化及维持机制是物种多样性的主要研究内容。物种是物种多样性的核心概念，同时也是生物分类学的基本分类单位。在界、门、纲、目、科、属、种的阶层系统中，物种是最基本也是最重要的等级。

在分类学实践中，由于生物体的实际变异程度远远超过已经被人们所认识的变异程度，区分和鉴定物种常常成为分类学家最感棘手的工作。物种之间的界限实际上并不明确，因而很难根据定义予以区分。例如，不同品种的狗其形态特征相差极大，若仅根据其形态进行分类，可以将它们区分为为数众多的物种。然而事实上它们同属一种，彼此间容易杂交而产生能育后代。此外，有一些在形态上或生理上似乎很相似、亲缘关系密切的姐妹种，但它们却不能彼此杂交。一种极端的情形是无融合生殖的植物，它们不通过有性生殖过程产生后代，往往不同的无性系之间就能表现出可见而稳定的形态差异。对于许多分类群，究竟应当区分为多少种常常是不确定的。目前已定名或描述的物种数目也不十分清楚，一种估计为 140 万种，另一种估计为 170 万种。此外，由于人为原因使大量物种灭绝，有些物种甚至在尚未被定名之前就已从地球上消失了。所以，目前对物种多样性的认识是相当不够的，特别对于那些个体极小、肉眼不可见的微生物和低等动植物尤其如此。

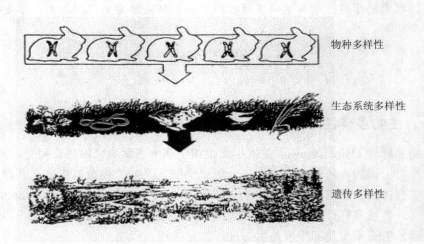

物种多样性

生态系统多样性

遗传多样性

图 7-1　生物多样性三种不同的关系

（二）遗传多样性

广义的遗传多样性（Genetic Diversity）是指地球上所有生物所携带的遗传信息的总和，但一般所指的遗传多样性是指种内个体之间或种群内个体之间的遗传变异的总和。一个物种的遗传组成决定着它的特点，这包括它对特定环境的适应性，以及它被人类的可利用性等特点。任何一个特定的个体和物种都保持着大量的遗传类型，就此意义而言，它们可以被看做单独的基因库。基因多样性，包括分子、细胞和个体三个水平上的遗传变异度，因而成为生命进化和物种分化的基础。一个物种的遗传变异愈丰富，它对生存环境的适应能力便愈强；而一个物种的适应能力愈强，则它的进化潜力也愈大。

（三）生态系统多样性

生态系统是各种生物与其周围环境所构成的自然综合体。所有的物种都是生态系统的组成部分。在生态系统之中，不仅各个物种之间相互依赖、彼此制约，而且生物与其周围的各种环境因子也是相互作用的。从结构上看，生态系统主要由生产者、消费者、分解者所构成。生态系统的功能是对地球上的各种化学元素进行循环和维持能量在各组分之间的正常流动。生态系统的多样性主要是指地球上生态系统组成、功能的多样性以及各种生态过程的多样性，包括生境的多样性、生物群落和生态过程的多样化等多个方面。其中，生境的多样性是生态系统多样性形成的基础，生物群落的多样化可以反映生态系统类型的多样性。生态系统的多样性分为森林生态系统多样性、草原生态系统多样性、湿地生态系统多样性、荒漠生态系统多样性以及大洋和湖、河流生态系统多样性。各个生态系统由于其丰富的生物种类可分为多种类型。例如我国草原以温带草原为主，其主体部分分布于内蒙古平原及其邻近的低山丘陵地区，海拔 1 000～1 200 m，地势坦荡辽阔。中国的草原从东向西分为三个亚地带：森林草原（属于半湿润气候，植被——草甸草原和林缘草甸为主，并与岛状森林结合，草群茂密，组成丰富）、典型草原（主要由丛生禾草草原构成，呈带状由东北伸向西南）和荒漠草原（其中小型针茅在草群组成中占优势，构成稀疏的矮草草原，常与荒漠群落交错）。中国草原除这一主体外还有山地草原和高寒草原。

近年来，生物多样性又增加了一个景观多样性等级。

三、生物多样性的利用与保护

保护生物多样性的目标是通过不减少遗传和物种多样性，不破坏重要生境和生态系统的方式来保护和利用生物资源，以保证生物多样性持续发展。为达到这个目标，需要对生物多样性进行研究、挽救及可持续利用。人类对生物多样性的威胁是复杂而多种多样的，需要将生物多样性保护作为国家和地区总体规划的一部分，并需要政府部门的领导和社会各阶层的广泛参与和支持。为实现该目标，需要采取多方面的措施，如政策调整、土地综合利用与管理、栖息地和物种的保护与恢复以及控制环境污染等。本节从环境生物学角度简介保护生物多样性的一些主要途径和方法。

（一）就地保护——保护区

保护区（Protection Zone）是保护基因、物种和生境以及各种对人类具有重要性的生态过程的最有价值的管理措施。例如，泰国的公园和野生动物保护地虽然只占国土面积的 8%，但它包括了栖居森林鸟类的 88%。扎伊尔有 1 000 种鸟，其中约 89% 分布于保护区内。哥斯达黎加的圣罗莎公园仅占该国面积的 0.2%，却包容了该国

135 种天蛾中 55%的种类。正因为自然保护区在保护生物多样性上具有极大的重要性，世界各国正在兴建越来越多的自然保护区。

（二）迁地保护

对于稀有种，在人为胁迫日益强烈的情况下，就地保护措施已不能使其得到有效保护。任何一类随机因素，如遗传漂变、种群统计、外来种竞争、病虫害、过度开发、生境损毁等都可使稀有种衰减或灭绝。对于此种情形，保护物种免遭灭绝的最佳甚至唯一途径是迁地保护，即将其置于人为控制的环境中以维持其个体。迁地保护措施主要有：

（1）动物园　动物园用于建立稀有和濒危动物笼养繁育种群。目前，全世界各地动物园保持有约 50 万头陆生脊椎动物，分属于约 3 000 种哺乳动物、鸟类、爬行类和两栖类。在传统上，动物园将重点放在大型脊椎动物尤其是哺乳动物上，因为这些种类能引起一般公众的极大兴趣，易于获得财经支持以保护这些动物（如非洲的大猩猩和中国的熊猫）。在为保护这些动物而建立的保护区中，其他动物和植物也同时得到保护。

（2）植物园　在传统上，植物园的主要目的是展览各种观赏植物，并兼有植物科普教育和经济植物（如园艺、农业、林业、庭院及工业用植物）的繁殖与传播的作用。全世界各地植物园目前估计生长着至少 35 000 种植物，约占世界植物区系的15%。世界上最大的植物园是英国皇家植物园，估计栽培有 25 000 种植物，约占世界总种数的 10%。许多植物园专门培育某些特别的植物类型。例如，哈佛大学的阿诺德树木园栽培有数百种温带树种。新英格兰野生花卉学会所属的伍兹花卉园栽培有数百种多年生温带草本植物。南非的主要植物园拥有南非栽培植物的 25%。

（3）种子库　大多数植物的种子能长时间储藏在低温干燥条件下而保持发芽和生长发育的能力。种子的这个特点为迁地保护提供了极大的方便，允许将植物种质资源（生物多样性）保存在种子库中。与植物园相比，种子库所占的空间、人力和费用均少得多，是一种非常有效而实用的生物多样性保护途径。目前，世界上有 50多个主要的种子库分布在发达国家和发展中国家。其主要任务是保存作物种类的多样性。据统计，迄今农业种子库已收集到 200 多万份种子收集品，其中许多是主要的粮食作物，如小麦、水稻、玉米、马铃薯、燕麦、小米及高粱等。例如，菲律宾国际水稻研究所的种子库拥有 86 000 个水稻收集品，墨西哥国际玉米和小麦改良中心拥有 12 000 个玉米样本和 100 000 个小麦样本。

（三）新种群重建

新种群重建包括人为建立新野生种群或半野生种群，或增加现存野生种群大小。新种群重建可以使迁地保护种群重返大自然，是生物保护措施的重要环节。

（四）受损生态系统恢复

受损生态系统恢复（Ecosystem Restoration）是指有意识地改造一个地点，建成一个确定的、本土的、历史的生态系统的过程。在此过程中尽力模仿自然生态系统的结构、功能与动态。早期，受损生态系统恢复措施被用于修复湿地、改造矿区、恢复牧场和森林。近年来，这种思想引起保护生物学家的兴趣，并被用于受损生态系统生物多样性的恢复。

生态恢复中的人为干预措施可以分为三种基本途径，即复原、重建和替换。复原是指通过重新引入方法（如栽培和播种原有植物及引进原有动物等）恢复受损地点原来的种类组成和群落结构。重建是指使受损生态系统的部分功能和部分原有物种得到恢复。由于受到众多因素的影响，复原受损生态系统常常是不可能的，因而重建便成为一种现实的替代途径。在现实条件限制下，重建虽然不如复原理想，但比完全不恢复要好。替换是指用另一种有生产力的生态系统代替严重受损或退化的生态系统。例如，可用牧场替换已退化的森林，用一处生态系统的种类重建另一处受损地退化生态系统等。

在生态恢复中，重建植物群落常常是关键，对于陆生生态系统的恢复尤其如此。其主要原因在于植物是初级生产者并为整个生物群落的形成提供一个基本构架。但是，这并不意味着可以忽视群落中的其他成分。真菌和细菌在营养循环中有决定性作用；土壤动物对建造土壤结构有重要作用；植食性动物在减少植物竞争和维持物种多样性上是重要的；昆虫是重要的传粉媒介；脊椎动物作为种子传播者、捕食者对维持生态系统功能有重要作用。

四、环境破坏与生物多样性的消失

生物多样性有利用价值及其内在的价值，是大自然留给人类的最宝贵财富，是维护和保护人类生存环境，保障自然资源永续利用的一个极为重要的方面。

生态系统中的能量流和物质循环在通常情况下（没有受到外力的剧烈干扰）总是稳定地进行着，与此同时生态系统的结构也保持相对的稳定状态。生态平衡最明显的表现就是系统中的物种数量和种群规模相对平稳。当然，生态平衡是一种动态平衡，即它的各项指标，如生产量、生物的种类和数量，都不是固定在某一水平，而是在某个范围内来回变化。这同时也表明生态系统具有自我调节和维持平衡状态的能力。当生态系统的某个要素出现功能异常时，其产生的影响就会被系统作出的调节所抵消。对环境污染与破坏，生态系统表现出一定的调节能力，但生态系统的调节能力是有限度的，外力的影响超出这个限度，生态平衡就会遭到破坏。生物多样性消失就是其中重要的表现之一。

随着环境的污染与破坏，比如森林砍伐、植被破坏、乱捕滥猎、乱采滥伐等，目前，世界上的生物物种正在以每天几十种的速度消失。这是地球资源的巨大损失，因为物种一旦消失，就永不再生。消失的物种不仅会使人类失去一种自然资源，还会通过食物链引起其他物种的消失。联合国环境规划署在 2005 年 5 月 22 日"生物多样性日"来临之际发表《生态系统与人类福祉报告》报道，近几十年，随着经济的发展，生物多样性遭到了严重破坏。报告指出，自工业化初期至今，全球渔业资源减少了 90%；1/3 的两栖动物、1/5 的哺乳动物和 1/4 的针叶树种濒临灭绝；大自然调节气候、空气和水源的能力大幅下降；自然灾害对人类的冲击越来越多。

（一）引起生物多样性消失的环境破坏

1. 生境损失

生境损失主要表现在森林减少上，特别是物种最为丰富的热带雨林。热带雨林是世界物种的宝库，尽管其面积只有世界陆地的 7%，却拥有全球一半以上的物种。目前热带雨林正以每年 0.6%（约 730 万 hm^2）的速度减少，如果持续下去，生活在这里的动植物的适宜生境会越来越少，一些珍贵鸟兽的数量会逐年下降，最终将导致灭绝。世界热带森林砍伐最严重的地区是中美洲和东南亚，使野生生物生境遭到毁灭性破坏。巴西沿海湿地地区森林已消失 90% 以上，印度、马来西亚地区最初的野生生物生境已损失 68%，主要是林地转变为农地。非洲的热带野生生物生境损失为 65%，其中西非国家除几内亚（70%）以外，损失率在 78% 以上，整个地球的热带森林已有 40% 左右消失了。最著名的代表是生活在波多黎各的亚马逊鹦鹉。哥伦布于 1493 年发现波多黎各岛屿时，岛上森林中亚马逊鹦鹉数量还很多。欧洲人移民到这个岛上以后，大肆砍伐森林，1900 年，岛上森林面积不到原来的 1%，亚马逊鹦鹉的栖息地遭到破坏，再加上捕杀、贩卖，到 1954 年只剩下 200 只，1966 年只有 70 只，1975 年仅剩下 13 只。

湿地包括淡水湿地和咸水湿地（沿海和河口），既具有多方面的环境功能，又是重要的野生生物生境。人们至今对湿地的认识和保护还很缺乏，扩大耕地以及其他土地利用方式，使许多湿地被侵占或改造，世界沼泽和湿地已损失 25%～50%，沿海红树林湿地更所剩无几了。

岛屿是许多特化的和脆弱的特有物种的生境，世界上约有 900 种鸟类的分布区仅限于某个岛屿。岛屿生物地理学指出，当海岛的生境面积减少 10% 时，将损失一半物种。

随着野生生物生境的损失，物种多样性不断遭到破坏，许多物种的种群已减少。今天，在全球范围内，野生生物生境大多受到人类活动的严重干扰，使生态系统不断简化，从根本上破坏了许多野生生物赖以生存和发展的基础。

2. 掠夺式的过度利用

过去的 100 年是人类对自然界掠夺的 100 年。乱捕滥猎，过度开发利用，使得许多资源濒临枯竭。我国东北三宝中的人参和貂皮资源已经十分有限。野生的人参已很难见到，野生的紫貂数量仅有 6 000 只。过去我国的森林资源只砍伐不种树，现在的成熟林只能维护 10 年。北美洲的旅鸽在 19 世纪中期还是地球上数量最多的鸟类之一。生物学家 Wilson 曾记录到，该鸟类迁徙时的巨大群体有 400 km 长，飞行时遮天蔽日。他在美国肯塔基州观察到一个不少于 20 亿只的巨大群体。欧洲殖民者到达美洲大陆后，开始捕杀旅鸽，并且捕杀数量越来越大，1878 年的 3 个月里，美国密歇根州的一个营巢地就杀死了 150 万只，全年的捕杀量多达 1 000 万只。美国芝加哥、纽约、波士顿的大小餐馆中都有野味出售，售价 2 美分。由于过度捕杀，到 1914 年辛辛那提动物园所饲养的最后一只旅鸽死亡，鸟类史上曾拥有最大族群的旅鸽，就此从地球上永远消失。

3. 环境污染

环境污染对生物多样性的影响有直接毒性作用和间接改变生境条件两种主要途径。在许多情况下，这两种作用往往是复合的。

大气污染所造成的物种减少，最明显的是酸雨。目前世界受酸雨危害最严重的地区是北美洲和欧洲。酸雨使瑞典数千个湖泊的 pH 降至 4.5，成为植物和鱼类绝迹的"死湖"。美国东北部半数以上的湖泊受到酸雨危害，生态系统受到严重影响，水蛭、软体动物、昆虫等首先受害，生态系统衰败，有经济价值的鱼类如鲑鱼、梭鱼、太阳鱼等相继死亡。据加拿大观察研究，其山区酸化湖泊中 69% 的水蛭、45% 的昆虫（蜻蜓）、50% 的软体动物（贝类）、18% 的甲壳类和 25%～30% 的藻类已经灭绝。此外大气污染通过破坏臭氧层而造成对地球生态系统的危害，通过温室效应改变气候从而改变生境条件，对生物多样性都产生间接而更深远的影响。环境污染对海洋生物多样性的影响是很大的，导致生物多样性减少，特别是生物物种最丰富的河口和近岸海域，也恰恰是污染最集中的地方，因而受危害更大。

某些化学物质如 DDT，可沿食物链成千倍成万倍地富集，导致一些高级生物如鸟类的灭绝。世界上第一部广为称颂并唤起人类环境意识的著作《寂静的春天》，就是以此为重要线索追踪污染危害的。环境污染对生物多样性的影响范围广泛、机制复杂，是目前正在积极研究的课题之一。

（二）环境污染对生物多样性的影响

环境污染对生物多样性的影响主要表现为遗传多样性的丧失、物种多样性的丧失、生态系统多样性的丧失。

1. 物种多样性的丧失

环境污染引起物种多样性降低的机理一般有以下几个方面：

（1）污染物的直接毒害作用，阻碍生物的正常生长发育，使生物丧失生存或繁衍的能力。例如，由于农药的大量使用，在杀灭对农作物有害昆虫的同时，也杀灭了一些对农作物有益的昆虫。

（2）污染引起生境的改变，使生物丧失了生存的环境，例如，昆明滇池从 20 世纪 50—90 年代，由于水体污染导致富营养化，高等水生植物种类丧失了 36%，鱼类种类丧失了 25%，整个湖泊的物种多样性水平显著降低，生态系统的结构趋于单一。

（3）污染物在生态系统中的富集和积累作用，使食物链后端的生物，难以存活或繁育。以美国长岛河口区生物对 DDT 的富集为例，该地区大气中的 DDT 含量为 3×10^{-6} mg/kg，其中溶于水中的更微乎其微。但水中浮游生物体内的 DDT 含量为 0.04 mg/kg，富集系数为 1.3 万倍（以大气中 DDT 含量做基数）；浮游生物为小鱼所食，小鱼体内 DDT 增加到 0.5 mg/kg，富集 16.7 万倍；其后小鱼为大鱼所食，大鱼体内 DDT 浓度增加到 2 mg/kg，富集系数为 833 万倍；海鸟捕食鱼，其体内 DDT 增加到 25 mg/kg，富集系数高达 858 万倍。从这个例子可以看出，空气和水中的 DDT 含量很低，但在生态系统中由于通过食物链逐级富集，使处于食物链后端的鸟类体内 DDT 含量大增，导致其中毒或死亡。在污染引起物种多样性丧失的研究中，除了应了解物种总的数量动态变化外，还应注意不同物种对于污染的耐性或抗性水平不同，从而在同样的污染条件下，幸存的物种还具有一定的区系或种属特点。一般来说，广域分布的物种的生存机会大于分布范围窄小的物种；草本植物生存的机会大于木本植物；生活史中对生境要求比较严格的物种一般难以抵抗污染环境，如两栖类和部分爬行动物。

2. 遗传多样性的丧失

遗传多样性强调的是现有种质的遗传变异库存量，它既是生物遗传变异的历史积累，反映了生物的进化过程，也是现有生物适应现有环境和未来未知环境的遗传基础。遗传多样性的丧失包括已有的遗传基因库的减小和新的遗传变异来源的降低。遗传变异性的丧失会导致生物对未来环境适应性的降低，从而意味着人类进一步发展所依托的生物资源的减少。

虽然污染会导致生物的抵抗并与之相适应，但最终会导致遗传多样性减少。这是因为在污染条件下，种群的敏感性个体消失，这些个体具有的特质性遗传变异因此而消失，进而导致整个种群的遗传多样性水平降低。污染引起种群的规模减小，由于随机的遗传漂变的增加，可能降低种群的遗传多样性水平；污染引起种群数量减小，以至于达到了种群的遗传学阈值，即使种群最后恢复到原来的种群大小时，由于建立者效应，从而造成遗传来源单一，遗传变异性的来源也大大降低。

3. 生态系统多样性的丧失

污染会影响生态系统的结构、功能和动态。严重的污染可能具有趋同性，即将不同的生态系统类型最终变成基本没有生物的死亡区。一般的环境污染往往导致生境的单一化，从而造成生态系统多样性的丧失，例如，昆明滇池地区，伴随富营化的发展，湖滨地带的生物圈层几乎全部丧失。比较突出的是森林生态系统，例如，加拿大北部针叶林在 SO_2 的污染下退化为草甸草原；北欧大面积针阔混交林在 SO_2 污染下退化为灌木草丛。在生态系统组成成分尚未完全破坏前排除干扰，生态系统的退化会停止并开始恢复（如少量砍伐后森林的恢复），生物多样性可能会增加，但在生态系统的功能过程被破坏后排除干扰，生态系统的退化很难停止，而且有可能会加剧（如火烧山地后的林地恢复）。

此外环境污染还导致生态系统复杂性降低。污染导致生态系统复杂性降低主要表现为生态系统的结构趋于简单化，食物网简化，食物链不完整，生态系统的物质循环路径减少或不畅通，能量供给渠道减少，供给程度降低，信息传递受阻。导致生态系统复杂性降低的原因主要表现在两个方面：一是污染直接影响物种的生存和发展，从根本上影响了生态系统的结构和功能基础；二是污染大大降低了初级生产，从而使依托强大初级生产量才能建立起来的各级消费类群没有足够的物质和能量支持，生态系统的结构和功能趋于简单化。

第二节　生物安全

一、生物安全的概念

生物安全有狭义和广义之分。狭义生物安全是指防范由现代生物技术（主要指转基因技术）的开发和应用所产生的负面影响，即对生物多样性、生态环境及人体健康可能构成的威胁或潜在风险。广义生物安全则不仅针对现代生物技术的开发和应用，还包括更广泛的内容，大致分为 3 个方面：一是指人类的健康安全；二是指人类赖以生存的农业生物安全；三是指与人类生存有关的环境生物安全。目前，国内对生物安全的认识大多还局限在狭义的概念里，而国际上目前虽然对此还没有一个统一的认识，但一些发达国家，如澳大利亚、新西兰、英国等，在实际管理中已经应用了生物安全的广义内涵，并且将检疫作为其保障国家生物安全的重要组成部分。一般来说，生物安全所受到的外来威胁主要来自以下几个方面。

（1）对人和动植物的各种致病有害生物，如引起疯牛病、口蹄疫及禽流感等人畜共患疾病的病毒。古今中外还有很多由于有害生物危害人类健康和农业生物安全的事例，如公元 5 世纪下半叶，鼠疫病菌从非洲侵入中东，进而到达欧洲，发生鼠疫大流行，造成约 1 亿人死亡；1845 年马铃薯晚疫病侵入欧洲，导致历史上著名的大饥荒，夺去了数十万人的生命。

（2）外来生物入侵。虽然历史上有不少外来生物曾经为人类造过福，但是也有许多外来生物导致了农作物和牲畜的死亡以及生物多样性的破坏甚至丧失，这种现象称之为生物入侵或生物污染。

（3）随着现代科学技术的发展，世界上出现了越来越多的转基因生物，它是通过现代生物重组 DNA 技术导入外源基因的生物，因此从某种意义上说，转基因生物也是外来生物。

二、生物安全评价与控制措施

（一）生物安全性的评价

1．生物安全性评价的目的

以重组 DNA 技术为代表的现代生物技术在为人类生活和社会进步带来巨大利益的同时，有时也可能对人类健康和环境安全造成不必要的负面影响。所以，生物安全的管理受到世界各国的高度重视。生物安全管理一般包括安全性的研究、评价、检测、监测和控制措施等技术内容。其中，安全性评价是安全管理的核心和基础，其主要目的是从技术上分析生物技术及其产品的潜在危险，确定安全等级，制定防范措施，防止潜在危害，也就是对生物技术研究、开发、商品化生产和应用的各个环节的安全性进行科学、公正的评价，以期为有关安全管理提供决策依据，使其在保障人类健康和生态环境安全的同时，也有助于促进生物技术的健康、有序和可持续发展，达到兴利避害的目的。安全性评价的目的包括提供科学决策的依据；保障人类健康和环境安全；促进国际贸易、维护国家利益和促进生物技术可持续发展等。

2．生物安全性评价的主要内容

生物安全性评价的内容包括对人类健康的影响和对生态环境的影响两个方面，而在每一个方面的具体评价内容则取决于对安全性的理解和要求。生物安全性评价的内容和水平是与当前生物技术研究与应用的发展和认识水平分不开的。随着生物技术的进一步发展和广泛应用，人类对生物安全性的认识水平不断提高，对安全性的评价也会提出新的要求，这是一个不断发展变化和逐步完善的过程。就目前来看，不同国家、不同行业的要求各不相同。试以我国对农业生物基因工程工作的安全性评价为例予以说明，安全性评价的主要内容有受体生物的安全等级；基因操作对受体生物安全性的影响；遗传工程体的安全等级；遗传工程产品的安全等级及基因工程工作安全性的综合评价和建议。

（二）生物安全控制措施

生物安全控制措施是针对生物安全所必须采取的技术管理措施。为了加强生物技术工作的安全管理，防止基因工程产品在研究开发以及商品化生产、储运和使用中涉及对人体健康和生态环境可能发生的潜在危险所采取的有关防范措施。通过这些防范措施，将生物技术工作中可能发生的潜在危险降到最低程度，这已为世界各国所公认。如前所述，生物安全性评价是生物安全控制措施的前提。按照权威部门对某项基因工程工作所给予的公正、科学的安全等级评价，在相关的基因工程工作的进程中采取相应的安全控制措施。具体来说，在开展基因工程工作的实验研究、中间试验、环境释放和商品化生产前，都应该通过安全性评价，并采取相应的安全措施。

生物安全控制措施具有很强的针对性。所采取的措施必须根据各个基因工程物种的特异性采取有效的预防措施，尤其要从我国的具体国情出发，研究采取适合我国社会经济和科技水平的切实有效的控制措施。例如，繁殖隔离问题，植物、动物、微生物的生境情况差异极大，即使同属植物由于物种起源等原因，相应安全等级的转基因植物其时空隔离条件要求就很不相同；又如微生物的存活变异以及转移形态和个体，不同的物种差异很大。因此，当参考、借鉴国外的经验和做法时要经过周密的研究。

（三）加强生物安全工作的对策

生物安全问题涉及生物资源保护、劳动保护、环境保护、工农业生产、医药食品、进出口贸易等诸多方面，相关法律法规多，管理部门多，而技术支撑极为薄弱。因此，为加强生物安全的管理，提出如下对策建议。

（1）健全完善生物安全管理法规体系　为了实行有效的安全性管理，我国有关行政主管部门先后制定了一些生物安全管理的行政规章，已经发挥了很好的管理效能，但由于受当时的社会背景和科技发展水平所限，这些规章还存在很多薄弱环节。当前急需尽快研究制定一部由国务院颁发的《生物安全管理条例》，作为国家实施生物安全管理的纲领性法规，指导全国的生物安全管理工作。该《条例》应具有以下特点：

- 确定生物安全管理的宗旨和原则；
- 明确各有关部门的任务、权限和职责；
- 指导有关部门制定相应法规和实施细则；
- 明确生物安全管理的主要内容和工作程序；
- 适应世界经济贸易的发展，保障我国生物技术相关产业的稳定发展。

（2）支持鼓励生物安全有关领域的科学研究工作　切实加强生物安全的科学研究工作。发达国家尤其是欧洲一些国家，在生物安全方面较早就开展了研究，而中国在这方面还处于刚起步或尚未开始的阶段。对农田及自然生态系统中一系列的生态风险的研究如何起步、如何切入，得到的结果往往既有正面效应又有负面影响，对此又如何做分析等一系列问题有待研究。在对人体健康影响问题，可能与生态效应一样，得到结论有一个时间问题，可能在短期内得不到结论。这些问题都是在考虑生物安全科研时可供思考的问题。

（3）严格控制转基因生物的实验　不能让中国的大地成为发达国家的实验场所。现在在一些发达国家，虽然进行大量的生物技术，但不允许作商品化的种植。如挪威等一些欧洲国家，转基因生物作商品化种植要经过国王或国会的批准。目前国际上实验室已经有大量成功的转基因作物，但真正被各国政府批准能做商品化种植的还极少。已有迹象表明，一些发达国家通过各种途径把实验室的成果拿到中国来做大量试验，甚至大面积地种植，而我们多数人还缺乏这方面的知识。但如果大面积种植后真出现严重的生态负效应，后果将不可收拾。

（4）重视生物安全的科学普及和培训教育工作　公众参与既是生物安全管理的重要组成部分，又是生物技术产业健康发展的重要保证。切实加强正确的全民宣传活动，尤其要注意媒体的报道。2000年12月，北京一个发行量很大的媒体做了如下的报道，题目为《本报记者驱车百余里，寻找转基因草》。记者在北京近郊见到 6.67 hm^2 由某农业科技有限公司从美国引进的转基因草，在宣传这种草的一系列优点外，最后一句话是"转基因，让小草也疯狂"。这里至少有两个问题：一是任何转基因植物种植这么大面积，必须经过政府有关部门的批准，可报道上并未提到这点；二是我们虽然不知道这种转基因草是什么种，它在北京近郊是否有亲缘关系很近的近缘种？一旦这种小草真的疯狂起来，有可能通过种子传播到大量的农田里成为杂草，如有近缘种，还可能通过杂交，让本来不是杂草的近缘种也到处疯狂起来。

具体从事相关工作的单位，从业人员的安全知识、技能、责任心直接关系到生物安全管理目标的实现。应针对不同人员举办各种不同形式、不同层次的培训班、研讨班，不断提高、更新他们的安全知识水平、安全防范意识与事故处理技能；应考虑将生物安全列入相关专业教学计划并在具备一定基础条件时设立专门的生物安全专业，培养专门人才。

三、生态入侵与生物安全

由于人类活动而引进的外来物种如果能够适应新环境的条件，就能够建立起自己的种群。其中许多种类可以通过各种方式有效地扩大自己的种群，同时抑制或消灭当地原生生物种。外来种可以与本地种竞争有限的资源，或者捕食本地种，或者带入病原菌，或者通过自己的活动改变生境使本地种无法生存。外来物种的侵入对于当地的生态环境常常造成灾难性的影响。

（一）岛屿上的外来物种

岛屿与其他陆地生境长期隔离，常常拥有一群独特的本地特有种。恰恰就是这些特有种在外来种的入侵下常常显得极为脆弱而走向灭绝。一般来说，岛屿生物群落通常仅含极少数大型的肉食兽和食草兽，或者根本不存在像肉食动物这样的高营养层生物。因缺乏肉食兽和食草兽造成的竞争压力，许多岛屿特有种未形成任何抵御这类大型动物的能力。一些鸟类失去了飞行能力，许多植物不能产生口味差而坚韧难啃的组织来阻挡食草兽的啃食，也不能在受到损害后迅速生长发新芽。在这种情形下，引入的外来食肉动物能随心所欲捕食、攻击和驱走当地动物；而食草兽则不加选择和限制地啃光所有可口而鲜嫩的当地植物。

（二）水生生态环境的外来物种

外来物种对淡水湖泊生物群落和隔离的溪流水系生物群落的生物多样性能产生严重影响。这类生态系统可以看做是由陆地包围的"岛"，所以其生物群落的特殊性与上述岛屿生物群落的特殊性有某些类似之处。对于外来物种，这些生长在相对隔离生境中的当地种常常缺乏竞争能力，或者成为外来种的捕食对象，最终趋于灭绝。

（三）外来病害

引入的外来种能够作为病原体使当地物种染病，使疾病在种群中传播和流行，最后导致被感染物种灭绝。这些病原体包括病毒、细菌、真菌和寄生虫等。现已弄清，夏威夷群岛上许多特有鸟类的衰减和灭绝是因为有外来入侵生物——蚊子和疟原虫，其中疟原虫是随已感染的外来鸟类进入夏威夷的。当病原微生物被带到一个新的地方时，当地的动植物对它们几乎没有抗性，这是外来病原微生物引起疾病流行的重要原因。在中国，绝大多数板栗树对枯萎病有抗性，只有生长衰弱的树木容易感染这种真菌性的病害而死亡。然而，在 20 世纪初期，当感染了此种病菌的中国板栗树被引种到美国纽约时，板栗枯萎病便传染给缺乏抗性的美国板栗树并在全美国散布开来。结果，在短短几十年内，美国境内的板栗树几乎全部因感染此病而死亡。

四、转基因生物与生物安全

20 世纪 70 年代以来，以转基因技术为代表的现代生物技术在解决人类所面临的粮食短缺、环境污染等重大问题上发挥了巨大作用，并逐渐发展成为强大的现代生物技术产业。随着各类转基因生物的问世及其产品的不断上市，转基因生物的安全性问题已成为公众关心的焦点。

由于转基因生物所具备的诸如高产、优质、抗性强等优良品质是根据人类需要而制定的，因此所培育出来的转基因生物给人类创造了巨大的经济效益和社会效益。但转基因生物作为一个新物种的出现，一旦释放到自然环境中，也可能给人类带来极大的潜在或现实的危害，这方面的教训是很多的，比如著名的英国 Pusztai 事件、康奈尔大学斑蝶事件、加拿大"超级杂草"事件、墨西哥玉米事件和中国 Bt 抗虫棉破坏环境事件等，这些事件无一不为我们在转基因生物的研究和应用中敲响了警钟。

转基因生物可能存在以下几方面的风险：

1．转基因生物对非目标生物的影响

通过转基因技术产生的基因不仅会扩散到自然界中去，而且也可能通过基因漂移进入野生种群，使其遗传性状改变，进而对其产生不良影响。因此，转基因生物在自然界中的释放将污染自然基因库，打破原有的生态平衡，对生态环境产生难以预料的冲击。同时，释放到环境中的抗虫和抗病类转基因植物，除对害虫和病菌致毒外，对环境中的许多有益生物也将产生直接或间接的不良影响，甚至会导致一些有益生物的死亡。

2．可能诱发害虫、野草的抗性

许多基因改良品种含有从杆菌中提取出来的基因，这种基因能产生一种对害虫有毒的蛋白质，如果长期大面积使用这种基因，害虫就有可能产生抗药性，并使这一特性代代相传，不仅转基因植物不再抗虫，原有的杀虫剂也会不再有效。同时，释放到环境中的转基因植物通过传粉进行基因转移，可能将一些抗虫、抗病、抗除草剂或对环境胁迫具有耐性的基因转移给野生亲缘种或杂草。如果杂草获得转基因生物体的抗逆性状，将会变成"超级杂草"，从而严重威胁其他生物的正常生长和生存，扰乱生态系统的平衡。

3．对生物多样性和生态环境的影响

Hilbeck 用转基因 Bt 玉米饲喂欧洲玉米钻心虫（ECB），并以它作为草蛉的饲料，结果转基因 Bt 玉米组死亡率在 60% 以上，而饲喂一般玉米的对照组则在 40% 以下。一些生物学家认为，自然界物种为了保持自身的稳定性、纯洁性，对遗传物质的改变是严格控制的，基因漂移仅限于同种之间或者近源物种之间。而转基因生物是通过人工方法对动物、植物和微生物甚至人的基因进行相互转移，它突破了传统的界、门的概念，跨越了物种间固有的屏障，具有普通物种所不具备的优势特征。这样的物种若释放到环境中，会改变物种间的竞争关系，破坏原有的自然生态平衡，使生态系统中原有的完整的食物链遭到破坏，导致物种灭绝和生物多样性的丧失。

4．对人体健康的威胁

食用安全是食品所应具备的前提条件，人们对食用转基因产品是否安全最为关心。转基因活生物体及其产品进入市场，可能对人体健康产生某些不良影响。由于人们对基因活动方式的了解还不够透彻，仍没有十足的把握控制基因调整后的结果，担心基因的突然改变会导致某些有毒物质的产生；食物可能会由于基因转移而诱发某些人的过敏反应；转基因产品还可能降低动物乃至人的免疫能力，从而对其健康乃至生存产生影响。

基于转基因生物所引起风险的广泛性、潜在性、不确定性、不可逆转性的特点，如何正确评估、安全使用转基因生物已成为人们关注的热点，也成了世界上许多国家环境和健康的中心议题。

复习与思考题

1. 什么是生物多样性，如何理解其内涵？
2. 生物多样性划分为几个等级，各个等级之间的相互关系是什么？
3. 从环境保护的角度出发，生物多样性保护所采取的措施有几种？
4. 引起生物多样性消失的原因有几种？
5. 环境污染对生物多样性的影响有几个方面？

第八章　生态服务功能及其评价

【知识目标】

本章要求熟悉生态服务及生态环境影响评价；理解生态服务及生态环境影响评价的基本概念；掌握生态服务功能类型及生态环境影响评价的程序；了解生态环境影响评价的方法。

【能力目标】

通过本章的学习，能分析生态服务的功能，进行简单的生态环境影响评价，具备生态环境影响评价技术。

第一节　生态服务功能

一、生态系统服务的概念

生态系统服务（Ecosystem Services）是指生态系统与生态过程所形成及所维持的人类赖以生存的自然环境条件与效用。它不仅给人类提供生存必需的食物、医药及工农业生产的原料，而且维持了人类赖以生存和发展的生命支持系统（Daily，1997；欧阳志云等，1999）。也指人类直接或间接从生态系统得到的利益，主要包括向经济社会系统输入有用物质和能量、接受和转化来自经济社会系统的废弃物，以及直接向人类社会成员提供服务（如人们普遍享用洁净空气、水等舒适性资源）。

二、生态系统服务的内容

目前，得到国际广泛承认的生态系统服务功能分类系统是由千年生态系统评估（MA）亚全球工作组提出的分类方法（MAG，2002）。MA 的生态服务功能分类系统将主要服务功能类型归纳为提供产品、调节、文化和支持四个大的功能组。

（一）产品提供功能

产品提供功能是指生态系统生产或提供的产品。如食物、纤维、木材和燃料、药物与遗传育种。

世界上有 25%～50% 的药物来源于天然动植物，发展中国家更占 80% 以上。

（二）调节功能

调节功能是指调节人类生态环境的生态系统服务功能。如保持水土、调节气候、抗洪涝、抗干旱等。

（三）文化功能

文化功能是指人们通过精神感受、知识获取、主观映像、消遣娱乐和美学体验从生态系统中获得的非物质利益。如生态系统是生态旅游、户外游乐活动以及教育和科研的基地和场所。

据估计，生物多样性的美学价值，如通过生态旅游（这对于保证人的身心健康是很重要的）创造的收入，全球的年产值可达 120 亿美元。

（四）支持功能

支持功能是指保证其他所有生态系统服务功能提供所必需的基础功能。区别于产品提供功能、调节功能和文化功能，支持功能对人类的影响是间接的或者通过较长时间才能发生，而其他类型的服务则是相对直接和短期影响于人类。

一些服务，如侵蚀控制，根据其时间尺度和影响的直接程度，可以分别归类于支持功能和调节功能。由此可见，生态系统服务功能是人类文明和可持续发展的基础。

Costanza 等在估计生态系统服务价值时又将生态系统服务功能细划分出 17 种项目，见表 8-1。

表 8-1　生态系统服务项目一览

序号	生态系统服务	生态系统功能	举例
1	气体调节	大气化学成分调节	CO_2/O_2 平衡、O_3 防紫外线、SO_x 水平
2	气候调节	全球温度、降水及其他由生物媒介的全球及地区性气候调节	温室气体调节，影响云形成的二甲基硫（DMS）产物
3	干扰调节	生态系统对环境波动的容量、衰减和综合反应	风暴防止、洪水控制、干旱恢复等生境对主要受植被结构控制的环境变化的反应
4	水调节	水文流动调节	为农业、工业和运输提供用水
5	水供应	水的储存和保持	向集水区、水库和含水岩层供水
6	防侵蚀	生态系统内的土壤保持	防止土壤被风、水侵蚀，把淤泥保存在湖泊和湿地中
7	土壤形成	土壤形成过程	岩石风化和有机物积累
8	养分循环	养分的储存、内循环和获取	固氮，N、P 和其他元素及养分循环
9	废物处理	易流失养分的再获取，过多或外来养分、化合物的去除或降解	废物处理，污染控制，解除毒性
10	传粉	有花植物配子的运动	提供传粉者以便植物种群繁殖

序号	生态系统服务	生态系统功能	举例
11	生物防治	生物种群的营养动力学控制	关键捕食者控制被食者种群，顶级捕食者
12	避难所	为常居和迁徙种群提供生境	育雏地、迁徙动物栖息地、当地收获物种栖息地或越冬场所
13	食物生产	初级生产中可用为食物的部分	通过渔、猎、采集和农耕收获的鱼、鸟兽、作物、坚果、水果等
14	原材料	初级生产中可用为原材料的部分	木材、燃料和饲料产品
15	基因资源	独一无二的生物材料和产品的来源	医药、材料科学产品，用于在农作物抗病和抗虫的基因，家养物种（宠物和植物栽培品种）
16	休闲旅游	提供休闲旅游活动机会	生态旅游、钓鱼运动及其他户外游乐活动
17	文化	提供非商业性用途的机会	生态系统的美学、艺术、教育、精神及科学价值

（柳劲松. 环境生态学基础. 化学工业出版社，2003）

三、生态系统服务的价值

生态系统对于人类具有十分重要的作用，而对于不同类型的生态系统，生态系统服务的功能是不一样的，如热带雨林生态系统和北方针叶林生态系统所提供的生态系统服务功能相差甚远，人们常常用生态系统服务功能价值来区分不同生态系统的服务功能。

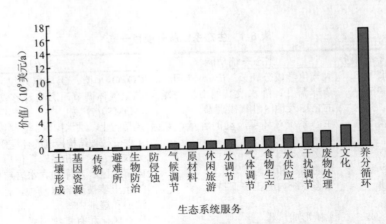

图 8-1　生态系统各种服务价值

第二节 生态环境影响评价

自 1964 年在加拿大召开的国际环境质量评价学术会议上提出环境影响评价的概念后，至今不过短短的 40 余年，各国环境影响评价技术飞速发展，环境影响评价已成为环境科学体系中一门基础性学科。

虽然环境影响评价在 1964 年就已正式提出，但生态环境影响评价被正式提出来则是在 20 世纪 80 年代。1985 年，美国加州大学洛杉矶分校的 Walter E. Westman 在其《生态、影响评价和环境规划》一书中给出了生态环境影响评价的定义。随着研究和实践的深入，生态环境影响评价也进入了环境影响评价的教科书中。

我国在 1986 年 3 月石家庄召开的"第二次全国环境质量学术讨论会"上，以开发建设项目的环境影响评价为主题，提出了生态评价。

从 1990 年以来，我国的环境影响评价（EIA）进入了一个新的时期，国家和地方环保机构都加强了各方面的交流合作，吸取先进经验，环境影响评价范围由工业项目的污染为主向生态评价发展。比如长江三峡工程、京九铁路工程、疏勒河农业灌溉项目、天水园发展工程等都是典型的以生态影响评价为主的项目。同时，也出现了一些与生态环境影响评价有关的论文。

为推动我国生态环境影响评价向规范化方向发展，国家环保局于 1998 年 6 月推出了《环境影响评价技术导则—非污染生态影响》，对我国生态环境影响评价的内容、程序、方法等都做了详细规定，此后又对该导则做了修订，成为我国生态环境影响评价的指导性文件。

一、生态环境影响评价的含义和意义

（一）定义和分类

目前的生态环境影响评价可分为两大类：一类是评价开发建设活动对自然生态系统结构和功能的影响；另一类不仅评价人类开发建设活动对自然生态系统的影响，进而还分析和预测对经济、社会环境所造成的影响，其对象是自然—经济—社会复合生态系统。当今世界上完全不受人类活动影响的自然生态系统几乎是不存在的。生态环境影响评价必然要涉及人类社会、经济的诸多方面。因此一般将生态环境影响评价定义为：通过定量揭示和预测人类活动对生态影响及其对人类健康和经济发展作用分析确定一个地区的生态负荷或环境容量。

（二）意义

生态环境影响评价的内涵，体现了人类开发建设活动对复合生态系统可能产生的影响的综合分析和预测，着重于水利、水电、矿业、农业、林业、牧业、交通运输、旅游等行业所进行的自然资源的开发利用和海洋开发及海岸带开发，对生态环境造成影响的建设项目和区域开发项目的生态影响评价。生态环境影响评价的基本对象是生态系统，即评价生态系统在外力作用下的动态变化及其变化过程。生态环境影响评价对于人与自然和谐共处起着不可低估的作用，现分述如下：

1．保护生态系统的整体性

生态系统是有层次的结构整体。在进行生态环境影响评价时，注重生态系统因子间的相互关系和整体性分析。

2．保护生物多样性

生物多样性是生命在其形成和发展过程中与多种环境要素相作用的结果，也就是生态系统进化的结果。值得注意的是，生物圈或其部分区域中的某个物种过于强大时，会造成其他物种数量的减少甚至灭绝，从而损害生物多样性。因此，生物多样性还意味着生物种群在个体数量上的均衡分布。

生物多样性的保护是全世界环境保护的核心问题，是全球重大环境问题之一。生物多样性对人类有巨大的、不可替代的价值，它是人类群体得以持续发展的保障之一。

对生物多样性影响评价的原则包括：拟议项目将会影响的生态系统的类别；其中有无特别值得关注的荒地或具有国家或国际重要意义的自然景区；生态系统的特征是什么；确定拟议项目对生态系统的冲击；估计损失的生态系统的总面积；估计生态累积效应和趋势等。

3．保护区域性生态环境

区域性生态环境问题是制约区域可持续发展的主要因素。拟议的建设活动不仅不应加剧区域环境问题，而且应有助于区域生态环境的改善。生态环境影响评价注意把握区域性观点，注重区域性生态环境问题的阐明，提出解决问题的途径。

4．合理利用自然资源，保持生态系统的再生能力

自然生态系统都有一定的再生和恢复功能。但是，生态系统的调节能力是有限的。如果人类过度开发利用自然资源，就会造成生态系统功能的退化。因此，对生态环境的开发利用就要遵循如下原则：开发利用的规模和强度就限制在资源的再生能力之内；生物资源利用要多样化，减轻对某些资源的开发压力；提高不可再生资源的利用率，提倡利用可再生能源等。

5．保护生存性资源

在生态环境影响评价过程中注重对水资源和土地资源等生存性资源的保护。因

为水资源和土地资源是人类生存和发展所依赖的基本物质基础，也是保障区域可持续发展的先决条件。

二、生态环境影响评价的程序

生态环境影响评价的基本工作程序大致分为生态环境影响识别、现状调查与评价、影响预测与评价、减缓措施和替代方案等步骤，如图 8-2 所示。

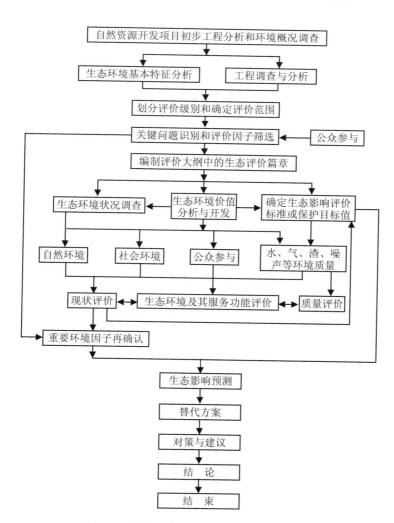

图 8-2　生态环境影响评价的基本工作程序

（田子贵. 环境影响评价. 化学工业出版社，2003）

（一）生态环境影响识别

生态环境影响识别是将开发建设活动与生态环境的反应结合起来做综合分析的第一步，其目的是明确主要影响因素及受影响的主要生态系统和生态因子，从中筛选出评价工作的重点内容。影响识别包括影响因素识别、影响对象识别、影响性质与程度识别。

1．影响因素识别

影响因素的识别主要是识别影响主体，即开发建设项目的识别。目的是明确主要作用因素，识别的内容包括以下 4 个方面：

（1）作用主体，包括主工程、所有辅助工程、公用工程和配套设施等。

（2）项目实施的时间，包括施工期、运营期的影响识别，有的项目甚至还应包括设计期和死亡期的影响识别。

（3）在项目空间上，识别集中建设地和分散的影响点。

（4）在影响的方式上，识别长期作用和短期作用、物理作用和化学作用等。

2．影响对象识别

影响对象识别主要是对影响受体即主要受影响的生态系统和生态因子的识别。识别的内容包括以下 5 个方面：

（1）对生态系统的组成要素的影响，如组成生态系统的生物因子和非生物因子；

（2）敏感生态保护目标，如水源地、风景名胜区、自然保护区、珍稀濒危动植物、特别生境、脆弱生态系统等；

（3）地方要求的特别生态保护目标，如自然古迹、特产地等；

（4）生态环境的完整度或破碎化、边缘化、退化状况及其演化趋势，外来入侵物种的侵蚀状况；

（5）对区域主要生态问题的影响，如水土流失、沙漠化、各种自然灾害等。

3．影响效应识别

影响效应识别主要是识别影响作用产生的生态效应，即影响性质与程度识别。主要内容包括以下两个方面：

（1）影响的性质，如是正影响还是负影响、是可逆影响还是不可逆影响、可否恢复和补偿、是累积影响还是非累积影响、是长期影响还是短期影响、有无替代方案等。

（2）影响的程度，如影响的范围大小、持续时间的长短、影响发生的剧烈程度、是否影响到生态系统的主要组成因素等。

（二）现状调查与评价

1. 生态环境现状调查

生态环境现状调查是实施生态环境影响评价的基础性工作。生态系统的地域性特征决定了细致周详的生态环境调查是不可少的工作步骤。生态环境现状调查也要遵循生态体系完整性原则、人与自然控制共生原则和突出重点原则。

（1）生态环境现状调查的内容　生态环境调查的主要内容包括自然环境调查和社会经济状况调查。主要从以下几个方面进行：

① 生态系统调查：包括动植物物种特别是珍稀、濒危物种的种类、数量、分布、生活习性，生长、繁殖和迁徙行为的规律；生态系统的类型、特点、结构及环境服务功能；以及与其他环境因素（地形地貌、水文、气候、土壤、大气、水质）的关系等生态限定因素。

② 区域社会经济状况调查：包括人类干扰程度（土地利用现状等），如果评价区存在其他类型工业、农业，或具有某些特殊地质化学特征时，还应该调查有关的污染源或化学物质的含量水平。

③ 区域敏感保护目标调查：调查地方性敏感保护目标及其环保要求。

④ 区域可持续发展规划及环境规划调查。

⑤ 区域生态环境历史变迁情况、主要生态环境问题及自然灾害等。

（2）生态环境现状调查的方法

① 收集现有资料。从农、林、牧、渔业资源管理部门、专业研究机构收集生态和资源方面的资料，包括生物物种清单、动物群落、植物区系及土壤类型地图等形式的资料；从地区环保部门和评价区其他工业项目环境影响报告书中收集有关评价区的污染源、生态系统污染水平的调查资料、数据。

② 收集各级政府部门有关自然资源、自然保护区和濒灭物种保护的规定，环境保护规划及国内、国际确认的、有特殊意义的栖息地和珍稀、濒临灭绝物种等资料，并收集国际有关规定等资料。

③ 现场调查。生态环境影响评价需要对评价区进行现场调查，取得实际的资料和数据。评价区生态资源、生态系统结构的调查可采用现场踏勘考察和网络定位采样分析的传统自然资源调查方法。在评价区已存在污染源的情况下，或对污染型项目评价，需要进行污染源调查。根据现有污染源的位置和污染物在环境中的迁移规律，确定采样布点原则，采集大气、水、土壤、动物、植物样品，进行有关污染物的含量分析。采样和分析按标准方法或规范进行，以满足质量保证的要求和便于不同栖息地、不同生态系统之间的相互比较，景观资源调查需拍照或录像，取得直观资料。

2．生态环境现状评价

生态系统评价方法大致可分为两种类型。一种是作为生态系统质量的评价方法，主要考虑的是生态系统属性的信息，较少考虑其他方面的意义。例如，早期的生态系统评价就是着眼于某些野生生物物种或自然区的保护价值，指出某个地区野生动植物的种类、数量、现状，有哪些外界（自然的、人为的）压力，根据这些信息提出保护措施建议。现在关于自然保护区的选址、管理也属于这种类型。另一种评价方法是从社会—经济的观点评价生态系统。估计人类社会对自然环境的影响，评价人类社会经济活动所引起的生态系统结构、功能的改变及其改变程度，提出保护生态系统和补救生态系统损失的措施。目的在于保护社会经济持续发展的同时保护生态系统免受或少受有害影响。两类评价方法的基本原理相同，但由于影响因子和评价目的不同，评价的内容和侧重点不同，方法的复杂程度也不尽相同。

目前，生态评价方法尚处于研究和探索阶段。大部分评价采用定性描述和定量分析相结合的方法进行，而且许多定量方法仍由于不同程度地加入了人为的主观因素而增加了其不确定性。因此，对生态环境影响评价来说，起决定性作用的是对评价的对象（生态系统）有透彻的了解，大量而充实的现场调查和资料收集工作，以及由表及里、由浅入深的分析工作和对问题的全面了解和深入认识。

生态环境现状评价一般需阐明生态系统的类型、基本结构和特点，评价区内的优势生态系统及其环境功能；区域内自然资源赋存和优势资源及其利用状况；阐明区域内不同生态系统间的相关关系（空间布局、物流等）及连通情况，各生态因子间的相关关系；明确区域生态系统主要约束条件（限制生态系统的主要因子）以及所研究的生态系统的特殊性。另外，现状评价还须阐明评价的生态环境目前所受到的主要压力、威胁和存在的主要问题等。

生态环境现状评价因生态环境特点不同而有所不同，一般包括对生态系统的生物成分（生物物种、种群、群落等）和非生物成分（水分、土壤等）的评价，即生态系统因子层次上的状况评价；生态系统整体结构与环境结构的评价；区域生态环境问题以及自然资源的评价等。

（三）影响预测与评价

研究确定评价标准和进行主要生态系统和主要环境功能的影响评价。

1．生态环境影响预测

生态环境影响预测是在生态环境现状调查、工程调查与分析、生态现状评价的基础上，有选择、有重点地对某些评价因子的变化和生态功能的变化进行预测。预测的重点可以放在生态质量的 6 大指标和生态评价的 7 大内容之上，整合成经纬，科学评价预测。由于拟建项目类型、对环境作用方式、评价级别和目的要求的不同，在许多环境影响报告书中生态环境影响评价采用的方法、内容和侧重点也不尽相同；

有的用定性描述，有的用定量或半定量评价方法；有的侧重对生态系统中生物因子的评价，有的侧重对生态系统中物理因子的评价；有的着重评价拟建项目的生态系统效应，有的着重评价生态系统污染水平变化。

2. 预测内容

概括而言，生态影响预测内容主要有两方面：不利生态影响和有利生态影响。如自然资源开发项目对区域生态环境（主要包括对土地、植被、水文和珍稀濒危动植物等生态因子）影响的预测内容包括两个方面：一是不利生态影响，如土壤侵蚀、水土流失、栖息地面积或数量减少、动植物数量减少或灭绝；二是有利生态影响，如自然保护区的保持、增加有益物种、增加生物多样性等。

（四）减缓措施和替代方案

自然资源开发项目中的生态影响评价应根据区域的资源特征和生态特征，按照资源的可承载能力，论证开发项目的合理性，对开发方案提出必要的修正，提出防止不良影响的措施，以保持生态系统的多样性，使生态环境得到可持续发展。

1. 制定减缓措施的原则

制定生态环境影响减缓措施应遵循以下原则：

（1）凡涉及珍稀濒危物种和敏感地区等类生态因子发生不可逆影响时必须提出可靠的保护措施和方案；

（2）凡涉及尽可能需要保护的生物物种和敏感地区，必须制定补偿措施加以保护；

（3）对于再生周期较长，恢复速度较慢的自然资源损失要制定补偿措施；

（4）对于普遍存在的再生周期短的资源损失，当其恢复的基本条件没有发生逆转时，不必制定补偿措施；

（5）须制定区域绿化规划。

2. 实施减缓措施的途径

从生态环境的特点及其保护要求考虑，主要采取的保护途径有：保护、恢复、补偿和建设。

3. 替代方案

从保护生态环境出发，生态环境影响评价必须考虑各种减轻或消除拟建项目的不利影响的替代方案。替代方案主要指开发项目的规模、选址的可替代方案，也包括项目环境保护措施的多方案比较。这种替代方案原则上应达到与原拟建项目或方案同样的目的和效益，并在评价工作中描述替代项目或方案的优点和缺点。大多数生态环境影响评价报告必须提出替代方案。最终目的是使选择的方案具有环境损失最小、费用最少、生态功能最大的特性。

三、生态环境影响评价的方法

生态环境影响评价方法尚不成熟，目前还处于探索与发展阶段，各种生物学方法都可借用于生态环境影响评价，下面仅简单介绍几种方法。

（一）图形叠置法（也叫生态图）

该方法把两个或更多的环境特征重叠地表示在同一张图上，构成一份复合图，用以在开发行为影响所及的范围内，指明被影响的环境特性及影响的相对大小。重点是将生态质量的指标和生态评价的重点内容作为经纬，并科学表征。该方法使用简便，但不能作精确的定量评价。其基本意义在于说明、评价或预测某一地区的受影响状态及适合开发程度，提供选择的地点和线路。目前该方法被用于公路及铁路选线、滩涂开发、水库建设、土地利用等方面的评价，也可将污染影响程度和植被或动物分布，重叠成污染物对生物的影响分布图。

（二）列表清单法

将工程对环境的作用因素（施工、占地、淹没、移民等）和受影响的生态敏感问题列表，珍稀濒危物种可按物种具体列出。用不同符号表示每项工程活动对生态敏感问题的影响。

（三）生态机理分析法

应根据动植物及其生态条件的分析，预测工程对动植物分布、栖息地、种群、群落、区系的影响。预测中可根据实际情况进行相应的生境模拟、生物习性模拟、生物毒理学试验、实地栽培试验或放养试验等，可与计算机模拟生境技术、生物数学模型等结合运用。

预测步骤如下：

- 调查影响区内植物或动物的种类、分布，动物栖息地及迁徙路线；对植物和动物按种群、群落和生态系统进行划分，描述其分布特点、结构特征和变化。
- 识别有无珍稀濒危物种及重要经济、历史、观赏和科研价值的物种。
- 预测兴建工程后影响区内植物、动物生长环境的变化。
- 根据工程建设后生境变化，按生态学原理对比无工程条件下植物、动物或生态系统的变化，预测工程对植物、动物个体、种群和群落的影响及生态系统的演变方向。

（四）类比法

类比法一般采用的是相类似状况，从已知的生态环境质量推断未知的生态环境质量。一些大型工程环境影响的预测评价等，就常采用这类方法。

整体类比是根据已建成的项目对植物、动物或生态系统产生的影响来预测拟建项目的影响。该方法需要被选中的类比项目在工程特性、地理地质环境、气候因素、动物和植物背景等方面都与拟建项目相似，并且项目建成已达到一定年限，其影响已基本趋于稳定。在调查类比项目的植被现状，包括个体、种群、群落以及动物、植物分布和生态功能的变化情况之后，再根据类比项目的变化情况预测拟建项目对动物、植物和生态系统的影响。

由于自然条件的千差万别，在生态环境影响评价时很难找到完全相似的两个项目，因此，单项类比或部分类比可能更实用一些。

预测步骤如下：

- 选择工程特性、地理位置、地貌与地质、气候因素、动植物背景等与拟建工程相似的已建工程作为类比工程。
- 调查类比工程实施前后生态敏感问题的变化。
- 根据类比工程生态敏感问题的变化，预测拟建工程对生态敏感问题的影响。

（五）综合指数法

采用某种函数曲线作图的方法，把环境参数转换成某种指数或评价值来表示建设项目对环境的影响，并据此确定出供选择的方案。该方法主要用来评价水资源开发、水质管理计划、公路等建设项目的环境影响。

质量指标法是环境质量评价中常用的综合指数法的拓展形式。

（1）基本原理：以大系统理论为基础，将生态质量6大指标和生态评价7大内容作为纲目，通过对环境因子性质及变化规律的研究与分析，建立起评价函数曲线，通过评价函数曲线将这些环境因子的现状值（项目建设前）与预测值（项目建设后）转换为统一的无量纲的环境质量指标，由好至差用1～0表示，由此可计算出项目建设前后各因子环境质量指标的变化值。最后，根据各因子的重要性赋予权重，再将各因子的变化值综合起来，便可得到项目对生态环境的综合影响。

（2）环境质量指标法的基本公式如下：

$$\Delta E = \sum_{i=1}^{n} W_i (E_{hi} - E_{qi})$$

式中：ΔE——项目建设前后环境质量指标的变化值，即项目对环境的综合影响；

E_{hi}——项目建设后的环境质量指标；

E_{qi}——项目建设前的环境质量指标；

W_i——权值。

该方法的核心问题是建立环境因子的评价函数曲线，通常要先确定环境因子的质量指标，再根据不同标准规定的数值确定曲线的上下限；对于已被国家标准或地方标准明确规定的环境因子，如水、大气等，可以直接用标准值确定曲线的上下限；对于一些无明确标准的环境因子，需要对其进行大量的工作，选择与之相对应的质量标准，再用以确定曲线的上下限。权值的确定大多采用专家咨询法。

（六）系统分析法

系统分析法的要点是以可持续发展战略为指导原则，将生物多样性、生态系统及其服务功能同其相关的区域景观生态、人文生态、产业生态、人居生态、经济水平与动态、社会生活质量与动态、环境质量与动态、经济发展实力、社会发展实力、生态建设实力等进行全方位的综合系统分析。同时应该以生态质量的 6 大指标和生态评价的 7 大重点内容作为经纬或纲目来系统分析。当然可以选择或优化组合各项指标与要点，因其能妥善地解决一些多目标动态问题，目前已广泛使用，尤其在进行区域规划或解决优化方案选择问题时，系统分析法可显示出其他方法所不能达到的效果。由于生态环境是开放的远离平衡状态的非线性系统，需要外界输入必要能源物流以维持其正常运行。系统多处于混沌态而可能发生各种突变，在风险分析中应高度关注。

在生态系统质量评价中使用系统分析的具体方法有专家咨询法、层次分析法、模糊综合评判法、综合排序法、系统动力学、灰色关联等方法，这些方法原则上都适用于生态环境影响评价。

（七）生产力评价法

1. 生物生产力

生物生产力是指生物在单位面积和单位时间所产生的有机物质的重量，亦即生产的速度，以 $t/(hm^2·a)$ 表示。目前，全面地测定生物的生产力还有很多困难。因此，多以测定绿色植物的生长量来代表生物的生产力，其公式为：

$$P_q = P_n + R$$
$$P_n = B_q + L + G$$

式中：P_q —— 总生长量；

P_n —— 净生长量；

R —— 呼吸作用消耗量；

B_q —— 生长量；

L —— 枯枝落叶损失量；

G —— 被动物吃掉的损失量。

由于生长量的变化极不稳定，因此在评价中需选用标定生长系数的概念，即生长量与标定生物量的比值，它是生态学评价的一个分指数，以 P_a 表示，P_a 值增大，则环境质量变好。

$$P_a=B_q/B_{m0}$$

式中：B_{m0} —— 标定生物量。

2．生物量

生物量是指一定地段面积内某个时期生存着的活的有机体的重量，以 t/hm² 表示，它又称现有量。生物量的测定，森林与草地不同，要查阅相关文献。在生态影响评价中一般选用标定相对生物量的概念，它是各级生物量与标定生物量的比值，它是生态学评价的又一个分指数，以 P_b 表示，P_b 值愈大，则环境质量愈好。

$$P_b=B_m/B_{m0}$$

式中：B_m —— 生物量。

3．物种量

从生物与环境对立统一的进化观点看，生物种类成分的多样性及群落的稳定性是一致的，而群落的稳定性与种类成分之间利用环境的合理性也是一致的。进行生态评价时，以群落单位面积内的物种作为标准，称为物种量（物种数/hm²），而物种量与标定物种量的比值，称为标定相对物种量，这是生态学评价的又一指数，以 P_s 表示，P_s 越大，则环境质量越好。

$$P_s=B_s/B_{s0}$$

式中：B_s —— 物种量；

B_{s0} —— 标定物种量。

4．生产力评价综合指数

它们是环境质量生态学评价的 3 个重要的生物学参数，而与这三者密切相关的还有非生物学参数，如土壤中的有机质、有效水分含量等，这些参数分别导出来的标定生长系数、标定相对生物量、标定相对物种量、标定土壤有机质相对储量、标定土壤有效水含量，均是环境质量生态学评价的重要分指数，它们的综合（等权相加）便是生态学评价的综合指数，以 P 表示。

$$P = \sum P_i = P_a + P_b + P_s + P_m + P_w = \frac{B_q}{B_{m0}} + \frac{B_m}{B_{m0}} + \frac{B_s}{B_{s0}} + \frac{S_m}{S_{m0}} + \frac{S_w}{S_{w0}}$$

式中：S_m——土壤有机质储量；

S_{m0}——标定土壤有机质储量；

S_w——土壤含水量；

S_{w0}——标定土壤含水量。

（八）景观生态学方法

景观生态学方法对生态环境质量状况的评判是通过两个方面进行的：一是空间

结构解析；二是功能与稳定性解析。这种评价方法可体现生态系统结构与功能匹配一致的基本原理。生态质量的 6 大指标和生态评价的 7 大内容要点同样是景观生态评价法的纲目与经纬。

空间结构分析基于景观是高于生态系统的自然系统，是一个清晰的和可度量的单位。景观由拼块、模地和廊道组成，其中模地是景观的背景地块，是景观中一种可以控制环境质量的组分。因此，模地的判定是空间结构分析的重要内容。判定模地有 3 个标准，即相对面积大、连通程度高、有动态控制功能。模地的判定多借用传统生态学中计算植被重要值的方法。决定某一拼块类型在景观中的优势，也称优势度值（D_0）。优势度值由密度（R_d）、频率（R_f）和景观比例（L_p）3 个参数计算得出，其数学表达式如下：

$R_d =$（拼块 i 的数目/拼块总数）$\times 100\%$

$R_f =$（拼块 i 出现的样方数/总样方数）$\times 100\%$

$L_p =$（拼块 i 的面积/样地总面积）$\times 100\%$

$D_0 = 0.5 \times [0.5 \times (R_d + R_f) + L_p] \times 100\%$

上述分析同时反映自然组分在区域生态环境中的数量和分布，因此能较准确地表示生态环境的整体性。

复习与思考题

1. 简述生态服务功能的概念及类型。
2. 试述生态环境影响评价的程序，并简要分析中国生态环境影响评价的发展历程。
3. 简要分析生态环境影响评价的方法。
4. 针对一个特定的生态系统（如森林生态系统、湿地生态系统、湖泊生态系统等）进行生态服务功能的调查分析。
5. 生态环境现状调查包括哪些内容？
6. 简述生态环境影响评价的意义及作用。
7. 生态环境影响识别的目的是什么？它包括哪几个方面的内容？

实验实习八　生态系统服务功能调查

一、目的与要求

通过对某一具体的生态系统进行生态系统服务功能调查，掌握生态系统服务功能的具体形式，及其与人类的关系。

　　要求必须以实际的生态系统为调查对象。

二、主要内容

1. 校园区人工湖、草坪、小花园等的生态服务功能调查分析。
2. 市森林公园、人工河等生态服务功能调查分析。

以上两题任选其一。

第九章 生态监测

【知识目标】

本章要求熟悉生态监测的类别；理解生态监测的概念、特点及要求；掌握环境污染的生态监测方法；了解生态环境破坏的生态监测及生物多样性监测方法。

【能力目标】

通过对本章的学习，学生能应用所学到的生态监测方法了解环境污染及破坏的情况及程度。

第一节　生态监测的概述

一、生态监测的概念

生态监测（Ecological Monitoring）是环境监测的组成部分。它是利用各种技术测定和分析生命系统各层次对自然或人为作用的反应或反馈效应的综合表征，以此来判断和评价这些干扰对环境产生的影响、危害及其变化规律，为环境质量的评估、调控和环境管理提供科学依据。形象地说，生态监测就是利用生命系统及其相互关系的变化反映当做"仪器"来监测环境质量及其变化。

通过生态监测，首先，可揭示和评价各类生态系统在某一时段的环境质量状况，可以为利用、改善和保护环境指明方向；其次，由于生态监测更侧重于研究人为干扰与生态环境变化的关系，因此，可使人们搞清哪些人类活动模式既符合经济规律又符合生态规律，从而为协调人与自然的关系提供科学依据；最后，通过生态监测还能掌握影响环境变化的因素构成和主要干扰因素及每种因素的贡献大小。由于生态监测可以反馈各种干扰的综合信息，因此，可以使人们能依此对区域生态环境质量的变化趋势做出科学预测，可以为受损生态系统的恢复、重建提供科学依据，也可以为主动制订有针对性的相应环境管理计划、规划和提高措施的有效性服务。

二、生态监测的特点

生态监测在环境监测中占有特殊的地位，具有物理和化学监测所不能替代的作用和所不具备的一些特点，主要表现在以下几方面。

（一）具有多功能性

通常，理化监测仪器的专一性很强，一般一种方法只能测定一种物质，测定 SO_2 的仪器不能监测 O_3，测 O_3 的也不能监测 CH_4。而生态监测可以通过指示生物的不同反应症状，分别监测多种干扰效应。例如，植物受 SO_2、PAN（过氧乙酰硝酸酯）和氟化物的危害后，其叶的组织结构和色泽常表现出不同的受害症状。再如，在污染水体中，通过对鱼类种群的分析，可以获得某污染物在鱼体内的生物积累速度以及沿食物链产生的生物学放大情况等许多信息。

（二）能综合地反映环境质量状况

环境问题是相当复杂的，某一生态效应反常往往是几种因素综合作用的结果。如在受污染的水体中，通常是多种污染物并存，而每种污染物所起的作用并非都是各自单独的，各类污染物之间也不都是简单的加减关系。理化监测仪器常常反映不出这种复杂的关系，而生态监测却具有能够反映这种复杂关系的特点。例如，在污染水体中利用网箱养鱼进行的野外生态监测，鱼类样本的各项生物指标状况就是水体中各种污染物及其之间复杂关系综合作用的结果和反映。如鱼生长速度的减缓，既与某些污染物对鱼类的直接影响有关，同时也与一些污染物通过对生物饵料影响所起到的间接作用有关。

（三）具有连续监测的功能

用理化监测的方法可快速而精确测得某空间内许多环境因素的瞬间变化，但却无法确定这种环境质量对长期生活在这一空间内的生命系统影响的真实情况。生态监测具有这种优点，因为它是利用生命系统的变化来"指示"环境质量的，其监测结果反映出某地区受污染或生态破坏后的累积结果和历史状况。例如，监测大气污染的植物，如同不下岗的"哨兵"，真实地记录着危害的全过程和植物承受污染物的累积量。事实证明，植物这种连续监测的结果远比非连续性的理化仪器监测的结果更准确、更能反映污染的实际情况。如监测某地的 SO_2 的污染状况，利用仪器监测，其结果是 4 次痕量，4 次未检出，仅一次为 0.06 mg，但分析生长在该地的紫花苜蓿叶片，其含硫量却比对照区高出 0.87 mg/g。有些生态监测结果还有助于对某区环境污染历史状况的分析，这也是理化监测所办不到的。

但在一般情况下，生态监测不能像理化监测仪器那样对环境变化迅速做出反应，从而也不能在较短时间内直接获得监测结果。这是由于自然界中的植物群落演替、木材分解和脊椎动物种群变化等许多生态过程发展缓慢，而且，生态系统本身具有自我调控功能，对于人类活动所产生的干扰作用反应也极为缓慢，如酸沉降对森林生态系统的影响，大致经过林木受益期、土壤离子淋溶期和铝离子活化期的过程，最后才表现出林木生长受到抑制、演替受到干扰。因此，监测工作具有长期性、生态监测所得结果具有滞后性的特征。

（四）监测灵敏度高

生态监测灵敏度高包括两种含义。从物种的水平上说，是指有些生物对某种污染物的反应很敏感，达到现在许多仪器还无法监测到的灵敏度水平。如有种唐菖蒲，在浓度为 0.01×10^{-6} mg/kg 的氟化氢作用下，20 h 就出现反应症状。据记载，有的敏感植物能监测到十亿分之一浓度的氟化物污染。另外，生态监测对于宏观系统，能真实和全面地反映外来干扰的生态效应所引起的环境变化。不过，生态监测的精确性不如理化监测，不能像仪器那样能精确地监测出环境中某些污染物的含量，它通常反映的只是某个监测点的相对污染水平或变化情况。

（五）生态监测的复杂性

生态监测的复杂性表现在 4 个方面：（1）生态监测结果和生物监测性能容易受到外界各种因子的干扰。如利用斑豆监测 O_3，其致伤率与光照强度密切相关，SO_2 对植物的危害受气象条件影响很大等。（2）生态监测容易受到自然界中许多偶然事件如洪水、干旱和火灾等所产生的干扰作用，在时间和空间上表现出极不稳定性。因此，生态监测要区分人类的干扰作用、自然变异和自然干扰作用通常十分困难。（3）生态监测受到生物生长发育、生理代谢状况等外干扰的作用。（4）生态监测网站设计、设置的工作复杂，如何体现科学性和可观察性非常困难。

尽管生态监测还存在着一定的局限性，但是它在环境监测中的作用和地位是非常重要的。

三、生态监测的基本要求

生态监测与理化监测不同，有其自身的特点，要充分发挥其作用，科学、顺利地开展生态监测工作，必须明确和掌握以下基本要求。

（一）样本容量应满足统计学要求

要求样本容量应满足随机现象的规律性。因受环境复杂性和生物适应多样性的影响，生态结果的变幅往往很大。例如，某系统中的生物量、森林覆盖率、人均绿地等，这些参数不是在分析室里进行容量分析或仪器分析能取得的数据，要使监测结果准确可信，必须运用数理统计手段，除监测样点设置和采样方法科学、合理和具有代表性外，样本容量应该满足统计学的要求。否则，不仅浪费大量的人力和物力，而且容易得出不符合客观实际的结论。

（二）要广泛开展生物监测

进行生态监测必须开展生物监测。因为生物种群数量的变化本身就表示了生态系统的变化；不同的物种对不同的化学物质有不同的敏感程度；生物监测可以测定复杂的有毒混合物相互作用的影响。但化学、物理手段只能表明某一物质与标准的距离，而几种化学物质对系统内的综合效应只有用生物方法才能直观表示。因此必须广泛运用生物手段监测。

（三）要定期、定点连续观测

生态监测的主要观察及调查对象是生物，而生物的生命活动具有自己的规律、特点，如生理节律、日、季节和年周期变化规律等。这就要求生态监测在方法上应实行定期、定点的连续观测，而且要有重复。切不可用一次监测结果作为对监测区的环境质量加以判定和评价的依据。监测时间的科学性和一致性是结果可比性的重要条件。

（四）要把各种监测形成网络

生态监测本身是对系统状态的总体变化进行监测，要了解的是各因子间的关系和各因子的综合效应。一两个监测项目是不能说明问题的，要有系统性的数据和经过系统分析才能反映问题。况且，所有的生态系统都可以分解成子系统，这是形成监测网络的基础。有些子系统本身是一个经济活动的实体，这个实体有责任对系统活动的生态效应进行监测，有责任向大系统提供相关资料、信息。目前有不少参数早已由气象、地质、水利、农业、医疗、卫生防疫等部门在测定，如气候因子、水文参数、土壤状况、植物生长、人体健康等，再重复进行测定是没有必要和不经济的，可以直接利用这些部门的数据。因此生态监测要充分发挥监测网络的作用，提高效率，减少投资和操作费用。

（五）综合分析

所谓综合分析，就是依据生态学的基本原理，对监测结果从诸多复杂关系中找出生态效应的内在机制及其必然性，以便对干扰后的生态环境状况对生命系统的作用途径、方式及不同生物受影响程度进行具体判定。例如，有人通过对热污染水体进行多年的生态监测发现，严重的热污染对水库的渔业资源造成破坏，鱼产量明显减少。但是，在 5 种主要经济鱼类中，白鲢和鲫鱼数量的减少最多，生长速度最慢、疾病增多，而鳙鱼和草鱼的数量在增加，生长速度也加快。此结果表明，热污染对水体渔业资源的影响与鱼类种群的生态特征有关，其影响程度、方式与鱼类的生态位有关。

第二节　生态监测分类

一、从生态监测的尺度空间分

（一）宏观生态监测

宏观生态监测是指利用遥感技术、生态图技术、区域生态调查技术及生态统计技术等，对区域范围内各类生态系统的组合方式、镶嵌特征、动态变化和空间分布格局等及其在人类活动影响下的变化情况进行监测的方法。宏观生态监测以原有的自然本底图和专业数据为基础，所得的几何信息以图件的方式输出，建立地理信息系统。监测的内容是区域范围内具有特殊意义和特殊功能的生态系统的分布及面积的动态变化情况。如沙漠化生态系统、热带雨林生态系统、湿地生态系统等。监测对象的地域等级，至少应在区域生态范围之内，最大的可扩展到全球一级。

（二）微观生态监测

微观生态监测是指以物理学、化学或生物学的方法对生态系统各个组分提取属性信息，对一个或几个生态系统内各生态因子进行的物理和化学的监测。监测对象是某一特定生态系统或生态系统聚合体的结构和功能特征及其在人类活动影响下的变化。微观生态监测需要建立大量的生态监测站，每个监测站的地域等级最大可包括由几个生态系统组成的景观生态区，最小也应代表单一的生态类型。根据监测的具体内容，又可将微观生态监测分为以下 3 种类型：

（1）干扰性生态监测。是指对人类特定生产活动所造成的生态干扰进行的监测。例如，草场过度放牧引起的草场退化、生产力降低情况；湿地开发引起的生态型的改变及生活污染物的排放对水生生态系统的影响；大型水利工程对生态环境的影响；砍伐森林所造成的森林生态系统的结构和功能、水文过程和物质迁移规律的改变等。

（2）污染性生态监测。是指对农药及一些重金属污染物等在生态系统中食物链的传递及富集的监测。

（3）治理性生态监测。是指经人类治理破坏了的生态系统后，对其生态平衡恢复过程的监测。例如，对沙漠化土地治理过程的监测；对侵蚀劣地的治理与植物重建过程的监测等。

二、从生态监测的生态系统角度分

从不同生态系统的角度出发，生态监测可分为城市生态监测、农村生态监测、森林生态监测、草原生态监测及荒漠生态监测等。

这类划分突出了生态监测对象的价值尺度，旨在通过生态监测获得关于各生态系统生态价值的现状资料、受干扰（特别是指人类活动的干扰）程度、承受影响的能力及发展趋势等。

第三节　生态监测的内容与基本方法

生态监测包括环境污染的生态监测、生态环境破坏的生态监测和生物多样性的监测三方面的内容。

一、环境污染的生态监测

（一）指示生物法

1. 指示生物及其基本特征

指示生物法是指利用指示生物（Biological Organism）来监测环境状况的一种方法。所谓指示生物，就是对环境中某些物质，包括污染物的作用或环境条件的改变能较敏感和快速地产生明显反应的生物，通过其反应可了解其环境的现状和变化。

作为指示生物应具备的基本特征：

（1）对干扰作用反应敏感且健康。在绝大多数生物对某种异常干扰作用尚未做出反应的情况下，指示生物中健康个体却出现了可见的损害或表现出某种特征，有着"预警"的功能。由于生物种类很多，不同生物甚至同种生物不同品种和亚种对同一干扰的反应都不同，因此，要根据监测对象和监测目的挑选相应的敏感种类的指示生物。

（2）具有代表性。要求其适应性较宽，在群落中的数量和分布区大，应该是群落中的常见种，最好是群落的优势种。

（3）指示生物对干扰作用的反应个体间的差异小、重现性高。用做指示生物的植物，最好选用无性植物。这类植物在遗传性上差异甚小，可保证获得较为一致的、可比的监测结果。

（4）具有多功能性。即尽量选择除监测功能外还兼有其他功能和价值的生物，如有经济价值、绿化或观赏价值，达到一举多得的目的。

2．指示生物的选择方法

（1）生物敏感性的划分

指示生物的选择，首先涉及生物敏感性（或抗性）的分级标准问题，即敏感性的确定问题。同一种生物，由于采用的标准不同，所归入的敏感性等级就不同。如植物各抗性级的划分依据大致可做以下概括：

① 敏感：这类植物不能长时间生活在一定浓度的有害气体污染环境中。否则，植物的生长点将干枯；全株叶片受害普遍、症状明显，大部分受害叶片迅速脱落；生长势衰弱，植物受害后生长难以恢复。

② 抗性中等：这类植物能较长时间生活在一定浓度的有害气体环境中。在遭受高浓度有害气体袭击后，生长恢复慢，植株表现出慢性中毒症状，如节间缩短、小枝丛生、叶形缩小以及生长量下降等。

③ 抗性强：这类植物能较正常地生活在一定浓度的有害气体环境中，基本不受伤害或受害轻微，慢性受害症状不明显。在遭受高浓度有害气体袭击后，叶片受害轻或受害后生长恢复较快，能迅速萌发出新枝叶，并形成新的树冠。

（2）指示生物的具体选择方法

① 现场比较评比法。适用于植物或运动性很小的生物。选取排放已知单一污染物的现场，对污染源影响范围内的各类生物进行观察记录。

② 栽培或饲养比较试验法。适用于动植物。将各种预备筛选的生物进行栽培或饲养，然后把这些生物放置在监测区内观察并详细记录其生长发育状况及受害反应。经一段时间后，评定各种生物的抗性，选出敏感生物。

③ 人工熏气法。动植物均适用。将需要筛选的生物移植或放置在人工控制条件的熏气室内，把所确定的单一或混合气体与空气掺混均匀后通入熏气室内，根据不同要求控制熏气时间，观察生物的反应症状或其他指标，评比各类生物的敏感性等。

④ 浸蘸法。人工配制某种化学溶液、浸蘸生物的组织或器官。如浸蘸亚硫酸可产生二氧化硫的效果；浸蘸氢氟酸可产生氟化氢的效果等。试验证明，这种方法所获结果与人工熏气法基本相符，而且具有简便、省时和快速的优点，在没有人工熏气装置时可采用此法。浸蘸法适用于植物，特别是适用于对大量植物的初选。

3．指示生物的指示方式和指标

污染或其他环境变化对生物的形态、行为、生理、遗传和生态等各个方面都可能产生影响。因此，生物在这些方面的反应均可作为指示或监测环境的指标。指示生物法常用的指示方式和指标主要有以下几个方面。

（1）症状指示指标

指示生物的这类指标，主要是通过肉眼或其他宏观方式可观察到的形态变化。如重金属污染的水体中水生生物和鱼类的致畸现象；在大气污染监测中，指示植物叶片表面出现的受害症状和由此建立的评价系统（表9-1）等。

表 9-1　以菜豆（*Phaseolus vulgaris Linn.*）对周围 O_3 反应受害症状建立的评价系统

受害估计	评价指数	叶受害百分率/%
无	0	0
轻微	1	1～25
中度	2	26～50
中度—严重	3	51～75
严重	4	76～99
完全受害	5	100

（自王勋陵，1987）

（2）生长势和产量评价指标

生物生长发育状况是各种环境因素综合作用的结果，一些非致死的慢性伤害作用，尽管没有出现可观察到的明显的形态变化，但最终将导致生物生产量的改变。因此，对于植物而言，各类器官的生长状况观测值都可用来做指示指标，如植物的茎、叶、花、果实、种子发芽率、总收获量等。动物的指标也基本雷同，如生长比速、个体肥满度等。

（3）生理生化指标

这类指标与症状指标和生长指标相比，其突出优点是反应敏感和迅速，常在生物未出现可见症状之前就已有了生理、生化方面的明显改变。如大气污染对植物光合作用有明显影响，在尚未发现可见症状的情况下，植物体的光合作用却表现出短暂的或可逆的变化。植物呼吸作用强度、气孔开放度、细胞膜的透性、酶学指标（如过氧化氢酶等）以及某些代谢产物等也都能用做监测指标。用于水污染监测的生理生化指标也很多，如胆碱酯酶、转氨酶、糖酵解酶和肝细胞的糖元等。但由于同一种酶对不同污染物往往都能产生反应，所以，多数生化指标只能用来评价环境的污染程度，而无法确定污染物的种类。

（4）行为学指标

在污染水域的监测中，水生生物和鱼类的回避反应（Avoidance Reaction）也是监测水质的一种比较灵敏、简便的方法。回避反应是指水生生物，特别是游动能力强的水生生物避开受污染的水区、游向未受污染的清洁环境的行为反应。这是生物"趋利避害"的本能之一。生物回避反应是由于外干扰作用于其感官系统，信息再传递到中枢神经所引起的。

4. 指示生物在污染生态监测中的应用

（1）指示植物在大气污染监测中的应用

① 大气污染监测的指示植物。监测大气污染常用的生物主要是指示植物——大气污染指示植物，指的是对大气污染反应敏感并用于监测和评价大气污染状况的植物，包括高等植物和低等植物。大气污染指示植物的敏感性与污染物的种类有关，

故不同污染所用的指示植物并不相同。

● 监测二氧化硫（SO_2）的指示植物

用于监测 SO_2 指示植物的种类很多，但常用的有 20 多种（表 9-2）。主要通过判断植物对 SO_2 的受害症状来确定污染状况。其症状表现，首先从叶背气孔周围细胞开始，逐渐扩散到海绵和栅栏组织细胞，形成许多褐色斑点。受害初期，主要在叶脉间出现白色"烟斑"者只在叶背气孔附近，重者则从叶背到叶面均出现"烟斑"，产生失绿漂白或褐色变黄的条斑，但叶脉一般保持绿色不受伤害。受害严重时，叶片萎蔫下垂或卷缩，经日晒失水干枯或脱落。

表 9-2 不同生长季节对大气中 SO_2 最敏感的指示植物

季节	敏感植物代表
春季和初夏	一年生早熟禾、芸薹属、堇菜属、鱼尾菊、蕨类、葡萄、苹果属、白杨、白蜡、白桦、芥菜、百日草、欧洲蕨、颤杨、美国白蜡树
夏季	苜蓿、大麦、荞麦、菊苣、甜瓜、小麦、棉花、大豆、梨、落叶松、西葫芦、南瓜
夏末	东方白松、杰克松、挪威云杉、美洲五针松、加拿大短叶松

（程胜高，等. 环境生态学. 化学工业出版社，2003）

此外，低等植物也可用来监测 SO_2 的污染。苔藓和地衣是一些原始的低等植物，分布很广。常见地衣有皮屑地衣、壳状地衣、鳞状地衣等。多数种类对 SO_2 反应敏感，SO_2 的浓度上升时，叶状地衣和枝状地衣首先消失，共生群丛中，共生藻似乎是对 SO_2 的影响最敏感的部分。SO_2 的年平均浓度在 0.015～0.105 mg/m³，就可使地衣绝迹，浓度达到 0.017 mg/m³ 时，大多数苔藓植物便不能生存。利用附生地衣和苔藓监测 SO_2，其优缺点见表 9-3。

表 9-3 利用附生地衣监测大气中 SO_2 的优点和缺点

优　点	缺　点
① 地衣生长非常缓慢，寿命长 ② 地衣易于管理和移植 ③ 地衣没有维管系统，易于从水溶液中吸收和积累硫 ④ 各种地衣对 SO_2 的敏感性不一样，有的非常敏感，有的具有很强抗性 ⑤ 与高等植物相比，地衣对低浓度的 SO_2 更敏感 ⑥ 地衣种类的分布与大气 SO_2 浓度之间有很强的相关关系	① 地衣再生能力很差，受 SO_2 污染后会发生死亡 ② 能积累硫，也能积累氟化物和重金属 ③ 地衣对高浓度的 SO_2 反应迟钝 ④ 统计室外地衣的种类是一项十分费力的工作 ⑤ 常常需要有关地衣的专门知识

（程胜高等. 环境生态学. 化学工业出版社，2003）

● 监测臭氧的指示植物

监测臭氧常用的植物有菠菜、萝卜、菜豆、马铃薯、甜瓜、番茄、洋葱、烟草、女贞、丁香、槭、葡萄等。烟草的"褐色斑"是大气臭氧引起的特有反应，且叶片的伤害程度与环境臭氧的浓度相关。美洲五针松受害后，针叶尖端被伤害，针叶斑驳，针叶数量减少，在高臭氧浓度下，针叶尖端严重灼伤，变为褐色；低含量时，使刚刚成熟的针叶组织出现褪绿斑驳，然后逐渐向针叶基部延伸，到了后期，则促使针叶脱落，受害严重的树木可能会使较老、较成熟的针叶全部脱落，只在枝条的顶部残存一簇未成熟的针叶。菜豆对臭氧也十分敏感，受害后老龄的叶片上显示出大片的古铜色斑与（或）刻点，然后出现褪绿色以致叶片脱落。

● 监测其他几种主要污染物的指示植物

监测氟化氢、过氧乙酰硝酸酯（PAN）、氮氧化物、氯气、粉尘、乙烯等污染物的常用指示植物见表9-4。几种大气污染物对植物的主要危害见表9-5。

表9-4　监测大气污染物的常用指示植物

污染物类别	监测植物
氟化氢	杏、黄杉、唐菖蒲、金线草、梅、雪松、美国黄松、美洲云杉、玉米、苹果、葡萄、小苍兰、欧洲赤松、挪威云杉
过氧乙酰硝酸酯	早熟禾、矮牵牛、菜豆、繁缕、番茄、长叶莴苣、瑞士甜菜
氮氧化物	悬铃木、向日葵、番茄、烟草、豌豆、菜豆、紫花苜蓿、芥菜
乙烯	兰花、麝香石竹、黄瓜、番茄、万寿菊、皂荚

（程胜高等. 环境生态学. 化学工业出版社，2003）

表9-5　几种大气污染物对植物的主要危害

污染物类别	植物主要受害表现
氟化氢	从气孔或水孔进入植物体内，不损害气孔附近的细胞，而是顺着导管向叶片尖端和边缘部分移动，在那里积累到足够的浓度，并与叶片内钙质反应生成难溶性氟化钙沉淀于局部，从而干扰酶的作用，阻碍代谢机制、破坏叶绿素和原生质，使得遭受破坏的叶肉失水干燥变成褐色。故氟化氢所引起的伤斑多半集中在叶片的先端和边缘，呈环带状分布，然后逐渐向内发展，严重时叶片枯焦脱落
过氧乙酰硝酸酯（PAN）	是光化学烟雾的主要成分，对植物的危害早期症状是在叶背面出现水渍状或亮斑，随着伤害的发展，气孔附近的海绵叶肉细胞崩溃并为气窝取代，结果使受害叶片的叶背面看上去呈银灰色或古铜色；两三天后，变成银灰色的部分可能又变成褐色。另一个最重要的伤害症状就是出现在最幼嫩的敏感叶片的叶尖上，随着叶片组织的逐渐生长和成熟，受害的部分就表现为许多"伤带"。同一片叶第二次受到 PAN 的污染后，就会产生另一条伤带，多次受伤后，最终将遍布整个叶片
氯气	对叶肉细胞有很强的杀伤力，很快破坏叶绿素，产生褪色伤斑，严重时全叶漂白脱落。其伤斑与健康组织之间没明显界限
氮氧化物	对植物的毒性作用尚不十分清楚，但植物能吸收氮氧化物，积累于体内后造成危害，减缓植物生长。高浓度情况下，也可出现受伤症状
粉尘	大部分都是由惰性的、无毒的颗粒组成，它们常常使植物叶片上的阳光减少，光合作用减弱，致使植物生长缓慢
乙烯	在大气自然环境条件下，受到乙烯污染后植物的反应还没有广泛研究。对兰花做乙烯反应试验时发现，萼片开始分离的幼嫩的兰花对低浓度的乙烯非常敏感，成熟兰花通常不受影响，幼嫩的萼片从尖端开始逐渐变成褐色，进而枯萎和坏死

② 大气污染植物监测方法。利用指示植物监测大气污染的一些具体方法简要介绍如下。

● 量化法

在污染区内调查植物生长、发育及数量丰度和分布状况等，初步查清大气污染与植物之间的相互关系。具体方法和内容包括：选择观察点；调查污染区内大气中主要污染物的种类、浓度及分布扩散规律；确定污染区内植物群落的观察对象、观察时间和观察项目等。也可采用样方和样线统计法进行调查。在调查分析的基础上，确定出各种植物对有害气体的抗性等级。

对调查结果，常采用一些指数加以定量化，如污染影响指数（IA），其公式为：

$$IA=W_0/W_M$$

式中：IA—— 污染影响指数；

W_0—— 清洁未污染区植物生长量；

W_M—— 污染区监测植物生物量。该指数越大，则表示大气污染程度越重。

清洁度指数（IAP）也是植物监测中经常采用的指数，该指数越大，说明监测区大气污染程度越轻。其公式为：

$$IAP=\Sigma(Q\cdot f)/n$$

式中：IAP—— 大气清洁度；

n—— 监测区指示植物种类数；

Q—— 种的生态指数（各测点共存种均值）；

f—— 种的优势度（目测盖度及频度的综合）。

● 估测法

通过分析监测区内植物群落中各种植物受害症状和程度以估测该地区大气污染程度的一种监测方法。如对某化工厂附近植物群落进行调查，结果发现该厂附近的植物群落已被 SO_2 污染，表现出不同程度的受害症状，而且一些对 SO_2 抗性强的枸树、马齿苋等植物种类，也受到伤害，表明该地区曾发生过明显的急性危害，估测 SO_2 浓度可能在 $3\sim10$ mg/L，见表 9-6。

表 9-6　某化工厂周边 30～50 m 植物群落受害情况

植物名称	受害情况
悬铃木、加拿大白杨	80%或全部叶片受害，甚至脱落
桧柏、丝瓜	叶片有明显大块伤斑，部分植物枯死
向日葵、葱、玉米、菊花、牵牛花	50%左右叶面积受害，叶片脉间有点块状伤斑
月季、蔷薇、枸杞、香椿、乌桕	30%左右叶面积受害，叶片脉间有轻度点、块状伤斑
葡萄、金银花、枸树、马齿苋	10%左右叶面积受害，叶片脉间有点状伤斑
广玉兰、大叶黄杨、栀子花、蜡梅	无明显症状

● 污染量指数法

　　用植物监测大气污染，除观察叶片受害症状外，还可分析叶片中污染物的含量。在后面具体介绍。

　　（2）指示生物在水体污染监测中的应用

　　由于水体介质的特殊性以及水生生物的多样性，水体污染指示生物法研究较少，主要侧重于从整个水体环境系统中水生生物群落的结构变化来监测水体环境的污染状况，目前主要应用低等生物来指示水体环境污染状况。

　　① 细菌在水污染生态监测中的作用。细菌能在各种不同的自然环境下生长，而且具有繁殖速度快、对环境变化能快速发生反应等特点，因此，应用细菌来作为水体环境变化的指标，或通过调查种类组成、优势种以及依赖环境特性而存在的特定细菌及其数量，或研究细菌群落的现存量、生产力同环境的关系。还可利用大肠杆菌监测天然水的细菌性污染。

　　② 浮游生物在水污染生态监测中的作用。利用浮游生物的指示作用，来指示水体环境的有机物污染，如睫毛针杆硅藻（*Synedra ulna*）、簇生竹枝藻（*Draparnaldia glomerata*）等只能在 DO 值高、未受污染的水体中大量繁殖，是清洁水体的指示生物，而舟形硅藻（*Wavicula aecomoda*）、小颤藻（*Oscillatoria minima*）等浮游藻类却是受有机污染十分严重的水体中的优势种，是水体严重污染的指示生物。原生动物对环境微小变化也非常敏感，如污水性种类小口钟虫（*Vorticella microstoma*）、寡污性指示种匣壳虫（*Centropyxis*）等。

　　③ 大型底栖无脊椎动物在水污染生态监测中的应用。在种类众多的水底生物中，大型无脊椎动物因其行动能力差、寿命长、体形相对较大、易于辨认和分布广泛，已成为水污染指示生物的主要选择对象，如某些幼虫阶段的蜉蝣类（*Mayflies*）、石蝇类（*Stoneflies*）、石蚕类（*Cadditlies*）和浅滩甲虫类（*Briffle beetles*）对许多污染物都是敏感的。耐污的类群，如水蚯蚓类（*Sludgeworms*）、某些摇蚊幼虫（*Chironomid larvae*）、蛭类（*Leeches*）和肺螺目的螺类（*Pulno nate snails*）通常在有机物丰富的条件下数量大增。等足目（*Sowbugs*）、端足目（*Scuds*）的幼虫多见于中度污染的水体中。耐污的种类既可在清洁水体，也可在污染水体中出现。

　　④ 高等动物的指示作用。这方面研究报道较少，现有报道国内领先的"测毒鱼"技术（楚天都市报，2002），这种测毒鱼为稀有鮰鲫的鲤鱼，可以监测出 1 kg 水中 10^{-12}g 的致癌物质二噁英。

（二）生物样品的污染监测法

　　生物样品的生态监测是指通过采集生物样品分析生物体中污染物含量的监测方法。这是因为生物（动物和植物）从环境中吸取营养的同时，也吸收和积累了一些有害的物质。生物样品中有害物质的分析方法及原理与大气、水体中有害物质的分析方法及原理基本上是一样的，只是在试样的采集、制备和预处理方面有些差别。考虑到污染物在生物体中各部位之间分布的不均匀性以及不同生物种类的生态学效应不同，采集生物样品要根据具体情况而定。如植物从土壤中吸取的污染物，积蓄（残留）在各部位的含量是不同的。一般的分布规律是按下列顺序递减的：根＞茎＞叶＞穗＞壳＞果瓢。

在生物样品的分析中，根据分析项目的不同，首先要经过消解（或灰化）、提取和分离等预处理工作，然后才能进行待测组分含量的测定。在测试生物样品中痕量无机物时，要进行消解与灰化，即借助物理或化学手段，将生物样品中所含的大量有机物加以破坏，使其转变为简单的无机物，然后再进行测定。在测试生物样品中的有机污染物时，常采用振荡、组织捣碎、索氏提取器将待分析有机物提取出来，用提取剂提取欲测组分时，常会将其他组分如脂肪、蜡质、色素等一起提取出来，因此常用萃取法、柱层析法、磺化法、低温冷冻法等将上述杂质去除，再用蒸馏、蒸发等方法浓缩后，才能进行测定。测定的方法是多种多样的，要根据待测物的性质和实验室的条件进行选择。一般来说，测定生物中的重金属可采用分光光度法、原子吸收光谱法或其他电化学分析法；测定有机物可用荧光光度法、气相色谱法或高效液相色谱法等。

通过对生物样品中污染物浓度测试的结果分析来评价环境污染程度的方法有很多，常用的有污染量指数法。

污染量指数法（IPC）的公式为：

$$IPC=C_M/C_0$$

式中：C_M——监测样点批示植物叶片中某污染物的含量；
C_0——对照样点同种植物叶片中某污染物的含量。

根据 IPC 值可对各监测点空气污染程度进行分级：

Ⅰ级：$IPC<1.20$，属于清洁大气；
Ⅱ级：IPC 为 $1.21\sim2.0$，轻度污染；
Ⅲ级：IPC 为 $2.01\sim3.0$，中度污染；
Ⅳ级：$IPC>3.0$，属于大气污染严重型。

另外，对于水体富营养化程度的生态监测，可采用营养状态指数（Trophio State Index，TSI）。

（三）群落和生态系统层次的生态监测

由于室内进行的各种试验结果最终还要经过野外和现场的验证。因此，近年来十分重视野外和现场的生态监测，而且重点放在群落和生态系统水平上。群落和生态系统水平上的生态监测方法以水域监测为多。其中污水生物系统（Saprobien

System）法，是对有机污染监测的一种生态监测方法。其理论基础是，当河流受到污染后，在污染源下游的一段流程里会发生自净过程，即随着河水污染程度的逐渐减轻，生物的种类组成也随之发生变化，在不同河段将出现不同的物种。据此可将河流划分成多污带、α-中污带、β-中污带和寡污带。每个带都有各自的物理、化学和生物学特征。污水生物系统各类带的划分以及生物学特征见表 9-7。

表 9-7　污水生物系统各类带的划分和生物学特征

项目	多污带	α-中污带	β-中污带	寡污带
化学过程	由于还原及分解作用而明显发生腐败现象	水及底泥中出现氧化作用	氧化作用更为强烈	因氧化使矿化作用达到完成阶段
溶解氧	很低或者为零	有一些	较多	很多
BOD	很高	高	较低	很低
H₂S 的生成	多，有强烈硫化氢臭味	硫化氢臭味不强烈	少量	没有
水中有机物	有大量的有机物，主要是未分解的蛋白质和碳水化合物	由于蛋白质等有机物的分解，故氨基酸大量存在	蛋白质进一步矿质化，生成氨盐、硝酸盐和亚硝酸盐，有机物含量很少	有机物几乎全被分解
底泥	由于有黑色硫化铁存在，故常为黑色	硫化铁被氧化成氢氧化铁，因而底泥不呈黑色	有三氧化二铁存在	底泥几乎全被氧化
水中细菌	大量存在，有时每毫升达数百万个	通常每毫升水中达10万个以上	细菌数量减少，每毫升在10万个以下	细菌数量少，每毫升只有数十个到数百个
栖息生物的生态学特征	所有动物无例外地皆为细菌摄食者；均能耐pH的强烈变化；耐低溶氧的厌气性生物；对硫化氢和氨有强烈的抗性	以摄食细菌的动物占优势，出现肉食性动物，对深氧及pH变化有高度适应性；对氨大体上也有抗性，但对硫化氢的抗性则相当弱	pH及深氧变动的耐受腐败性毒物	对深氧及 pH 的变动耐性均很差，对腐败性产物，如硫化氢等无耐受性
植物	无硅藻、绿藻、接合藻以及高等水生植物出现	藻类大量生长，有蓝藻、绿藻、接合藻及硅藻出现	出现许多种类的硅藻、绿藻、接合藻，此带为硅藻类主要分布区	水中藻类较少，但浮游生物种类较多
动物	以微型动物为主，其中原生动物占优势	仍以微型动物占大多数	多种多样	多种多样
原生动物	有变形虫、纤毛虫、但无太阳虫、双鞭毛虫、吸管虫	逐渐出现太阳虫、吸管虫，但仍无双鞭毛虫	出现耐污性差的太阳虫和吸管虫种类，开始出现双鞭毛虫	仅有少量鞭毛虫和纤毛虫
后生动物	仅少数轮虫、环节动物和昆虫幼虫出现。水螅、淡水海绵、苔藓动物、小型甲壳类、贝类、鱼类不能在此生存	贝类、甲壳类、昆虫有出现，但仍无淡水海绵及苔藓动物，鱼类中的鲤、鲫、鲶等可在此带栖息	淡水海绵、苔藓动物、水螅、贝类、小型甲壳类、两栖类、水生昆虫及鱼类等均有多种出现	除有各种动物外，昆虫幼虫种类也很多

（程胜高，等. 环境生态学. 化学工业出版社，2003）

在河流和湖泊污染的生态监测中，还有用群落中优势种群来划分污染带的方法，如福杰丁格斯德（Fjerdingstad，1964）根据污染水体中优势种群的不同，把污染水体（主要是河流）划分为 9 个污水带，其中各带的优势藻类分别如下。

（1）粪生带（coprozoic zone）无藻类优势群落。

（2）甲型多污带（α-polysaprobic zone）裸藻群落，优势种为绿裸藻（*Euglena Virids*）。

（3）乙型多污带（β-polysaprobic zone）裸藻群落，优势种为绿裸藻和静裸藻（*Euglena deses*）。

（4）丙型多污带（γ-polysaprobic zone）绿色颤藻（*Oscillatoria chorina*）群落。

（5）甲型中污带（α-mesosaprobic zone）环丝藻（*Ulothrix zonata*）群落或底生颤藻（*Oscillatoria benthonicum*）等群落。

（6）乙型中污带（β-mesosaprobic zone）脆弱刚毛藻（*Cladophora*）或席藻等群落。

（7）丙型中污带（γ-mesosaprobic zone）红藻群落，优势种群为串珠藻（*Batrachospermum moniliforme*），或绿藻群落，优势种为团刚毛藻（*Cladophora glomerata*）或环丝藻。

（8）寡污带（oligosaprobic zone）绿藻群落，优势种群为簇生竹枝藻（*Draparnaldia glomerata*），或环状扇形藻（*Mdridion circulare*）群落，或红藻群落。

（9）清水带（katharobic zone）绿藻群落，优势种群为羽状竹枝藻（*Draparnaaldia plumusa*），或红藻群落，优势种为胭脂藻（*Hildenbrandia riyularis*）等。

二、生态环境破坏的生态监测

生态环境破坏的生态监测是对人为干扰下产生的非污染性的环境破坏监测，这种非污染性的干扰，可能影响到生态系统结构或功能的改变。反映生态环境破坏程度的，有以下几类指数：

（一）以测定有生命成分的结构信息为基础的指数

（1）营养指数（Trophic Index），相当于叶绿素 a 估算的有机碳量/去灰分干重估算的有机碳量。

（2）功能性营养指数（Functional Trophic Index），即叶绿素 a 估算的有机碳量/ATP 估算的有机碳量。

（3）活性指数（Activity Index），即 ATP 估算的有机碳量/去灰分干重估算的有机碳量。

（4）异养性指数（Heterotrophy Index，HI），计算公式为：

$$HI=B_{ATP}（mg/L）/ 叶绿素 a（mg/L）$$

式中：B_{ATP}——以 ATP 确定的活体的生物量。

一般认为，HI 在 40 以下是清洁水，而在富营养化的水体中，HI 值升高。由于 HI 指数中的 ATP 是活体所含，可代表生物群落中有生命成分的变化，与生态系统的功能息息相关。

（二）以功能信息为基础的指数

这类指数主要是指这些生态效率指标,如 P/R 比率、P_X/P_G 比率等。P 为生产量；R 为呼吸量。

（三）以结构与功能联合的信息为基础的指标

如转换率（Turnover Ratio），像群落的生产速率与群落生物量的比值，即 P/B 比率等；群落同化作用等级（Community Assimilation Number），如净初级生产量与叶绿素 a 之比。

三、生物多样性监测

生物多样性监测是为了解生物多样性所面临的压力、生物多样性的现状及变化，以及生物多样性的保护及其有效性，在时间尺度上对生物多样性的反复编目，从而确定其变化的监测方法。

生物多样性监测的内容类别如下。

（一）根据生态监测的时间空间尺度分

1．生态监测的时间尺度

生物多样性监测时间因监测的对象、所需的结果以及采用的手段不同而不同，长期的监测需要很多年，或者几十年。

2．生态监测的空间尺度

在监测的空间尺度包括地方监测、地区监测和全球监测。地方监测由当地的资源及需要而定，如对保护区流域、农田、湖泊、湿地、河口、人工林和海岸线内单个生态系统或生境的监测；地区监测包括对一个或多个生态系统、大型河流、海湾和大型海洋生态系统的监测；全球监测建立在前二者的基础上，采取广泛布点与定向观测相结合的方法。

（二）根据生态监测的层次分

1．基因监测

包括遗传变异与濒危物种、遗传变异与家养动物的繁育、跟踪个体起源的遗传标记。

2．种群监测

包括种群大小与密度、种群结构、种群均衡（Population Equilibrium）、种群分析、影响种群的人口压力变化。

3．物种监测

包括关键种、外来种、指示种、重点保护种、受威胁种、对人类有特殊价值的物种、典型的或有代表性的物种的监测。

4．生态系统与景观监测

包括生态系统过程、景观片断化、生境破坏及其他干扰的影响；种群抵抗人类干扰的变化趋势；对全球气候变化的影响；由于某个关键种（或关键的分类单元）的灭绝而可能导致的生态系统变化，森林覆盖与土地利用对生物多样性的影响。

复习与思考题

1．名词解释：

生态监测 宏观生态监测 微观生态监测 指示生物法 生物多样性监测

2．简述生态监测的特点和意义。

3．简述生态监测的基本要求。

4．生态监测主要有哪些类型？

5．微观生态监测又可分为几种类型？

6．生态监测包括哪些监测内容？

7．什么样的生物可以作为指示生物？如何选择指示生物？

8．指示生物包括哪些指示方式和指标？

9．举例说明指示植物在大气污染和水体污染监测中的应用。

10．主要应用哪些方法进行环境污染的生态监测？

11．生物多样性监测包括哪些内容？

生态规划与生态工程

【知识目标】

本章要求熟悉生物生态规划与设计及生态工程的定义；理解从环境保护的角度出发，生态规划和生态工程对环境保护的意义；掌握生态规划的设计方法和生态工程设计的原理。

【能力目标】

学生通过学习掌握生态规划的简单设计，明确生态规划的目的，掌握生态工程设计的原则和方法。

第一节 生态规划与设计

一、生态规划与设计的概念

生态规划与设计是城乡生态评价、生态规划和生态建设三大组成部分之一。它以生态学原理和区域规划原理为指导，应用系统科学、环境科学等多学科的手段辨识、模拟和设计人工生态系统内的各种生态关系、确定资源开发利用与保护的生态适宜度，探讨改善系统结构与功能的生态建设对策，促进人与环境关系持续协调发展的一种规划方法。其目的是促进区域生态系统的良性循环，保持人与自然、人与环境关系的持续共生、协调发展，追求社会的文明、经济的高效和生态环境的和谐。生态规划具有以人为本，以资源环境承载力为前提，系统开放、优势互补、高效和谐和可持续性等显著特征。

20 世纪初，生态规划与设计在生态学自身大发展的背景下得到了迅速发展。美国人类生态学家 E. Howard 的田园城运动和美国区域规划协会成员的工作都促进了生态规划思想的发展和应用。这一时期的生态规划实践，如美国中西部与东北部的城市公园和开阔地规划、田纳西流域的综合规划等，进一步发展和丰富了生态规划的理论和方法。

我国的生态规划起步较晚，但在生态规划的理论和方法上发展迅速。如马世骏等提出的自然—社会—经济复合生态系统理论。生态规划的实质就是运用生态学原理与生态经济学知识调控复合生态系统中各亚系统及其组分间的生态关系，协调资源开发及其他人类活动与自然环境及资源性能的关系，实现城市、农村及区域社会经济的持续发展。在方法上，吸取系统规划和灵敏度模型的思想，建立辨识—模拟—调控的生态规划方法。

二、生态规划与设计原则

生态规划与设计是一项复杂的系统工程，根据生态学原理和持续发展的观点，生态规划应遵循下列基本原则。

1. 整体性原则

从生态系统的原理和方法出发，强调生态规划与设计目标与区域或城乡总体规划目标的一致性，追求社会、经济和生态环境的整体最佳效益，努力创造一个社会文明、经济高效、生态和谐、环境优良的人工复合生态系统。

2. 可持续发展原则

生态规划与设计以可持续发展为基础，立足于生态资源的可持续利用和生态环境的改善，保证经济的可持续发展。因为生态规划与设计中的系统是有多个生态系统组成具有一定结构和功能的整体，是物质和能量的复合载体，这就要求生态规划与设计必须从整体出发，对整个生态系统进行综合分析，使生态系统的结构、格局比例与区域自然环境和经济的发展相适应，谋求生态、社会、经济三大效益的协调统一，以达到生态系统的整体优化利用。

3. 针对性原则

生态规划与设计需要根据不同区域的生态系统的结构、格局和生态过程，规划的目的也不尽相同，如保护生物多样性的自然保护区的设计和为农业服务的农业布局调整以及维持良好环境的城市规划等。因此具体到某一生态规划与设计时，针对规划的目的应采取不同的分析指标，采用不同的评价及规划方法。

4. 协调共生原则

利用生态系统中社会、经济和自然子系统各组分与要素的互利共生关系，发挥资源最大生产潜力，保持子系统各层次、各要素与周围环境的协调、有序和动态平衡，达到生态规划与设计与城乡总体规划远近目标的协调一致。

5. 区域分异原则

在充分研究区域或城乡生态要素功能现状、问题及发展趋势的基础上，综合考虑国土规划、城乡规划的要求和现状，搞好生态功能分区，以充分利用环境容量，促进社会经济发展，提高生活质量，实现社会效益、经济效益与生态效益的统一。

6. 生态平衡原则

生态规划与设计中要遵循生态平衡原理，重视搞好水、土、大气、人口、经济等生态要素的子规划，合理安排产业结构和布局、城乡生产力布局，发挥生态系统最佳服务功能，维护生态系统动态平衡，促进其协调、稳定与可持续发展。

7．高效和谐原则

生态规划与设计的目的是将人类聚居地建成一个高效和谐的社会—经济—自然复合生态系统，使其内部的物质代谢、能量流动和信息传递形成一个环环相扣、紧密联系的网络，使物质和能量得到多层分级利用，废物循环再生利用，各部门、各行业间形成发达的共生关系，系统的结构功能充分协调，能量损失最小，物质利用率最高，社会效益、经济效益和生态效益最佳。

三、生态规划与设计的内容与方法

生态规划与设计的方法实际上是一个规划工作流程，包括明确规划的目的与范围，充分了解规划地区与规划目标有关的自然系统特征与自然生态过程，以及社会经济特征等。在此基础上，根据规划目标对资源的开发利用要求，进行适宜性分析，并提出规划方案，然后对规划方案进行经济效益、社会效益及环境效益的分析，以制订出满意的方案。

具体的生态规划与设计方法有多种。生态规划有其特有的特点，其核心是强调规划的协调性，强调规划的环境和资源以及人口和资源的协调发展；强调区域性，生态问题的发生和发展都离不开一定的区域，以特定的区域为依托，规划生态环境区域内的布局和利用；强调层次性，生态系统是一个庞大的网络也是多级多层次的大系统，因此一个合理的规划应具有明显的层次性。根据前人的生态规划实践，生态规划与设计的基本程序和技术路线具体的步骤如下。

1．明确生态规划的范围和目标

明确生态的目标是规划的第一步。规划的目标可以来自区域社会经济发展的要求，如促进区域的发展，提高居民的生活质量，在一定期限内，如 5 年、10 年甚至更长时间内，使经济发展、环境质量达到一定水平。也可以从区域的现状问题出发，提出规划目标，如城市工业区的布局与规划、土地资源的保护与持续利用、环境污染问题的解决、生态示范区的建设等。明确规划范围与目标也意味着在区域持续发展的总目标下，将区域规划分解成具体任务，如区域社会经济发展规划、土地利用规划、工农业发展规划以及区域城镇发展及交通规划等。

2．生态调查

生态规划与设计中要强调在规划过程中充分了解区域的自然环境特点、生态过程及其与人类活动的关系。因此，生态调查的主要目标是调查搜集规划区域的自然、社会、经济、人口与环境的资料与数据，为充分了解规划区域的生态特征、生态过程、生态潜力与制约因素提供基础。

资料搜集的方法和手段包括历史资料搜集、实地调查、社会调查与 3S 技术调查等。实地调查获取所需资料是生态规划与设计收集资料的直接方法。可采用 3S 技术进行调查登记。由于在生态规划与设计中不可能对范围内的所有因素进行全面的实地调查，因此搜集历史资料在规划中十分重要。生态规划与设计强调公众参与，应借助专家咨询、民意测验等公众参与的方法来弥补数据的不足。

3. 区域社会经济特征分析

区域社会经济特征分析的主要目的是运用经济学及生态经济学分析评价区域农业、工业及其他经济部门的结构、资源利用及投入产出效益等以及经济发展的地区特征，寻求区域社会经济发展的潜力及社会经济问题的症结。通常结合生态区划结果，对区域进行生态经济区划，对区域的生态经济区位进行经济、资源、环境、交通等的综合评价。

4. 区域自然环境及资源的生态评价

生态评价的主要目是运用复合生态系统的观点及生态学、环境学的理论与技术方法，对规划区域的资源与环境性能、生态过程特征、生态环境敏感性与稳定性进行综合分析评价，明确规划区域环境资源的生态潜力和制约。

（1）生态过程分析　区域生态过程的特征是由区域生态系统以及区域景观生态的结构与功能所规定的。其自然生态过程实质是生态系统与景观生态功能的宏观表现。同时，由于人类活动的影响，区域的生态过程又有明显的人工特征。显然，在生态规划与设计中，受人类活动影响的生态过程及其与自然生态过程的关系是关注的重点。在生态规划与设计中，往往对能流、物质平衡、水平衡、土地承载力及景观空间格局等区域发展与环境密切相关的生态过程进行综合分析。由于人类经济活动的影响，使人工生态系统的能流过程具有很强的人为特征，表现为：一是人工生态系统的营养结构简化，自然能流的结构和通量被改变，而且生产者、消费者和分解者分离，难以完成物质循环再生和能量的有效利用。二是人工生态系统及景观格局发生改变，使物流、能流过程人工化。三是辅助物质与能量投入大量增加，使系统变得更加开放。比如农业依赖于化肥的大量投入、工业依赖于区外大量物料的输入等。四是工农业生产使自然物流过程失去平衡，导致水土流失、土地退化加剧，并且人工物流过程不完全，导致有害废弃物积累、大气污染、全球变化、水体污染等生态环境问题。通过对人工生态系统能流的分析，可进一步认识环境与社会经济发展的关系。

（2）生态潜力分析　生态潜力是指单位面积土地上可能达到的初级生产水平。它是一个能综合反映光、热、水、土资源特征及其配置效果的一个定量指标。生态潜力可分为 4 个层次，包括光合生产潜力、光温生产潜力、气候生产潜力和土地承载力。其中，光合、光温和气候生产潜力主要针对区域自然生态系统的生态潜力与生态效率特征，它反映了区域气候资源潜力，是区域农业与林业生产的基础。区域土地承载力是区域农业土地资源和农业生产特征的综合体现。通过分析与比较区域生态潜力与区域农业林业土地产出，可以找出制约区域农业及林业生产的主要环境因素。

（3）生态敏感性分析　生态敏感性是指生态系统对人类活动影响的敏感程度，即产生生态失衡与生态环境问题的可能性大小。不同生态系统或景观斑块对人类活动干扰的反应是不同的，有的生态系统对干扰具有较强的抵抗力；有的则恢复能力强，即尽管受到干扰后，在结构和功能方面产生偏离，但很快就会恢复系统的结构和功能；然而，有的则很脆弱，容易受到损害或破坏，也很难恢复。生态敏感性分析就是分析与评价区域内各生态系统对人类活动的反应，明确产生生态环境问题的风险。在区域尺度往往关心水土流失敏感性、沙漠化敏感性、盐碱化敏感性、生境敏感性等。

（4）生态服务功能评价　区域生态系统不仅为人类提供生活与生产所需要的食品、医药、木材及工农业生产的原料等生态系统产品，还在形成人类生存所必需的环境条件上起着重要的作用，如土壤形成与肥力的维持、水土保持、气候调节、物质循环、污染物净化等，并为野生动植物提供生境等许多方面。在生态规划与设计中，生态系统服务功能的评价，重点关心的是各生态系统单元对城市或区域社会经济发展中的作用，分析其对区域与城市生态安全的影响。

5．生态适宜度分析

生态适宜度分析是生态规划与设计的核心，其目标是根据区域自然资源与环境性能，根据发展要求与资源利用要求，划分资源与环境的适宜性等级。在生态适宜度分析中，一般首先进行单项资源的适宜度分析，明确其潜力与限制。然后，综合各单项资源的适宜度分析结果，分析区域发展或资源开发利用的综合生态适宜度空间分布特征，为制订规划方案提供基础。

6．制订规划方案与措施

根据发展目标，以综合适宜性评价结果为基础，制订区域发展与资源利用的规划方案。区域规划的最终目标是促进区域社会经济的发展、生态环境条件的改善以及区域持续发展能力的增强。因此，还应对初步的方案进行评价，方案评价主要包括 3 个方面：① 能否满足规划目标的要求。当不能满足要求时，就需要调整规划方案或规划目标，并作进一步的分析，即分析规划目标是否合理，以及规划方案是否充分发挥了区域资源环境与社会经济潜力。② 投入—产出效益。每一项规划方案与措施的实施都需要一定的资金投入，同时，各方案的实施结果也将带来经济的、社会的或环境的效益。因此对各方案的投入—产出效益进行分析是必需的。③ 对区域生态环境的影响及区域可持续发展能力的综合效应。区域发展的结果必然要对区域生态环境产生影响，有的方案与措施可能带来有利的影响，从而改善区域生态环境，有的方案或措施可能会损害区域生态环境。发展方案与措施的环境影响评价，主要包括：对自然资源潜力的利用程度、对区域环境质量的影响、对景观格局的影响、自然生态环境系统的不可逆性分析，以及对区域持续发展能力的综合效应等方面。

外
境
生
态
学

第二节 生态工程

一、生态工程的定义

生态工程（Ecological Engineering）的概念是美国著名生态工程学家 H. T. Odum 及中国学者马世骏于 20 世纪 60 年代及 70 年代提出来的。H. T. Odum 首先提出了"生态工程"这一名词，并定义为"为了控制生态系统，人类应用来自自然的能源作为辅助能对环境进行控制"，"人类利用少量的辅助能对环境进行管理，来控制以自然资源为基础的生态系统"，"管理自然就是生态工程，它是对传统工程的一个补充，是自然生态系统的外侧面"。马世骏教授在 1954 年也曾提出"生态工程"一词，但公认的生态工程概念是在 30 多年后才确定的。1984 年马世骏教授将生态工程定义为"生态工程是应用生态系统中物种共生与物质循环再生原理，结构与功能协调原则，结合系统分析的最优化方法，设计的促进分层多级利用物质的生产工艺系统，生态工程的目标就是在促进自然界良性循环的前提下，充分发挥资源的生产能力，防治环境污染，达到经济效益与生态效益同步发展。它可以是纵向的层次结构，也可以发展为几个纵向工艺横向联系而成的网状工程系统"。熊文愈认为："生态工程即生态系统工程，是系统工程和生态系统的结合，即利用分析、调整、规划、模拟、预测、设计、实施、管理和评价等系统工程技术，对生态系统进行设计和管理的技术。"

二、生态工程的特点

我国与国外蓬勃发展的生态工程相比各有特点。我国生态工程有独特的理论和经验，其研究与处理的对象，不仅是自然或人为构造的生态系统，而更多的是社会-经济-自然复合生态系统。这一系统是以人的行为为主导，自然环境为依托，资源流动为命脉，社会体制为经络的半人工生态系统。其结构可以分成为 3 个主要层次。第一层次为核心圈是人类社会，包括组织机构及管理、思想文化、科技教育和政策法令，核心部分称为生态核。第二层次是内部环境圈，包括地理环境、生物环境和人工环境，是内部介质，称为生态基。第三层次是外部环境圈，称为生态库，包括物质、能量和信息以及资金、人力等。

国外的生态工程研究与处理的对象一般是按照自然生态系统来对待，并在自然生态系统中加入或构造原本没有的人为结构，如水利设施与土壤改良等工程。西方生态工程的研究方法与应用，特别是定量化、数学模型化及其系统组分及机制的分析方面具有自己的特色。

三、生态工程设计与应用

（一）生态工程的设计原理

生态工程技术将生态学原理与经济建设和生产实际结合起来，就是为了实现生物有机体与环境在人工辅助的能量、物质参与下，实现同生态学及生态经济学原理和现代工程技术的系统配套以及生产过程中的物流、能流的合理循环。由此可见，在建设生态工程及应用生态工程技术中必须遵循生态学的一些基本原理。

1．协调进化原理

生物的生存、繁衍不断从环境中摄取能量、物质和信息。生物的生长发育依赖于环境，并受到环境的强烈影响。外界环境中影响生物生命活动的各种能量、物质和信息因素称为生态因子，生态因子既有生物和生命活动所需的利导因子，也有限制生物生存和生命活动的限制因子。利导因子促进生物的生长发育，而限制因子则制约生物生长与生产的发展，因而在当地的生态农业工程建设中必须充分分析当地利导因子及限制因子的数量和质量，以选择适宜的物种和模式。

生态系统作为生物与环境的统一体，既要求生物要适应其生存环境，又同时伴有生物对生存环境的改造作用，这就是所谓的协同进化原理。协同进化原理认为生物与环境应看做相互依存的整体，生物不只是被动地受环境作用和限制，而在生物生命活动过程中，通过排泄物、死体、残体等释放能量、物质于环境，使环境得到物质补偿，保证生物的延续。封山育林、植树种草、退耕还林、合理间套轮作都是为了改善农业生态环境。同时在对可更新资源（再生资源）利用中做到保护其可更新能力，确保资源再生和循环利用，达到永续利用，充分保护环境，提高资源利用率。

2．整体效应原理

系统是由相互作用和相互联系的若干组成部分结合而成的具有特定功能的整体，其基本的特性就是集合性，表现在系统各组分间相互联系、依赖、作用、制约的不可分割的整体，整体的作用和效应要比各部门之和来得大。农业是个多部门组成的产业，它是由农业生物、环境资源以及社会经济要素构成的社会—经济—自然的复合系统。农业生态工程与技术的建设要达到能流的转化率高、物流循环规模大、信息流畅、价值流增加显著即整体效应最好，这就要合理调配并协调农业的各个生产部门，使整个系统的总体生产力提高。因此我国生态农业及农业生态工程强调在不同层次上，根据自然资源、社会经济条件按比例有机组装和调节，以整体协调优化求高产、高效、持续发展。

农业生态系统是一个社会-经济-自然复合生态系统，是由自然再生产和经济再生产交织的复合生产过程，具有多种功能与效益，既有自然的生态效益，又有社会的经济效益。只有生态效益与经济效益相互协调，才能发挥系统的整体综合效益。生态工程及技术的建设与应用都是以最终追求综合效益为目标的。在其建设与调控中，将经济与生态工程建设有机交织地进行，如农业开发与生态环境建设结合、资源利用与增殖结合、乡镇农业开发与环保防污建设等，就是将所追求的生态效益、经济效益和社会效益融为一体。

（二）生态工程设计的内容

1．生态工程设计的准备步骤

生态工程的设计前准备可分为如下步骤：

拟定目标 ——→ 本底调查 ——→ 系统分析 ——→ 可行性评价与决策

① 拟定目标。明确生态工程的类型及预期效益。设计须强调社会—经济—自然复合生态系统整体协调的目标，即自然生态系统是否合理，经济系统是否有利，社会系统是否有效。

② 本底调查。包括自然本底或自然资源（生物、土地、矿产和水资源等）、社会经济条件（市场、劳动力、科技、文教、交通、管理和经济水平等）、生态环境条件（气候、土壤、污染等情况）。

③ 系统分析。以往的系统分析，通常多用线性分析方法，模型为联立的线性方程组或矩阵。生态工程根据拟定的目标和收集的详尽数据，多采用系统动态分析模型。这种模型以实际动态变化规律为依据，有各种各样的形式，包括不连续变量或函数，线性或非线性模型等。系统动态分析模型没有通用的公式，处理时可将问题分成决策序列，每个决策同一个或若干个量发生关系，然后一个决策一个决策地处理。结合定性研究，评价和分析系统的整体特征，并进行综合评价。

④ 可行性评价与决策。系统分析是生态工程可行性分析和决策的基础和依据。通过可行性评价和决策分析，可以为管理部门和政府部门提供在不同社会、经济和自然条件下，生态工程实施的多条途径，从而达到最佳的经济效益、生态效益和社会效益，增加复合生态系统的稳定性，降低系统恶化的风险。

2．生态工程设计的技术路线

① 建立互利共生网络。生态系统是多种成分相互制约、互为因果综合形成的一个统一整体，每一成分的表现、行为、功能及它们的大小均或多或少受到其他成分因素的影响，往往是两种或多种成分的合力，是其他成分与它的因果效应。而作为一个生态系统的行为和功能是各组分构成一个有机整体时才具备的，它并非各组分的行为、功能的简单加和或机械结合。各组分的结构协调，组分间比量适合，整体功能将大于各组分的行为、功能的简单加和；反之，结构失调、比量不合适，前者将小于后者。生态系统内部结构和功能是系统变化的依据。因此技术路线是着重调整系统内部结构和功能，进行优化组合，提高系统本身的迁移、转化、再生一些物

质的能力，充分发挥其自身的净化作用，提高环境容量，充分发挥物质生产潜力，充分利用生态系统中原料、产品、副产品、废物及时间、空间、营养生态位，提高生态系统的整体综合效益。将原本平行互不联结的物种通过食物链相互联结，形成互利共生网络，可提高效益，促进物质的良性循环。

② 延长食物链。在一个生态系统或复合生态系统中的食物链或食物网和生产流程中，增加一个消费者延长食物链，改变食物链的结构，扩大与增加生态系统的生态环境及经济效益，发挥生态系统中所有物质的生产能力，利用原先尚未利用的部分物质和能量，促进物质与能量的多种途径的循环和流通。通过在生态系统中增加食物链的方法，能够使生态系统更加稳定。

3. 完善生态工程设计的对策

根据生态工程设计的特点，为保证生态工程的顺利进行，应采取如下设计对策：

① 完善系统的设计方法，明确设计的技术路线，详细研究不同系统工程设计的技术内涵、技术参数，规范设计标准。适宜性系统模型的建立是推动系统设计向系统化、科学化、广泛化发展的必由之路，必须克服各种困难，加强这方面的研究。

② 建立系统的有机整合机制，加强对系统中各组分间协调关系的研究，特别是系统中不同部门间人们的利益关系的研究，充分调动各方面的积极性，保证系统的正常运转。

③ 探讨新的系统组合机制，打破现有的经营体制和条块分割局面，建立适宜的企业、农户、科技部门及政府间的多种结合的经营联合体或互助组，扩大经营规模，为生态工程的设计创造良好的外部环境。

④ 认真研究自然生态系统的自组织机制，充分挖掘自然生态系统的自组织能力，创造社会、经济、自然和谐的调控机制，实现系统设计的规范化。

⑤ 加强对设计人员素质的培养，提倡多学科联合，使设计人员真正掌握多方面技能，提高设计的科学性和指导性。

⑥ 探寻最适合的各方均能接受的评判方法，强调系统能量、物质和价值的综合评判。

（三）生态工程设计的应用

1. 在农业生产中的应用

西方国家在 20 世纪 30 年代实现了农业生产的机械化、化学化后，使农业劳动生产率、农畜产品的产量大幅度提高。但是随着时间的推移，进入 60 年代以来，这种生产方法却带来了许多不可避免的负面影响及累积效应。卡逊在其所著的《寂静的春天》一书中对杀虫剂对环境与生物的破坏与影响做了深刻的分析。种植与饲养的动植物品种单一化加重了病虫害和杂草的发生与蔓延，大量化学物质的投入造成土壤、水体和农产品的严重污染，这些问题不但影响到农业生产的进一步发展，而且还威胁到农产品持续供应的可能性，为此西方发达国家提出了各种形式的替代农业类型，运用一些生态学原理与生态工程技术手段来提高资源的利用率与保护生态环境。

我国在农业生态工程的研究与进展中取得了令人瞩目的成绩，特别是我国生态农业建设层次，无论是从农户到村庄还是从乡镇到县城，把生态农业技术与工程技术结合创造了具有自己特色的农业生态工程，十分注重生态效益与经济效益的结合，把农业生产与生态环境的建设与保护结合起来，同步发展。1993 年启动的全国生态农业试点县，经过 5 年的建设，生态环境得到了较大的改善。土壤沙化的治理率为 60.5%，水土流失治理率为 73.4%，森林覆盖率为 30.5%（提高了 3.9%），废气净化率为 73.4%，废水处理率为 57.0%，固体废弃物利用率为 31.9%，比实施农业生态工程前都有较大幅度的提高。1994 年我国政府制定并颁布了《中国 21 世纪议程》，明确指出要推进农业可持续发展的方式，就是生态农业建设。1999 年国务院印发《全国生态环境建设规划》，要用 50 年的时间基本上实现中原大地山川秀美，要继续抓好生态农业建设，建设好一批农业生态工程。

2. 在环境保护中的应用

生态工程在环境保护中的研究与应用较为广泛，特别是体现了污染物的处理与利用，污染水处理与湖泊、海湾的富营养化防治。如美国的俄亥俄州，应用了以蒲草为主的湿地生态系统处理煤矿所排出的含有 FeS 酸性废水。瑞典也建立了若干污水处理生态工程，利用污水作为肥料，农田灌溉处理净化污水。德国、荷兰、奥地利等国结合生态技术建立了各种各样的污水处理与净化工程。

我国长期以来在废物利用、再生、循环等方面已积累了许多的经验。如生活污水及粪便的多级处理，用作农田肥料或养殖蚯蚓及培植食用菌。如马世骏等运用生态学的理论与生态工程，在 20 世纪 50 年代首先提出调控湿地生态系统的结构与功能来防治蝗虫灾害。在我国，环保生态工程的建设就是从整体出发，研究和处理特定生态系统的内部结构与功能，并加以优化，提高生态系统的自净能力与环境容量。

从目前我国环境生态工程建设的内容来看，环保生态工程有 5 种类型：① 无废（或少废）工艺系统，主要用于内环境治理；② 分层多级利用废料生态工程，使生态系统中的每一级生产中的废物变为另一级生产过程的原料，使废料均被充分利用；③ 复合生态系统内的废物循环与再生系统，如桑基鱼塘生态工程；④ 污水自净与利用生态系统；⑤ 城乡（或工、农、牧、渔、副）结合生态工程。这些类型都是在一定区域内，应用生态工程理论与技术来分层，多级利用废料，实现生态效益、经济效益的良好协调统一。

复习与思考题

1. 什么是生态规划？如何理解其内涵？
2. 生态规划与设计的原则是什么？
3. 从环境保护的角度，如何理解生态规划与设计的方法？
4. 什么是生态工程？如何理解其内涵？
5. 从环境保护的角度，理解生态工程的特点。
6. 生态工程设计的原理是什么？
7. 了解生态工程在农业和环境保护中的应用。

参考文献

[1] 金岚，等. 环境生态学[M]. 北京：高等教育出版社，1993.

[2] 盛连喜，冯江，王娓，等. 环境生态学导论（第一版）[M]. 北京：高等教育出版社，2002.

[3] 柳劲松，王丽华，宋秀娟. 环境生态学基础[M]. 北京：化学工业出版社，2003.

[4] 李博，杨持，林鹏，等. 生态学[M]. 北京：高等教育出版社，2003.

[5] 程胜高，罗泽娇，曾克峰，等. 环境生态学[M]. 北京：化学工业出版社，2003.

[6] 张合平，刘云国. 环境生态学[M]. 北京：中国林业出版社，2002.

[7] 朱鲁生，等. 环境科学概论[M]. 北京：中国农业出版社，2005.

[8] 柳劲松，王丽华，宋秀娟. 环境生态学基础[M]. 北京：化学工业出版社，2003.

[9] 郑师章，吴千红，王海波，等. 普通生态学[M]. 上海：复旦大学出版社，1994.

[10] 尚玉昌. 生态学概论[M]. 北京：北京大学出版社，2003.

[11] 卢升高，吕军. 环境生态学[M]. 杭州：浙江大学出版社，2004.

[12] 何增耀. 环境监测[M]. 北京：中国农业出版社，1994.

[13] 吴方正. 大气污染概论[M]. 北京：中国农业出版社，1992.

[14] 蔡晓明. 生态系统生态学[M]. 北京：科学出版社，2000.

[15] 黄祥飞. 湖泊生态调查与研究[M]. 北京：中国标准出版社，1999.

[16] 周凤霞，杨彬然，杨宝华. 生态学[M]. 北京：化学工业出版社，2005：92-94.

[17] 周少奇. 环境生物技术[M]. 北京：科学出版社，2003.

[18] 王国惠. 环境工程微生物学[M]. 北京：化学工业出版社，2005.

[19] 陈欢林. 环境生物技术与工程[M]. 北京：化学工业出版社，2003.

[20] 蒋辉. 环境工程技术[M]. 北京：化学工业出版社，2003.

[21] 李军，杨秀山，彭永臻. 微生物与水处理工程[M]. 北京：化学工业出版社，2002.

[22] 王焕校. 污染生态学[M]. 北京：高等教育出版社，2000.

[23] 孙铁珩，周启星，李培军. 污染生态学[M]. 北京：科学出版社，2001.

[24] 黄宝圣. 镉的生物毒性及其防治策略[J]. 生物学通报，2005，40（11）：26-28.

[25] 李雷鹏. 绿色植物在改善环境方面的效应初探[J]. 东北林业大学学报，2002，30（3）：63-64.

[26] 吕冬霞，秦禹. 土壤污染的生物治理[J]. 通化师范学院学报，2002，23（2）：72-74.

[27] 张慧，李宁，戴友芝. 重金属污染的生物修复技术[J]. 化工进展，2004，23（5）：562-565.

[28] 杨红艳. 土壤重金属污染的生物修复技术[J]. 辽宁师专学报，2005，7（4）：13-15.

[29] 龙安华，倪才英，宋玉斌. 土壤重金属污染的植物修复评价及展望[J]. 江苏环境科技，2005，18（3）：43-45.

[30] 刘国华，傅伯杰，陈利顶，等. 中国生态退化的主要类型、特征及分布[J]. 生态学报，2000，20（1）：13-19.

[31] 蔡晓明. 生态系统生态学[M]. 北京：科学出版社，2000.

[32] 冯宗炜，王效科，吴刚. 中国森林生态系统的生物量和生产力[M]. 北京：科学出版社，1999：8.

[33] 张培栋. 森林调节气候的功能[J]. 中国林业，2005，10A：35.

[34] 邢喜云，段树森，肖柏辉. 森林的生态功能[J]. 内蒙古林业调查设计，2005，28（2）：10-11.

[35] 何春雨. 森林的防治风蚀和土壤侵蚀功能[J]. 中国林业，2005，10A：36.

[36] 仲敏. 森林的环境污染防治功能[J]. 中国林业，2005，12A：38.

[37] 段昌群. 环境生物学[M]. 北京：科学出版社，2004：330-331.

[38] William P Cunninghan，Barbara Woodworth Saigo. 戴树桂，主译. 环境科学：全球关注[M]. 北京：科学出版社，2004：508-509.

[39] 陈家宽，李博. 生物多样性科学前沿[J]. 生态学报，1997，17（6）：78-82.

[40] 董志勇. 中国森林史·资料汇编[Z]. 中国林学会林业史学会编，1993：20-21.

[41] 章家恩，徐琪. 生态退化形成原因探讨[J]. 生态科学，1999，4（3）：66-71.

[42] 毛文永，文剑平. 全球环境问题与对策[M]. 北京：中国科学技术出版社，1993：347.

[43] 周启星，魏树和，张倩茹. 生态修复[M]. 北京：中国环境科学出版社，2006：5.

[44] 万冬梅，王秋雨. 环境与生物进化[M]. 北京：化学工业出版社，2006：213-215.

[45] 彭少麟. 热带亚热带恢复生态学研究与实践[M]. 北京：科学出版社，2003：19-21.

[46] 陈灵芝. 中国生物多样性[M]. 北京：科学出版社，1993.

[47] 中国科学院生物多样性委员会. 生物多样性研究的原理与方法[M]. 北京：科学出版社，1989.

[48] 刘静玲. 人口资源与环境[M]. 北京：化学工业出版社，2001.

[49] 李爱贞. 生态环境保护概论[M]. 北京：气象出版社，2001.

[50] 熊治廷. 环境生物学[M]. 武汉：武汉大学出版社，2000.

[51] 田子贵，顾玲. 环境影响评价[M]. 北京：化学工业出版社，2003：101-109.

[52] 王寿兵. 对传统生物多样性指数的质疑[J]. 复旦学报：自然科学版，2003，42（6）：867-868.

[53] 徐新阳. 环境评价教程[M]. 北京：化学工业出版社，2004：129-131.

[54] 贺金生，刘灿然，马克平. 森林生物多样性监测规范和方法[C]. 面向 21 世纪的中国生物多样性保护与持久利用研讨会论文集. 1998：332-347.

[55] 宫国栋. 关于"生态监测"之思考[J]. 干旱环境监测，2002，16（1）.

[56] 李玉英，余晓丽，施建伟. 生态监测及其发展趋势[J]. 水利渔业，2005，25（4）.

[57] 马天，王玉杰，等. 生态环境监测及其在我国的发展[J]. 四川环境，2003，22（2）.

[58] 中国 21 世纪议程[M]. 北京：中国环境科学出版社，1992.

[59] 马世骏. 生态工程[J]. 北京农业科学，1984（4）：1-2.

[60] 马光，等. 环境与可持续发展导论[M]. 北京：科学出版社，2000.

[61] 雷泽勇. 生态规划——荒漠化防治中的理论思考[J]. 辽宁林业科技，2001，2：31-32.

[62] 欧阳云志，王如松. 区域生态规划与方法[M]. 北京：化学工业出版社，2005.

[63] 孙儒泳. 动物生态学原理[M]. 3 版. 北京：北京师范大学出版社，2001.

[64] 刘鲁军，王健民. 生态建设理论与实践[J]. 环境导报，2000，4：32-34.

[65] 高中强. 彩色塑料薄膜在蔬菜生产上的应用[J]. 农业知识，1999，3：24.

[66] 赵孟绪，韩博平.汤溪水库蓝藻水华发生的影响因子分析[J]. 生态学报，2005，25（7）：1554-1561.